网络空间安全技术丛书

商用密码权威指南

技术详解、产品开发与工程实践

THE DEFINITIVE GUIDE TO COMMERCIAL CRYPTOGRAPHY

姜海舟 潘文伦 陈彦平 王学进 张玉安 孙烁 胡伯良
漆骏锋 刘文华 罗影 王鹏 蒋红宇 李姝婷 王少华 王斌　　著

U0219651

机械工业出版社
CHINA MACHINE PRESS

图书在版编目（CIP）数据

商用密码权威指南：技术详解、产品开发与工程实
践 / 姜海舟等著 . -- 北京：机械工业出版社，2024.
11. --（网络空间安全技术丛书）. -- ISBN 978-7-111
-76711-4

I. TN918.1

中国国家版本馆 CIP 数据核字第 20243SV988 号

机械工业出版社（北京市百万庄大街 22 号　邮政编码 100037）

策划编辑：杨福川　　　　　　　　责任编辑：杨福川　董惠芝

责任校对：甘慧彤　张慧敏　景　飞　　责任印制：郜　敏

三河市国英印务有限公司印刷

2025 年 1 月第 1 版第 1 次印刷

186mm×240mm · 21.75 印张 · 348 千字

标准书号：ISBN 978-7-111-76711-4

定价：99.00 元

电话服务　　　　　　　　　　网络服务

客服电话：010-88361066　　机　工　官　网：www.cmpbook.com

　　　　　010-88379833　　机　工　官　博：weibo.com/cmp1952

　　　　　010-68326294　　金　书　网：www.golden-book.com

封底无防伪标均为盗版　　机工教育服务网：www.cmpedu.com

作者简介

姜海舟 北京海泰方圆科技股份有限公司董事长兼总经理，北京市正高级工程师，科技部科技创新创业人才，中组部、人社部"万人计划"（国家高层次人才特殊支持计划）科技创业领军人才。主笔出版《数字政府网络安全合规性建设指南：密码应用与数据安全》，曾任中国网信产业桔皮书副主编、《网信自主创新调研报告》编委会委员、大学生网络安全尖锋训练营尖锋导师。拥有技术发明专利10余项，参与编研多项国家标准和行业标准。

潘文伦 博士，高级工程师，专注于密码前沿技术研究、商密技术应用与密码标准化等，在序列密码、白盒密码、密码协议、可搜索加密等多个领域发表系列研究论文，获密码技术发明专利10余项。

陈彦平 毕业于对外经济贸易大学，北京海泰方圆科技股份有限公司方案中心总监。在密码应用咨询与规划、密码应用解决方案设计、密码标准及指南编制、重大项目规划与实践等方面拥有10余年的丰富经验。

王学进 副研究员，专注于信息安全及应用研究30余年，拥有深厚的理论基础与丰富的工程实践经验。曾获省部级科技进步成果一、二、三等奖，参与起草已发布的国家标准和行业标准10余项，获技术发明专利10余项。

张玉安 研究员，军事学博士，信息与通信工程博士后，研究生导师。北京海泰方圆科技股份有限公司资深密码专家。主要研究领域为对称密码设计与分析、同态加密和隐私计算等。获省部级成果17项，技术发明专利16项。

孙烁 北京海泰方圆科技股份有限公司资深产品总监。致力于信息安全研发工作10

余年，曾主持多项国家课题，参与多个省部级项目建设。曾荣获科技进步三等奖、国家档案局"全国档案工匠人才"、北京市档案局档案科技成果一等奖。

胡伯良 正高级工程师，北京信息化协会专家库专家。长期从事密码产品研发，主持过国家课题，荣获密码科技进步三等奖、"中关村科技创新英才"称号，参与编写了多项密码标准，发表了多篇论文，获 16 项发明专利。

漆骏锋 高级工程师，电子科技大学电子信息专业博士。长期从事移动通信安全、物联网安全和密码应用等方向的技术和产品研究。曾承担多项国家重点研发计划课题，申请 10 余项国家发明专利。

刘文华 中国科学院研究生院计算机专业硕士，北京海泰方圆科技股份有限公司浏览器产线总工程师。从事信息技术研发 20 余年，主导过多个前沿科技产品研发，参与鸿蒙生态深度开发，获国家发明专利多项，在核心期刊发表多篇论文，参与制定多项国家及行业标准。

罗影 高级工程师，CISP。主要研究方向为密码算法高性能实现及应用，跟踪研究工控安全、物联网安全、新兴密码技术等，发表论文 10 余篇，获发明专利 30 余项，参与编写行业标准 10 余项。

王鹏 毕业于北京邮电大学，北京海泰方圆科技股份有限公司浏览器产线首席运营官。多年深耕于商用密码应用、安全浏览器等领域，主持或参与多项国家发改委、工信部等部门的课题，获发明专利 6 项，发表多篇论文，牵头或参与制定 10 余项国家及行业标准。

蒋红宇 毕业于哈尔滨工业大学，工学硕士。自 2000 年起从事商用密码领域技术工作，曾负责密码芯片操作系统和智能 IC 卡的研发。曾获党政密码科技进步一等奖，获商用密码相关发明专利 10 余项，牵头或参与制定多项密码国家标准和行业标准。

李姝婷 英国利兹大学商业分析与科学决策专业硕士，北京海泰方圆科技股份有限公司产品经理。主导多个成功的、深受业界认可的数据安全产品，如隐私计算服务平台、数据安全沙盒、数据治理平台等。

王少华 北京海泰方圆科技股份有限公司方案咨询总监。拥有 10 余年密码应用从业经历，精通政务、医疗、金融、交通、教育等行业及场景的密码应用，具有丰富的商用密码解决方案及咨询规划服务经验。

王斌 北京海泰方圆科技股份有限公司安全研发中心技术总监。多年专注于密码技术应用研发，精通密码算法的实现与优化，擅长网络编程和应用架构设计，熟悉各种 PKI 安全产品开发及应用。

推 荐 序

随着数字化飞速发展，信息安全问题已经成为全球关注的焦点。商用密码技术作为维护信息安全的关键手段，其重要性与日俱增。无论是企业、政府机构还是个人用户，都面临着日益复杂和严峻的信息安全挑战。为了应对这些挑战，深入理解并妥善运用商用密码技术显得尤为关键。在这一背景下，本书应运而生，旨在为解决信息安全难题提供有力的支持。

在本书中，作者深入探讨了密码技术的各方面，包括密码算法、密码协议、密钥管理等各类密码基础知识。通过对这些关键概念的详细阐述，读者可以全面而深入地理解商用密码技术，从而更好地应对日常工作中的各种信息安全挑战。同时，本书还提供了密码技术在政务、金融、工业控制系统等多个领域中的应用实例，为读者提供了从理论到实践的具体指导。书中的内容不局限于技术层面，还广泛涵盖了相关的法律法规和标准规范，为读者提供了一份全面的应用指南，使读者能够更好地理解和遵守商用密码技术应用中的法律法规要求。

本书的特色在于内容的全面性和实用性，强调理论与实践的完美结合。本书不仅提供了理论知识的系统讲解，还通过丰富的工程实践案例展示了这些理论知识的实际应用。这种理论与实践结合的方式，使得复杂的密码技术知识易于理解和应用。

本书适用的读者群体极为广泛。信息安全领域的专业人员可以通过本书深化技术知识、提高应用能力；产品开发人员和工程师可以学习到如何将先进的密码技术整合到他们的产品和服务中；学术研究者和学生能找到丰富的研究资料和案例，有助于学术工作和课程学习；技术爱好者和普通用户则能通过书中的内容提升自己的信息安全防护意识和能力。

　　本书的出版为读者提供了一个深入理解和实践商用密码技术的窗口，不仅有助于推动信息安全领域的进步，也将成为该领域内的一份宝贵资源，帮助读者更好地应对未来信息安全领域的挑战。

空军研究院研究员

前　　言

为什么要写这本书

在当今快速发展的数字化时代，商用密码技术已不仅仅是信息安全的一个组成部分，而成为保护数据完整性、交易安全和隐私的核心技术。本书的编写目的在于提供一个全方位的视角，深入而广泛地探讨商用密码的技术理论、产品开发和工程实践。

本书涵盖了密码学的基本理论、关键算法，以及这些理论和算法在现实世界中的应用，不仅详细介绍了密码学的基础知识，如加密算法、密钥管理、数字签名等，还深入探讨了密码技术在产品开发和多个行业领域（如政务、金融、工业控制等）中的实际应用。此外，本书还关注了新兴的密码技术，如量子密码、后量子密码等。希望本书能够成为商用密码领域从业者、学生以及对商用密码技术感兴趣的任何人的宝贵资源，帮助他们在这个信息安全至关重要的时代更好地理解和应用这一关键技术。

读者对象

本书是一本面向多元化读者群体的专业书籍，旨在满足不同背景的读者的需求。本书的目标读者包括但不限于以下几类。

□ **密码学和信息安全领域的专业人员**：对于在密码学和信息安全领域工作的专业人士，本书提供了深入的技术细节、最新的行业动态和丰富的实践案例，这些内容将帮助他们在日常工作中更有效地应用和理解商用密码技术，同时能够拓宽他们在该领域的知识视野。

□ **产品开发人员和工程师**：本书通过详细的产品开发案例和工程实践，为软件开发人员、系统工程师以及其他技术人员提供了实用的指导。这些内容不仅涉及理论知识，还包括如何将这些理论应用于实际的产品设计和系统构建中，从而帮助他们在开发过程中更好地融入商用密码技术。

□ **学术研究者和学生**：对于学术界的研究者和在校学生，本书不仅提供了商用密码技术的全面概述，还介绍了丰富的案例研究和最新的研究成果，有助于他们在教学和研究中深入理解并探索密码学的各个方面。

□ **行业决策者和管理人员**：对于需要了解商用密码技术以做出明智决策的企业决策者和管理人员来说，本书提供了一个易于理解的概述，可帮助他们把握商用密码技术趋势，理解其在业务中的应用潜力和安全意义。

□ **技术爱好者和自学者**：对于对密码学和信息安全有浓厚兴趣的技术爱好者和自学者来说，本书循序渐进地提供了从基础到高级的内容，可帮助他们在自学过程中获得系统的知识和实践指导。

无论专业人士、学者，还是对商用密码技术感兴趣的普通读者，本书都能提供必要的知识和实用的指导，帮助他们在各自的领域中更好地理解和应用这一关键技术。

本书特色

本书具有以下特色。

□ **全面的技术详解**：本书不仅涵盖密码学的基础理论，如密码算法、密钥管理和公钥基础设施，还探讨了新兴密码技术。

□ **实用的产品开发指南**：除了理论知识，本书还重点介绍了商用密码产品的开发流程，包括系统架构设计、工作原理解析以及具体的应用案例，为产品开发人员提供了从概念到实现的详细指导。

□ **丰富的工程实践案例**：本书通过多个领域的实践案例，如政务信息系统中的密码应用、金融领域中的密码应用、工业控制系统中的密码应用等，展示了商用密码技术在实际应用中的效果和挑战。这些案例不仅展示了密码技术的实际应用，还提供了解决复杂问题的实践经验和策略。

- ❑ **跨领域的应用视角**：本书不局限于单一领域，而是涵盖商用密码技术在多个领域的应用，包括但不限于政务、金融、工业控制和移动安全等。这种跨领域的视角使得本书对不同行业的专业人士都有参考价值。
- ❑ **法律法规与标准规范的深入探讨**：考虑到商用密码相关法律和标准的重要性，本书深入探讨了相关法律法规和国内外标准规范，帮助读者在商用密码应用中遵守法律和标准要求。
- ❑ **理论与实践结合**：本书不仅提供了理论知识，还强调理论与实践的结合。通过理论讲解和实践案例的相互补充，本书能够帮助读者更好地理解复杂的密码学概念，并将这些概念应用于实际问题中。

如何阅读本书

本书旨在为不同背景的读者提供一条清晰、系统的学习路径。以下是对各部分的扩展建议，以帮助读者更有效地利用本书。

- ❑ **技术详解（第一部分）**：这部分是整本书的基础，所有读者都应首先阅读。它不仅为初学者提供了密码学的基础知识，也为有经验的专业人士提供了深入的技术细节。建议读者按照章节顺序阅读，以逐步构建关于密码学的知识体系。
- ❑ **产品开发（第二部分）**：对于那些对商用密码产品开发感兴趣的读者，这部分提供了从概念设计到产品实现的全过程指导。建议开发人员和工程师重点关注与自己项目相关的章节，同时结合技术详解部分的理论知识，获得更全面的视角。
- ❑ **工程实践（第三部分）**：这部分通过多个行业的实践案例，展示了商用密码技术的应用，适合那些希望了解密码技术在实际环境中如何运作的读者阅读。建议读者根据自己的行业背景或兴趣选择相关章节深入阅读，以获得实际应用的洞见。

勘误与支持

由于作者水平有限，本书在内容上可能存在一些疏漏或不准确之处，恳请读者提出宝贵的建议。如果读者有意见或反馈，敬请通过邮箱 marketing@haitaichina.com 与我们联系，我们会尽最大努力提供满意的答复。期待得到读者的真诚反馈，让我们在技术探索的道路上携手前行，共同进步。

致谢

在本书的撰写过程中，我们深感这不仅是一次学术探索，也是一次跨学科、跨领域合作的丰富经历。在此，我们衷心感谢所有为本书的出版做出贡献的个人和机构。

我们特别感谢海泰方圆公司安晓江等技术专家的宝贵建议和深入指导。他们在密码学、信息安全、网络安全技术等领域的深厚造诣和丰富经验，为本书提供了宝贵的理论支撑和实践指导，他们的专业见解和建议极大地提升了本书的学术价值和应用实效。

我们也非常感谢方案部的同事们，是他们为本书中的方案给予了专业的指导并提供了珍贵的真实案例，从而极大地丰富了本书的内容，使本书内容更加实用，具有更强的现实指导意义。

我们还要感谢研发部和产品部的同事们，是他们为本书提供了丰富而专业的相关产品知识，并展示了相关产品的创新性和独特性，内容详尽且极具吸引力，为本书增添了新的色彩。

对于在撰写过程中提供编辑、校对帮助的张娟、刘雪梅、李博等同事，以及在出版事项中提供协助的谢秀秀、李丹等同事，我们表示衷心的感谢。他们的专业精神和细致入微的工作，确保了本书的高品质和良好的阅读体验。

感谢为本书付出时间、精力和智慧的每一位朋友。我们期待本书能够为商用密码技术的推广和应用发挥积极且重要的作用。

目 录

技 术 详 解

在这部分中，我们将深入探讨密码学的核心技术和原理。从密码学的历史背景和基本概念开始，逐步讲解密码算法、密码协议、密钥管理以及公钥基础设施。每一章都将详细解析相关的技术细节和应用场景，为读者学习后面的内容提供必备的背景知识。

第 1 章

密码学概述

密码是国家的重要战略资源，直接关系国家政治安全、经济安全、国防安全和信息安全。密码是网络安全的核心技术和基础支撑，是网络信任的基石，是网络空间安全的"内在"基因。密码是目前世界上公认的，保障网络与信息安全最有效、最可靠、最经济的关键技术。

密码是指采用特定变换方法对信息等进行加密保护和安全认证的技术、产品、服务。我国密码工作坚持总体国家安全观，遵循统一领导、分级负责，创新发展、服务大局，依法管理、保障安全的原则，对密码实行分类管理，将密码分为核心密码、普通密码和商用密码。核心密码、普通密码用于保护国家秘密信息，核心密码保护信息的最高密级为绝密级，普通密码保护信息的最高密级为机密级。商用密码用于保护不属于国家秘密的信息，公民、法人和其他组织可以依法使用商用密码保护网络与信息安全。

密码在网络与信息安全领域扮演着关键角色。它不仅可以用于数据加密，还可以用于实体身份和数据来源的安全认证。密码具有以下 4 个关键特性。

- 机密性：使用密码学中的加密等技术可实现信息的机密性保护，以确保只有授权的个体才能访问敏感信息。
- 完整性：使用密码学中的杂凑函数等技术可实现信息的完整性保护，以确保数据在传输和存储过程中不受未经授权的篡改或破坏。

- 真实性：使用密码学中的数字签名、消息鉴别码、身份验证协议等技术可确保信息来源或用户身份的真实性，以确保信息来源可靠与身份真实。
- 抗抵赖性：使用密码学中的数字签名等技术可以解决行为的抗抵赖性问题，以确保相关行为真实可信。

密码学是致力于研究信息和信息系统的安全及保密的科学，可分为密码编码学和密码分析学两大分支。密码编码学探讨如何对信息进行密码编码，以实现信息与通信安全。密码分析学则研究如何解密或攻击已被加密的信息。随着信息编码与解码之间的竞争不断升级，以及计算机技术的不断进步与应用，密码学持续发展，已演变成一门综合而又交叉性强的学科。目前，密码学与语言学、数学、信息论、计算机科学等领域紧密相连，相互之间具有广泛而深刻的联系。

随着信息技术的飞速发展，科技不仅极大地方便了人们的生活和工作，同时也带来了日益严峻的信息安全挑战。在这个数字化日益加深的时代，信息安全和密码技术的重要性变得更加突出。密码技术曾经主要服务于政府、军队等专业领域，如今已经成为广泛关注的技术议题，涉及每个人的日常生活。本章将介绍密码学发展历程、密码学基本概念、密码学体制分类、常见的密码攻击类型及密码技术应用领域等。

1.1　密码学发展的 3 个阶段

作为信息安全的基石，密码学历史悠久，可追溯至古代文明的早期。根据技术原理和加密方式，密码学的发展历史大致可以分为以下 3 个阶段。

1. 古代密码阶段

密码学的应用最早可追溯到约 4000 年前的古代文明时期。大约在公元前 1900 年，古埃及贵族陵墓上有隐藏信息的铭文，里面使用了一种符号替换技术来隐藏信息。公元前 1500 年，美索不达米亚的一位抄写员使用密码学技术隐藏陶器釉料的配方。公元前 100 年，朱利叶斯·凯撒（Julius Caesar）在战争中使用一种加密形式（即著名的凯撒密码）来与他的将军分享秘密信息。凯撒密码是一种单表替换密码，此类密码技术在当时被广泛应用。到了 16 世纪，维吉尼亚密码的诞生标志着多表替换密码技术出现，其使用一系列交织的凯撒密码对字母文本进行加密。在我国，早在周朝时期，姜子牙就已经使用阴符、阴书与军队通信。

从远古到第一次世界大战之前，人们所使用的密码技术均可称为"古代密码"。这一时期的密码技术可以说是一种艺术，密码学家进行密码设计和分析通常凭借的是直觉和信念，而不是推理和证明，主要技巧是文字的内容代替、移位和隐藏等。

2. 机械密码阶段

机械密码主要出现在两次世界大战时期。在第一次世界大战中，传统密码的应用达到了顶峰。1837年，美国人Morse发明无线电报，标志着人类进入电子通信时代。无线电报能快速、方便地进行远距离收发信息，很快成为军事上的主要通信手段。为防止无线电报信息泄露，电报文件的加密至关重要。特别是第二次世界大战中，密码已成为决定战争胜负的关键，各国纷纷研制和采用先进的密码设备，建立起严密的密码安全体系。与此同时，大量数学、统计学等方面的技术应用于密码分析，加密原理从传统的单表替换发展到复杂度大大提高的多表替换，基于机械和电气原理的加密和解密装置全面取代以往的手工密码，机械密码技术快速发展。典型的机械密码案例包括德国使用的Enigma密码机、日本使用的红色和紫色密码机等。

3. 现代密码阶段

1946年，随着第一台电子计算机的诞生，在拥有超强计算能力的计算机面前，传统机械密码变得较为脆弱。1948年，香农发表的"通信的数学理论"一文奠定了信息论的基础，人类进入信息时代。1949年，香农发表的"保密系统的通信理论"一文为密码学建立了理论基础，使密码技术由艺术变成科学。

20世纪70年代，随着计算机网络的普及和发展，密码技术开始向人类所有社会活动领域渗透。1973年，美国国家标准局（NBS，National Bureau of Standard）开始公开征集联邦数据加密标准，最终IBM公司的Lucifer加密算法获得胜利。随后经过两年的公开讨论，NBS于1977年1月15日决定正式采用该算法，并将其命名为"数据加密标准"（DES，Data Encryption Standard）。受DES安全强度的影响，1997年，美国开始征集新一代数据加密标准（即高级数据加密标准），最终比利时密码学家所设计的Rijndael算法获选。密码算法标准化活动极大地促进了密码设计与分析技术的发展。

1976年，美国密码学家Diffie和Hellman发表"密码学的新方向"一文，提出公钥密码学思想，实现了密码学发展的第二次飞跃。1978 年美国学者 Rivest、Shamir 和 Adleman 在 Diffie、Hellman 思想的基础上，提出第一个实用的 RSA 公钥密码体制。该算法解决了大整数分解困难问题。1985 年，美国学者 Koblitz 和 Miller 各自独立提出椭圆曲线密码体制（ECC，Elliptic Curve Cryptosystem），基于椭圆曲线离散对数困难问题构造了一类新的公钥密码体制。

　　如今，密码学已从一门单纯的技艺，发展成为一个跨领域的综合性学科，涉及数学、计算机科学、电子工程等。随着数字化和网络化的发展，密码技术已经融入我们日常生活的各个方面，从在线支付到社交网络的信息保护，都离不开密码技术的支撑。

1.2　密码学的基本概念

　　密码学的基本目的是在不安全的通信信道上实现保密通信，如发送方 Alice 和接收方 Bob 通过公开信道传递消息，使攻击者无法获取他们通信的内容，如图 1-1 所示。这样的应用场景广泛存在，如使用信件传递消息、通过电话线或网线传递消息等。保密通信系统涉及以下基本术语。

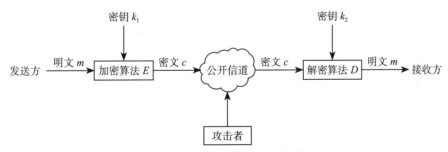

图 1-1　保密通信模型示意图

- 消息（Message）：用语言、文字、数字、符号、图像、声音或它们的组合等方式记载或传递的有意义的内容，也被称为"信息"。
- 明文（Plaintext）：未经过任何变换或隐藏技术处理的消息。
- 加密（Encryption）：使用某种方法或技术对明文进行伪装或隐藏的过程。
- 密文（Ciphertext）：明文经过加密处理后的结果。
- 解密（Decryption）：将密文恢复成明文的过程或操作，也被称为"脱密"。
- 加密算法（Encryption Algorithm）：将明文消息加密成密文所采用的一组规则或数

学函数。

- 解密算法（Decryption Algorithm）：将密文消息解密成明文所采用的一组规则或数
  学函数。

- 密钥（Key）：进行加密或解密操作所使用的秘密参数或关键信息。

1.3 密码体制的分类

密码体制主要分为两大类：对称密码体制和非对称密码体制。

1. 对称密码体制

在对称密码体制中，加密和解密操作使用相同的密钥，或者使用的密钥可以通过简单的变换相互转换，如图 1-2 所示。对称密码体制的主要特点是算法的效率较高，非常适用于需要处理大量数据的场景。然而，它面临的主要挑战是密钥的安全分发和管理。由于加密和解密使用相同的密钥，因此密钥的保密性对于整个系统的安全至关重要。常见的对称密码体制有对称加密、杂凑函数、消息鉴别码等。其中，对称加密技术根据加密方式的不同，又可细分为序列密码（流密码）和分组密码。序列密码逐位或逐字符地加密明文，分组密码则一次处理一组固定长度的消息。杂凑函数将任意长度的输入转换为固定长度的输出（杂凑值），用于确保数据的完整性和一致性等。消息鉴别码结合了对称加密和杂凑函数的特性，用于验证消息的完整性和真实性，在网络安全和数据传输中起着重要作用。

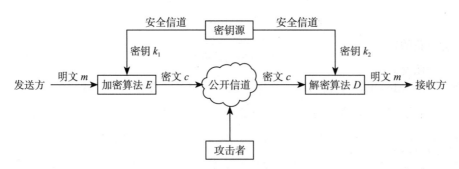

图 1-2 对称密码体制示意图

2. 非对称密码体制

非对称密码体制也被称为"公钥密码体制"，其思想由 Diffie 和 Hellman 于 1976 年首次公开提出。非对称密码体制使用两个密钥，其中一个公开（公钥），另一个保密（私钥）。这两个密钥在数学上是相关联的，但从其中一个推导出另外一个在计算上是不可行的。公钥密码体制的主要优势是解决了密钥分发问题，因为公钥可以公开传输，而私钥保持秘密传输。这种体制适用于保密通信、数字签名和身份认证等多种场景。常见的公钥密码技术有公钥加密、数字签名等。

对称密码体制由于其高效性，通常用于需要加密大量数据的场景，如文件加密、数据库保护等。而公钥密码体制则在需要安全密钥交换和数字签名的场景中更为常见，如安全电子邮件、安全网页传输（如 SSL/TLS）等。对称密码体制和公钥密码体制各有优势和局限性，它们在现代密码学中扮演着互补的角色。在实际应用中，这两种体制常常结合使用，以实现更全面和高效的安全保障。此外，密码杂凑函数、数字签名、消息鉴别码等技术的综合使用，不仅可以保障消息的机密性，还可以确保数据的完整性、真实性和抗抵赖性等，这些密码技术为现代数字通信提供了坚实的安全基础。

1.4　常见的密码攻击类型

在密码学中，我们通常遵循 Kerckhoff 原则，即假定攻击者知道所使用的密码体制，包括加解密算法和加解密过程等。这个原则强调，密码体制的安全性不应依赖于保密密码算法，而应依赖于保密所使用的密钥。根据攻击者可获取的信息量和能力，密码攻击行为可以分为以下 4 种基本类型。

- 唯密文攻击：攻击者已知加密算法，并可截获密文信息。攻击者的目标是通过分析截获的密文来推断出明文或密钥。
- 已知明文攻击：攻击者已知加密算法，并可获取部分明—密文对信息。攻击者利用这些已知的明—密文对来找出加密密钥或推断出其他明文。
- 选择明文攻击：攻击者已知加密算法，且能够自己选择一定数量的明文并获取相应的密文。攻击者利用这些信息更深入地分析加密系统。
- 选择密文攻击：攻击者已知加密算法，且能获取一定数量的密文并获取相应的明文。这种攻击通常发生在攻击者具有解密能力的场景中。

在上述 4 种攻击类型中，攻击者的目的都是获取密码算法所使用的密钥或能解密一些特定的密文。给定一种密码体制，如果攻击者无论知道多少密文以及采用何种方法都得不到任何关于明文或密钥的信息，则称其为"无条件安全的密码体制"。香农证明了只有一次一密，即密钥至少和明文一样长的密码体制才是无条件安全的。然而，无条件安全的密码体制在实际中很少使用，因为它要求密钥长度与明文长度相同，且密钥只能使用一次，这给密钥管理带来了巨大的挑战。

在实际应用中，更常见的是计算上安全的密码体制，即在现有的技术和资源条件下，攻击者无法在合理的时间内破解密码。计算上安全的密码体制满足以下两条准则之一：破译密文的代价超过被加密信息的价值；破译密文所需花费的时间超过信息的有效期。

密钥穷举攻击是最基本的密码攻击方法，即对每个可能的密钥进行测试，直到找到正确的密钥。密钥穷举攻击的复杂度由密钥空间的大小决定，如目前常用的分组密码的密钥长度为128bit，密钥空间大小为2^{128}，以当前最快的超级计算机约每秒百亿亿次的运算速度穷举密钥，所需时间约为$\dfrac{2^{128}}{100\times10^{16}}\approx1.08\times10^{13}$年，远远超出了任何实际应用的有效时间范围。因此，足够长的密钥在实践中可以有效抵抗密钥穷举攻击。

1.5 密码技术应用领域

密码技术是现代信息安全的核心，其应用范围广泛，涵盖了从个人数据保护到国家安全的各个方面。随着数字化时代的到来，密码技术的重要性日益凸显，成为保护信息安全和隐私的关键工具。

在个人数据保护和网络安全领域，密码技术发挥着至关重要的作用。它用于加密存储在计算机、智能手机或云服务器上的敏感数据，如文档、照片和视频，防止数据泄露和未授权访问。在网络通信中，如电子邮件和即时消息，密码技术确保信息传输的机密性和完整性。此外，随着电子商务的蓬勃发展，密码技术也被广泛应用于在线支付系统，以保护用户的金融信息和交易安全。例如，SSL/TLS协议在网页浏览中加密用户数据，防止信息被窃取。

在企业和政府层面，密码技术同样扮演着关键角色。银行和金融机构依赖密码技术来保护客户的财务信息和交易的安全处理。在企业环境中，密码技术用于保护商业秘密和敏感信息，也用于身份验证和访问控制，确保只有授权人员能够访问特定的数据和资源。政府和军事机构使用高级加密技术来保护国家安全和敏感通信。

在新兴技术［如物联网（IoT）、人工智能（AI）和机器学习］领域，密码技术也发挥着关键作用。在 IoT 领域，从智能家居到工业控制系统，密码技术用于保护设备和通信免受攻击。在 AI 和机器学习领域，密码技术用于保护训练数据和算法，防止知识产权被滥用。

随着技术的不断进步和数字化应用的不断扩展，密码技术的应用将更加广泛，其在保护个人隐私、企业数据、国家安全以及推动新技术和服务的安全发展方面的作用将变得更加重要。未来，随着新的挑战和威胁的出现，密码技术也将不断进化，以满足不断变化的安全需求。

第 2 章

密 码 算 法

在现代通信和计算领域，数据的安全性和隐私性已经成为最为关键的议题。从日常通信、网络购物到国际间的信息交换，一个强大且安全的密码系统是确保信息安全不可或缺的基石。

密码算法作为密码技术体系的核心，对保护信息安全和数据传输起着至关重要的作用。这些算法不仅是密码学实现的基础，也是整个信息安全体系的关键组成部分。在密码技术体系中，密码算法用于加密和解密，以保护信息的机密性。此外，它们还用于实现数字签名、数据完整性校验和消息鉴别等功能，确保信息的真实性、完整性和抗抵赖性。

本章将从基本原理到实际应用，深入介绍各类密码算法。本章首先探讨序列密码（流密码），理解其工作原理和常见实现方式。随后，本章将深入分组密码，探索其结构和工作模式。公钥密码作为现代密码学的核心组成部分，其设计原理和常见算法也将详细介绍。此外，本章还将讨论密码杂凑算法、数字签名和消息鉴别码等重要主题。为了更好地理解我国在密码学领域的进展，本章将特别介绍我国的商用密码算法体系，包括祖冲之序列密码算法、SM 系列算法等。最后，本章将展望密码学的未来，探讨量子密码、后量子密码和同态加密等新兴密码技术。通过本章的学习，读者将对密码学有一个全面的了解，并认识到其在确保数据安全中的重要作用。

2.1 序列密码

2.1.1 序列密码介绍

序列密码的起源可追溯到 1917 年 Vernam 提出的"一次一密"（One-Time Pad）密码体制。"一次一密"密码体制是理论上最安全的加密方法，要求密钥流与密文长度相同且完全随机，同时密钥流不能重复使用。这也导致"一次一密"在实际应用时存在明显的缺陷，主要是密钥流的生成、分配和管理变得异常困难。为了克服这些缺陷，研究者们设计了各种序列密码算法。其主要思想是使用一个较短的密钥（称为"种子"）通过特定的算法来产生一个长的伪随机序列用于加解密，从而只需要生成、管理较短的密钥，简化了密钥管理。

在 20 世纪中叶，随着有限域和线性移位寄存器理论的成熟，以及晶体管的出现和广泛应用，基于线性移位寄存器的序列密码逐渐成为发达国家保密通信系统中的主要装备。到了 20 世纪 80 年代，序列密码的研究开始一步步走出黑屋，多个序列密码研究项目推动了相关技术的发展。

1）2000 年，欧盟启动 NESSIE 项目，征集序列密码算法并进行评估和公开讨论，第一次在学术界掀起了序列密码研究热潮。但由于过于苛刻和严谨的评估准则，所有序列算法候选方案都未能胜出。

2）2004 年，欧盟启动 ECRYPT 计划，其中包括 eSTREAM 项目，主要是面向全球征集适合广泛应用的高效、紧凑的序列密码算法。eSTREAM 项目共征集到 34 个算法，经过多次安全和性能评估，并按照不同应用需求进行分类，最终选出满足高吞吐量要求的软件应用和适用于资源受限（如有限的存储、门数、功耗等）的硬件应用的算法。到 2008 年活动结束，最终评选出 7 种算法，包括 4 种面向软件应用的算法（Salsa20/12、SOSEMANUK、Rabbit、HC-128），与 3 种面向硬件应用的算法（Grain v1、Trivium、MICKEY v2）。

根据密钥流生成方式的不同，序列密码分为同步序列密码与自同步序列密码。同步序列密码（见图 2-1）使用种子密钥 k 和初始向量 IV，根据密钥流生成算法生成密钥流序列 $z = z_0 z_1 z_2 \cdots$，然后使用密钥流序列依次对明文序列 $m = m_0 m_1 m_2 \cdots$ 加密：

$$c = c_0 c_1 c_2 \cdots, c_i = E_{z_i}(m_i), i = 0, 1, 2, \cdots$$

其中，密钥流序列对明文加密的过程通常为异或运算，即依次将每个密钥流与明文流异或运算得到密文：$c_i = E_{z_i}(m_i) = m_i \oplus z_i$。

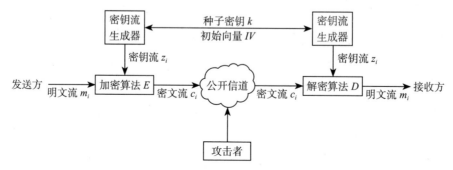

图 2-1 同步序列密码示意图

相应解密过程只需使用同一密钥 k 和相同的初始向量 IV，采用相同的密钥流生成算法生成同样的密钥流序列 $z = z_0 z_1 z_2 \cdots$，然后依次对密文序列 $c = c_0 c_1 c_2 \cdots$ 解密：

$$m = m_0 m_1 m_2 \cdots, m_i = D_{z_i}(c_i), i = 0,1,2,\cdots$$

其中，D 为 E 的逆过程。当 E 为异或运算时，D 也为异或运算，即 $m_i = D_{z_i}(c_i) = c_i \oplus z_i$。

同步序列密码算法具有加解密速度快、便于软硬件实现等特点，适用于大量数据加密场景，广泛应用于数据通信领域，例如互联网通信、VPN 通信和无线通信等。

与同步序列密码不同，自同步序列密码（见图 2-2）在生成密钥流的过程中，密文流会参与后续的密钥流生成。这种特性使得即使密文流的部分比特出现错误，当一定数量的正确密文流被反馈回密钥流生成器后，加解密仍然能够重新同步，系统将回到正确的状态。这种能力在通信中尤其有用，因为它允许系统在不稳定的信道环境中运作，即便存在信号干扰、传输错误或数据丢失等情况，仍能保持一定程度的加密能力。自同步序列密码能够容忍一定程度的错误。然而，为了实现这种错误容忍特性，系统可能会变得更加复杂，而且可能需要更多的计算开销。在实际应用中，我们通常使用分组密码结合一些工作模式来构造自同步序列密码。

2.1.2 序列密码的设计原理

序列密码的设计关键在于如何利用较短的密钥生成具有长周期、高复杂度和良好统计特性的伪随机序列。这些序列不仅需要具备长的周期和高的复杂度，还应能有效隐藏生成过程中的中间状态，确保即使攻击者获得输出序列，也难以推测内部状态或密钥。换言之，即使攻击者获取了较长的序列，也无法获取序列的未来或过去的值，更无法确定密钥。

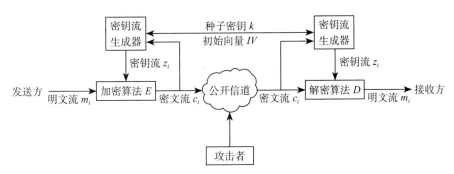

图 2-2　自同步序列密码示意图

1. 线性反馈移位寄存器

线性反馈移位寄存器（LFSR，Linear Feedback Shift Register）因其理论成熟、易于硬件实现、可以产生大周期序列、统计特性良好且易于分析等优点，在序列密码设计中被广泛应用。LFSR 由寄存器单元和反馈函数组成，其中，寄存器单元的数量被称为"移位寄存器的级数"，反馈函数为寄存器单元的线性组合。

LFSR 的工作原理是通过特定的特征多项式来定义反馈逻辑，从而生成序列。例如，一个 n 级 LFSR 的状态由 n 个寄存器中的值组成，每个时刻的状态变化依赖于反馈函数的计算结果。LFSR 生成的序列被称为" n 级 LFSR 序列"，其特征多项式完全描述了该序列的特性。图 2-3 展示了一个以 $f(x) = x^n \oplus c_{n-1}x^{n-1} \oplus \cdots \oplus c_0$ 为特征多项式的 n 级 LFSR。 n 个寄存器中的值组成的向量 $(a_{k+n-1}, a_{k+n-2}, \cdots, a_k)$ 被称为" LFSR 的第 k 时刻的状态"，特别地， $(a_{n-1}, a_{n-2}, \cdots, a_0)$ 被称为" LFSR 的初始状态"。对任意 $k \geq 0$，LFSR 状态做如下变化。

1）计算 $a_{k+n} = c_{n-1}a_{n+k-1} \oplus \cdots c_1 a_{k+1} \oplus c_0 a_k$ ；

2）寄存器中的值依次向右移位，并将最后一个寄存器中的值 a_k 输出；

3）将 a_{k+n} 放入最左侧寄存器。

LFSR 所产生的序列 $\boldsymbol{a} = (a_0, a_1, a_2, \cdots)$ 被称为" n 级 LFSR 序列"。特征多项式 $f(x)$ 完全刻画了该序列。需要注意的是，LFSR 的特征多项式并不唯一，但次数最小的特征多项式是唯一的，被称为"该序列的极小多项式"。

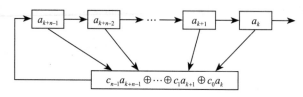

图 2-3　线性反馈移位寄存器示意图

易知，当 LFSR 的状态出现重复时，其输出序列也将出现重复。给定 LFSR 序列 $a = (a_0, a_1, a_2, \cdots)$，若存在非负整数 k 和正整数 T，使得对任意 $i \geq k$，都有 $a_{i+T} = a_i$，则称 a 为准周期序列，并将最小的 T 称为 a 的周期。特别地，若 $k = 0$，则称 a 是（严格）周期序列。设 $m_a(x)$ 为 a 的极小多项式，则 a 是周期序列当且仅当 $m_a(0) \neq 0$。

注意，LFSR 总是将某时刻全 0 状态转化成之后所有时刻全 0 状态，因此，对于一个 n 级 F_2 上（即每个寄存器的值为 0 或 1）的 LFSR，输出序列的最大可能周期为 $2^n - 1$。若 LFSR 序列 a 的周期为 $2^n - 1$，则称其为 F_2 上的 n 级 m 序列。LFSR 序列 a 为 n 级 m 序列，当且仅当 a 的极小多项式是 n 次本原多项式。

m 序列是最重要的 LFSR 序列，不仅其周期可以达到最大，而且具有较好的统计特性，满足信息理论和编码理论的先驱 Solomon W. Golomb 提出的 3 条随机性假设规则。

- 均匀性规则：对于一个理想的伪随机二进制序列，0 和 1 出现的数量应当是相等的或相差极小。

- 游程规则：游程是序列中连续的同样符号（例如连续的 0 或 1）的最大长度。此规则描述了不同长度的游程出现的频率。在理想情况下，长度为 1 的游程应该占总游程数的 1/2，长度为 2 的游程应该占 1/4，长度为 3 的游程应该占 1/8，依此类推。这反映了一个好的伪随机序列在短的时间尺度上有很好的均匀性，而在较长的时间尺度上则可能会出现不均匀性。

- 自相关规则：这是一个描述伪随机序列的自相关特性的规则。理想的伪随机序列应该具有低的自相关，除了在 0 位移（或说零延迟）上，其自相关函数的值应该接近于零。这意味着序列与其自身的一个版本（该版本经过一定数量的位移）之间的相似度非常低。

LFSR 序列 a 的极小多项式的次数被称为"该序列的线性复杂度"，记为 $LC(a)$。

线性复杂度用来衡量生成 LFSR 序列的最小代价。1969 年，研究者提出的 Berlekamp-Massey 算法（简称 B-M 算法）解决了求序列极小多项式的问题。对于线性复杂度为 L 的 LFSR 序列 a，B-M 算法在已知序列 a 连续 $2L$ 比特的条件下，可以还原出整条序列，且计算复杂度仅为 $O(L^2)$。

目前，LFSR 已作为基础部件广泛应用于序列密码设计。考虑到算法实现中的软硬件资源和运算效率，我们通常选择更大有限域 F_q 上的 LFSR，即寄存器中的元素均为 F_q 中的元素，运算也为 F_q 上的运算。F_q 上的 LFSR 生成的序列几乎保持了传统的 F_2 上的 LFSR 序列的所有性质，如周期性、伪随机性等。

2. 密钥流生成器

在序列密码设计中，我们通常使用 LFSR 生成的 m 序列作为序列源，再结合非线性部件生成密钥流序列。m 序列具有大周期、理想的统计特性、高效性等特点，而非线性部件用于提高安全性与复杂性，用于抵抗密码攻击。经典的非线性改造方式有非线性组合、非线性过滤和钟控等，其中非线性组合与非线性过滤生成器均在统一时钟下控制 LFSR 的状态更新，而钟控生成器通过一个 LFSR 控制另外一个或多个 LFSR 的状态更新。由于基于钟控生成器设计的密码算法相对较少，下面仅简要介绍非线性组合与非线性过滤生成器。

非线性组合生成器的思想是将多个 m 序列通过非线性的方式合并成一条密钥流。如图 2-4 所示，n 个 LFSR 分别生成 m 序列 $a_1, a_2, \cdots, a_n$，记 $a_i = (a_{i,0}, a_{i,1}, a_{i,2}, \cdots), 1 \leq i \leq n$，然后将此 n 个序列经组合函数 F 组合生成密钥流序列 $z = (z_0, z_1, z_2, \cdots)$，其中，组合函数 F 为 n 元非线性函数，$z_k = F(a_{1,k}, a_{2,k}, \cdots, a_{n,k}), k \geq 0$。若 m 序列 $a_1, a_2, \cdots, a_n$ 的线性复杂度分别为 $m_1, m_2, \cdots, m_n$，且互不相同，则组合序列 z 的线性复杂度为 $F(m_1, m_2, \cdots, m_n)$。

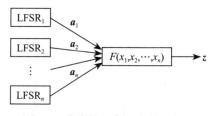

图 2-4　非线性组合生成器示意图

非线性过滤生成器的思想是对单个 m 序列进行非线性运算得到密钥流序列。如图 2-5 所示，LFSR 的输出序列为 $a = (a_0, a_1, a_2, \cdots)$，$F = F(x_1, x_2, \cdots, x_n)$ 为一个 n 元函数，被称为"过滤函数"，密钥流序列 $z = (z_0, z_1, z_2, \cdots)$，其中 $z_t = F(a_t, a_{t+1}, \cdots, a_{t+n-1})$，$t \geq 0$。若函数 $F(x_1, x_2, \cdots, x_n) = x_i x_{i+\delta} \cdots x_{i+(k-1)\delta} \oplus G(x_1, x_2, \cdots, x_n)$，其中 $\gcd(\delta, 2^n - 1) = 1$，$G$ 的代数次数小于 k，则输出序列 z 的线性复杂度不小于 $\binom{n}{k}$。

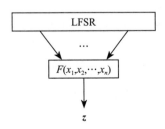

图 2-5 非线性过滤生成器示意图

3. 其他反馈移位寄存器

线性反馈移位寄存器序列容易受到相关攻击与代数攻击的影响，非线性序列生成器逐渐受到研究人员的关注。常见的非线性序列生成器有带进位的反馈移位寄存器（FCSR，Feedback with Carry Shift Register）与非线性反馈移位寄存器（NFSR，Nonlinear Feedback Shift Register）。

FCSR 由 A.Klapper 和 M.Goresky 于 1993 年首次提出，其原理是利用整数的进位运算生成一类二元非线性序列。设 q 为正奇数，$r = \lfloor \log(q+1) \rfloor$，$q + 1 = q_1 2 + q_2 2^2 + \cdots + q_r 2^r, q_i \in \{0,1\}$，且 $q_r = 1$，以 q 为连接数的 FCSR 如图 2-6 所示。图 2-6 中 Σ 表示整数加法，m_n 是进位（也称"记忆"），$(m_n; a_{n+r-1}, a_{n+r-2}, \cdots, a_n)$ 表示 FCSR 在时刻 n 的状态。FCSR 的状态转换过程如下。

1）计算整数和 $\sigma_n = \sum\limits_{k=1}^{r} q_k a_{n+r-k} + m_n$；

2）r 个寄存器依次右移一位，输出最右侧寄存器的值 a_n；

3）计算 $a_{n+r} \equiv \sigma_n \bmod 2$，并放入最左侧寄存器；

4）计算 $m_{n+1} = \dfrac{\sigma_n - a_{n+r}}{2} = \lfloor \dfrac{\sigma_n}{2} \rfloor$，并使用 m_{n+1} 更新进位寄存器。

记 FCSR 的输出序列 $a = (a_0, a_1, a_2, \cdots)$，$q$ 被称为"序列 a 的连接数"，若 q 是序列 a 所有连接数中的最小值，则称 q 为 a 的极小连接数。若序列 a 是以 q 为极小连接数的 FCSR 序列，则序列 a 的周期为 $\mathrm{ord}_q(2)$。因此，FCSR 序列的周期的最大值为 $\phi(q)$，并称周期为 $\phi(q)$ 的 FCSR 序列为 l 序列。与 B-M 算法类似，1995 年研究者提出的 2-adic 有理逼近算法可在较低复杂度内还原 FCSR 序列，因此，l 序列本身不能直接作为密钥流序列，需结合非线性部件共同生成密钥流序列。

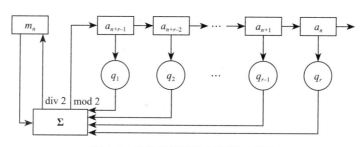

图 2-6 进位反馈移位寄存器示意图

NFSR 是序列密码设计的一类重要部件。在 2008 年，欧洲 eSTREAM 项目胜选的 3 个面向硬件设计的序列密码算法 Trivium、Grain v1 和 Mickey v2 均基于 NFSR 设计。NFSR 往往具有较低的硬件实现代价，常用于轻量级密码设计。

一个 n 级 NFSR 示意图如图 2-7 所示。该寄存器由 n 个寄存器和一个反馈函数构成，记初始状态为 $(a_0, a_1, \cdots, a_{n-1})$，对任意 $k \geq 0$，其状态更新过程如下。

1）计算 $a_{k+n} = f_1(a_k, a_{k+1}, \cdots, a_{k+n-1})$；

2）n 个寄存器向右移位，并输出最右侧寄存器中的值 a_k；

3）使用 a_{k+n} 更新最左侧寄存器中的值。

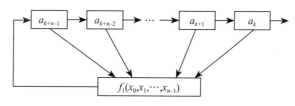

图 2-7 n 级 NFSR 示意图

记 NFSR 的输出序列为 $\boldsymbol{a} = (a_0, a_1, a_2, \cdots)$，$f_1(x_0, x_1, \cdots, x_{n-1})$ 为反馈函数，$f(x_0, x_1, \cdots, x_{n-1}, x_n) = f_1(x_0, x_1, \cdots, x_{n-1}) + x_n$ 为 NFSR 的特征函数。一个 n 级 NFSR 序列的最大可能周期为 2^n。若 NFSR 序列 $\boldsymbol{a}$ 的周期为 2^n，则称 $\boldsymbol{a}$ 为 n 级 De Bruijn 序列。De Bruijn 序列具有最大周期及良好的伪随机性质，一直以来都是 NFSR 序列的研究热点。近年来，一些基于 NFSR 设计的序列密码逐渐出现，但由于 NFSR 序列的复杂性，人们对相关算法的安全性还存在一些疑虑。

2.1.3 常见的序列密码算法

1. SNOW 3G

在 2000 年启动的 NESSIE 计划中，SNOW 1.0 算法作为一种新型序列密码算法被提出，其设计目标是在保证安全性的同时优化性能。然而，研究者很快发现 SNOW 1.0 算法存在多个缺陷，这促成了 SNOW 2.0 算法的诞生。它对原算法进行了改进并修复了已知缺陷。在 2006 年，ETSI/SAGE 基于 SNOW 2.0 进行了进一步改进而发展出了 SNOW 3G 算法。与 SNOW 2.0 相比，SNOW 3G 抵抗代数攻击的能力更出色，安全性得到进一步提升。之后，SNOW 3G 便被 3GPP（第三代合作伙伴计划，3G Partnership Project）采纳为加密标准，并在 4G/5G 移动通信中作为机密性算法和数据完整性算法的核心算法之一。SNOW 3G 以其实现简单、性能高以及资源消耗低等特点，在物联网等资源受限环境中具有广阔的应用前景。

SNOW 3G 是一种以字为单位的序列密码算法，其结构如图 2-8 所示。其中，符号 $\oplus$ 表示按位异或操作，符号 $\boxplus$ 表示整数模 2^{32} 加法操作。该算法主要由一个线性反馈移位寄存器（LFSR）和一个有限状态机（FSM，Finite State Machine）组成。LFSR 由 16 个 32 比特寄存器 $(s_0, s_1, \cdots, s_{15})$ 和一个反馈电路（反馈函数）组成。FSM 由 3 个 32 比特寄存器 (R_1, R_2, R_3) 和 2 个 $32 \sim 32$ 比特的 S 盒 S_1 与 S_2 组成。算法的运行过程主要分为两个阶段：初始化阶段和密钥流生成阶段。

在初始化阶段，算法首先将 128 比特的密钥 Key 和 IV 分成 4 个 32 比特字 K_0、K_1、K_2、K_3 和 IV_0、IV_1、IV_2、IV_3，并将 LFSR 的各个寄存器按如下方式初始化。

$s_{15} = k_3 \oplus IV_0$	$s_{14} = k_2$	$s_{13} = k_1$	$s_{12} = k_0 \oplus IV_1$
$s_{11} = k_3 \oplus 1$	$s_{10} = k_2 \oplus 1 \oplus IV_2$	$s_9 = k_1 \oplus 1 \oplus IV_3$	$s_8 = k_0 \oplus 1$
$s_7 = k_3$	$s_6 = k_2$	$s_5 = k_1 \oplus IV_0$	$s_4 = k_0$
$s_3 = k_3 \oplus 1$	$s_2 = k_2 \oplus 1$	$s_1 = k_1 \oplus 1$	$s_0 = k_0 \oplus 1$

将寄存器 R_1、R_2、R_3 初始化为 0，其中，**1** 表示 0xFFFFFFFF，0 表示 0x00000000。然后重复执行以下计算过程 32 次完成算法初始化：

1）$F = (s_{15} \boxplus R_1) \oplus R_2$；

2）$r = (R_3 \oplus s_5) \boxplus R_2$；

3）$(R_3, R_2, R_1) = (S_2(R_2), S_1(R_1), r)$，其中，$S_2$、$S_1$ 分别为对应的 S 盒字节代换操作；

4）$s_{16} = (s_{0,1} \| s_{0,2} \| s_{0,3} \| 0x00) \oplus MUL\alpha(s_{0,0}) \oplus s_2 \oplus (0x00 \| s_{11,0} \| s_{11,1} \| s_{11,2}) \oplus DIV\alpha(s_{11,3}) \oplus F$；

5）$(s_{15}, s_{14}, \cdots, s_0) = (s_{16}, s_{15}, \cdots, s_1)$。

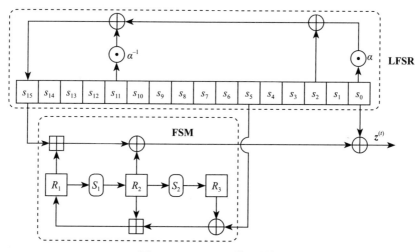

图 2-8　SNOW 3G 算法结构

下面依次介绍 SNOW 3G 算法初始化过程涉及的运算。

设 $w = w_0 \| w_1 \| w_2 \| w_3$ 为 32 比特输入，$S_1(w) = r_0 \| r_1 \| r_2 \| r_3$ 为 32 比特输出，则 S 盒 S_1 如下：

$$r_0 = MULx(S_R(w_0), 0x1B) \oplus S_R(w_1) \oplus S_R(w_2) \oplus MULx(S_R(w_3), 0x1B) \oplus S_R(w_3)$$

$$r_1 = MULx(S_R(w_0), 0x1B) \oplus S_R(w_0) \oplus MULx(S_R(w_1), 0x1B) \oplus S_R(w_2) \oplus S_R(w_3)$$

$$r_2 = S_R(w_1) \oplus MULx(S_R(w_1), 0x1B) \oplus S_R(w_1) \oplus MULx(S_R(w_2), 0x1B) \oplus S_R(w_3)$$

$$r_3 = S_R(w_0) \oplus S_R(w_1) \oplus MULx(S_R(w_2), 0x1B) \oplus S_R(w_2) \oplus MULx(S_R(w_3), 0x1B)$$

S 盒 S_2 如下：

$$r_0 = MULx(S_Q(w_0), 0x69) \oplus S_Q(w_1) \oplus S_Q(w_2) \oplus MULx(S_Q(w_3), 0x69) \oplus S_Q(w_3)$$

$$r_1 = MULx(S_Q(w_0), 0x69) \oplus S_Q(w_0) \oplus MULx(S_Q(w_1), 0x69) \oplus S_Q(w_2) \oplus S_Q(w_3)$$

$$r_2 = S_Q(w_1) \oplus MULx(S_Q(w_1), 0x69) \oplus S_Q(w_1) \oplus MULx(S_Q(w_2), 0x69) \oplus S_Q(w_3)$$

$$r_3 = S_Q(w_0) \oplus S_Q(w_1) \oplus MULx(S_Q(w_2), 0x69) \oplus S_Q(w_2) \oplus MULx(S_Q(w_3), 0x69)$$

其中，$MULx$ 表示将 16 比特输入映射成 8 比特输出，设 (V, c) 为两个 8 比特的输入，

$MULx(V,c)$ 具体如下:

$$MULx(V,c) = \begin{cases} (V \ll_8 1) \oplus c & \text{若 } (V \gg 7) = 1 \\ V \ll_8 1 & \text{其他} \end{cases}$$

注: $\ll_n t$ 表示在 n 比特内左移 t 比特。

S_R 与 S_Q 为两个 8 比特输入、8 比特输出的 S 盒, 分别如表 2-1 与表 2-2 所示。当输入信息为 8 比特值 $x = x_0 \cdot 2^4 + x_1$ 时, S 盒的输出值为第 x_0 行 x_1 列的值。

表 2-1　SNOW 3G 算法中 S 盒 S_R 的值

	0	1	2	3	4	5	6	7	8	9	A	B	C	D	E	F
0	63	7C	77	7B	F2	6B	6F	C5	30	01	67	2B	FE	D7	AB	76
1	CA	82	C9	7D	FA	59	47	F0	AD	D4	A2	AF	9C	A4	72	C0
2	B7	FD	93	26	36	3F	F7	CC	34	A5	E5	F1	71	D8	31	15
3	04	C7	23	C3	18	96	05	9A	07	12	80	E2	EB	27	B2	75
4	09	83	2C	1A	1B	6E	5A	A0	52	3B	D6	B3	29	E3	2F	84
5	53	D1	00	ED	20	FC	B1	5B	6A	CB	BE	39	4A	4C	58	CF
6	D0	EF	AA	FB	43	4D	33	85	45	F9	02	7F	50	3C	9F	A8
7	51	A3	40	8F	92	9D	38	F5	BC	B6	DA	21	10	FF	F3	D2
8	CD	0C	13	EC	5F	97	44	17	C4	A7	7E	3D	64	5D	19	73
9	60	81	4F	DC	22	2A	90	88	46	EE	B8	14	DE	5E	0B	DB
A	E0	32	3A	0A	49	06	24	5C	C2	D3	AC	62	91	95	E4	79
B	E7	C8	37	6D	8D	D5	4E	A9	6C	56	F4	EA	65	7A	AE	08
C	BA	78	25	2E	1C	A6	B4	C6	E8	DD	74	1F	4B	BD	8B	8A
D	70	3E	B5	66	48	03	F6	0E	61	35	57	B9	86	C1	1D	9E
E	E1	F8	98	11	69	D9	8E	94	9B	1E	87	E9	CE	55	28	DF
F	8C	A1	89	0D	BF	E6	42	68	41	99	2D	0F	B0	54	BB	16

表 2-2　SNOW 3G 算法中 S 盒 S_Q 的值

	0	1	2	3	4	5	6	7	8	9	A	B	C	D	E	F
0	25	24	73	67	D7	AE	5C	30	A4	EE	6E	CB	7D	B5	82	DB
1	E4	8E	48	49	4F	5D	6A	78	70	88	E8	5F	5E	84	65	E2
2	D8	E9	CC	ED	40	2F	11	28	57	D2	AC	E3	4A	15	1B	B9
3	B2	80	85	A6	2E	02	47	29	07	4B	0E	C1	51	AA	89	D4
4	CA	01	46	B3	EF	DD	44	7B	C2	7F	BE	C3	9F	20	4C	64
5	83	A2	68	42	13	B4	41	CD	BA	C6	BB	6D	4D	71	21	F4
6	8D	B0	E5	93	FE	8F	E6	CF	43	45	31	22	37	36	96	FA
7	BC	0F	08	52	1D	55	1A	C5	4E	23	69	7A	92	FF	5B	5A

（续）

	0	1	2	3	4	5	6	7	8	9	A	B	C	D	E	F
8	EB	9A	1C	A9	D1	7E	0D	FC	50	8A	B6	62	F5	0A	F8	DC
9	03	3C	0C	39	F1	B8	F3	3D	F2	D5	97	66	81	32	A0	00
A	06	CE	F6	EA	B7	17	F7	8C	79	D6	A7	BF	8B	3F	1F	53
B	63	75	35	2C	60	FD	27	D3	94	A5	7C	A1	05	58	2D	BD
C	D9	C7	AF	6B	54	0B	E0	38	04	C8	9D	E7	14	B1	87	9C
D	DF	6F	F9	DA	2A	C4	59	16	74	91	AB	26	61	76	34	2B
E	AD	99	FB	72	EC	33	12	DE	98	3B	C0	9B	3E	18	10	3A
F	56	E1	77	C9	1E	9E	95	A3	90	19	A8	6C	09	D0	F0	86

函数 $MUL\alpha$、$DIV\alpha$ 分别将 8 比特输入映射成 32 比特输出。设 c 为 8 比特输入，则

$$MUL\alpha(c) = (MULxPOW(c,23,0xA9) \| MULxPOW(c,245,0xA9) \|$$

$$(MULxPOW(c,48,0xA9) \| MULxPOW(c,239,0xA9)$$

$$DIV\alpha(c) = (MULxPOW(c,16,0xA9) \| MULxPOW(c,39,0xA9) \|$$

$$(MULxPOW(c,6,0xA9) \| MULxPOW(c,64,0xA9)$$

其中，$MULxPOW(V,i,c)$ 根据整数 i 将 16 比特的输入 (V,c) 映射成 8 比特的输出值，具体如下：

$$MULxPOW(V,i,c) = \begin{cases} V & 若 i=0 \\ MULx(MULxPOW(V,i-1,c),c) & 其他 \end{cases}$$

当 SNOW 3G 初始化完成后，以如下方式生成密钥流，每次产生 32 比特密钥流 $z_t(t \geqslant 1)$，具体过程如下：

对 $t = 0 \sim n$，计算

1）$F = (s_{15} \boxplus R_1) \oplus R_2$；

2）$r = (R_3 \oplus s_5) \boxplus R_2$；

3）$(R_3, R_2, R_1) = (S_2(R_2), S_1(R_1), r)$；

4）$z_t = F \oplus s_0$；

5）$s_{16} = (s_{0,1} \| s_{0,2} \| s_{0,3} \| 0x00) \oplus MUL\alpha(s_{0,0}) \oplus s_2 \oplus (0x00 \| s_{11,0} \| s_{11,1} \| s_{11,2}) \oplus DIV\alpha(s_{11,3})$；

6）$(s_{15}, s_{14}, \cdots, s_0) = (s_{16}, s_{15}, \cdots, s_1)$。

注，z_0 舍弃，z_1 为第一个密钥流。

2. Trivium

Trivium 是欧洲序列密码发展计划 eSTREAM 获选算法之一，是一种面向硬件应用的基于移位寄存器的序列密码算法。

Trivium 算法结构如图 2-9 所示，内部由 F_2 上 3 个寄存器构成〔分别为 $(s_1, s_2, \cdots, s_{93})$、$(s_{94}, s_{95}, \cdots, s_{177})$、$(s_{178}, s_{179}, \cdots, s_{288})$〕，密钥 $Key = (K_1, \cdots, K_{80})$，初始向量 $IV = (IV_1, \cdots, IV_{80})$ 的长度均为 80 比特，可以生成不超过 2^{64} 比特的密钥流。Trivium 算法包含初始化阶段与密钥流生成阶段。填充密钥和初始向量后，经 4×288 轮运算完成初始化，具体过程如下：

1）$(s_1, s_2, \cdots, s_{93}) = (K_1, \cdots, K_{80}, 0, \cdots, 0)$；

2）$(s_{94}, s_{95}, \cdots, s_{177}) = (IV_1, \cdots, IV_{80}, 0, \cdots, 0)$；

3）$(s_{178}, s_{179}, \cdots, s_{288}) = (0, \cdots, 0, 1, 1, 1)$；

4）对 $i = 1$ 到 4×288，计算

    a）$t_1 = s_{66} + s_{91} \cdot s_{92} + s_{93} + s_{171}$；

    b）$t_2 = s_{162} + s_{175} \cdot s_{176} + s_{177} + s_{264}$；

    c）$t_3 = s_{243} + s_{286} \cdot s_{287} + s_{288} + s_{69}$；

    d）$(s_1, s_2, \cdots, s_{93}) = (t_3, s_1, s_2, \cdots, s_{92})$；

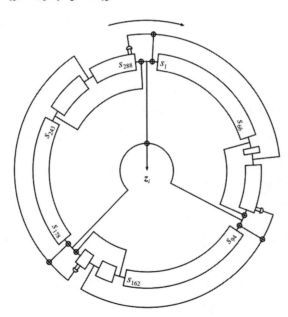

图 2-9　Trivium 算法结构

e）$(s_{94}, s_{95}, \cdots, s_{177}) = (t_1, s_{94}, s_{95}, \cdots, s_{176})$；

f）$(s_{178}, s_{179}, \cdots, s_{288}) = (t_2, s_{178}, s_{179}, \cdots, s_{287})$。

其中，"+" 和 "·" 均为 F_2 上的运算，即 "异或" 和 "与" 运算。

当初始化完成后，Trivium 算法密钥流生成阶段每次产生 1 比特密钥流 z_i，所能产生的密钥流总数 N 不大于 2^{64}，具体过程如下。

对 $i = 1$ 到 N，计算

1）$t_1 = s_{66} + s_{93}$；

2）$t_2 = s_{162} + s_{177}$；

3）$t_3 = s_{243} + s_{288}$；

4）$z_i \leftarrow t_1 + t_2 + t_3$；

5）$t_1 = t_1 + s_{91} \cdot s_{92} + s_{171}$；

6）$t_2 = t_2 + s_{175} \cdot s_{176} + s_{264}$；

7）$t_3 = t_3 + s_{286} \cdot s_{287} + s_{69}$；

8）$(s_1, s_2, \cdots, s_{93}) = (t_3, s_1, s_2, \cdots, s_{92})$；

9）$(s_{94}, s_{95}, \cdots, s_{177}) = (t_1, s_{94}, s_{95}, \cdots, s_{176})$；

10）$(s_{178}, s_{179}, \cdots, s_{288}) = (t_2, s_{178}, s_{179}, \cdots, s_{287})$。

3. ZUC

祖冲之序列密码算法（简称 "ZUC 算法"）是一个面向字设计的序列密码算法。2009 年 5 月，ZUC 算法获得 3GPP 安全算法组 SA 立项，正式加入 3GPP LTE 第三套机密性和完整性算法标准的竞选。2011 年 9 月，ZUC 正式被 3GPP SA 全会通过，被称为 "3GPP LTE 第三套加密标准核心算法"，也成为我国首个国际密码标准算法。ZUC 算法于 2012 年成为密码行业标准，并于 2016 年成为我国国家标准。

ZUC 算法由 LFSR、比特重组（BR）和非线性函数 F 三部分组成，如图 2-10 所示。其中，LFSR 序列为 $\mathrm{GF}(2^{31} - 1)$ 上的 m 序列，非线性函数采用有限状态机设计，内部包含 R_1 和 R_2 两个记忆单元，并使用扩散与混淆性质良好的线性变换与 S 盒。ZUC 算法的初始密钥 k 和初始向量 iv 均为 128 比特，包含初始化阶段与密钥流生成阶段。

记初始密钥 $k = k_0 \| k_1 \| \cdots \| k_{15}$，初始向量 $iv = iv_0 \| iv_1 \| \cdots \| iv_{15}$，LFSR 单元变量为 $s_0, s_1, \cdots, s_{15}$，其中，k_i、iv_i 均为 8 比特，s_i 为 31 比特，则初始化过程如下。

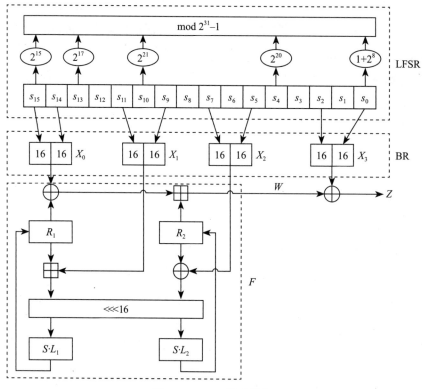

图 2-10 ZUC 算法结构

1）对 $0 \leqslant i \leqslant 15$，$s_i = k_i \| d_i \| iv_i$；

2）令 $R_1 = R_2 = 0$；

3）对 $i = 1$ 到 32，计算

    a）$X_0 = s_{15H} \| s_{14L}$；

    b）$X_1 = s_{11H} \| s_{9L}$；

    c）$X_2 = s_{7H} \| s_{5L}$；

    d）$X_3 = s_{2H} \| s_{0L}$；

    e）$W = (X_0 \oplus R_1) \boxplus R_2$（$\boxplus$ 为模 2^{32} 加法）；

    f）$W_1 = R_1 \boxplus X_1$；

    g）$W_2 = R_2 \oplus X_2$；

h) $R_1 = S\left[L_1\left(W_{1L} \| W_{2H}\right)\right]$；（H 表示高 16 比特，L 表示低 16 比特）

i) $R_2 = S\left[L_2\left(W_{2L} \| W_{1H}\right)\right]$；

j) $W = W \gg 1$；

k) $v = 2^{15}s_{15} + 2^{17}s_{13} + 2^{21}s_{10} + 2^{20}s_4 + (1+2^8)s_0 \bmod (2^{31}-1)$；

l) $s_{16} = (v+W) \bmod (2^{31}-1)$；

m) 如果 $s_{16} = 0$，则置 $s_{16} = 2^{31}-1$；

n) $(s_0,s_1,\cdots,s_{14},s_{15}) = (s_1,s_2,\cdots,s_{15},s_{16})$。

其中，密钥装载时所用到的 16 个 15 比特常数 d_i 的取值如下：

$$d_0 = 100010011010111, d_1 = 010011010111100$$

$$d_2 = 110001001101011, d_3 = 001001101011110$$

$$d_4 = 101011110001001, d_5 = 011010111100010$$

$$d_6 = 111000100110101, d_7 = 000100110101111$$

$$d_8 = 100110101111000, d_9 = 010111100010011$$

$$d_{10} = 110101111000100, d_{11} = 001101011110001$$

$$d_{12} = 101111000100110, d_{13} = 011110001001101$$

$$d_{14} = 111100010011010, d_{15} = 100011110101100.$$

32 比特线性变换 L_1 与 L_2 定义如下：

$$L_1(X) = X \oplus (X <\!<\!< 2) \oplus (X <\!<\!< 10) \oplus (X <\!<\!< 18) \oplus (X <\!<\!< 24)$$

$$L_2(X) = X \oplus (X <\!<\!< 8) \oplus (X <\!<\!< 14) \oplus (X <\!<\!< 22) \oplus (X <\!<\!< 30)$$

32 比特 S 盒由 4 个 8 比特 S 盒并置构成，即 $S = (S_0, S_1, S_0, S_1)$。对于 8 比特 $x = 2^4 x_0 + x_1$ 输入，S_0 与 S_1 的输出取值分别为表 2-3 与 2-4 中第 x_0 行 x_1 列的值。

表 2-3　ZUC 算法中 S 盒 S_0 的输出取值

	0	1	2	3	4	5	6	7	8	9	A	B	C	D	E	F
0	3E	72	5B	47	CA	E0	00	33	04	D1	54	98	09	B9	6D	CB
1	7B	1B	F9	32	AF	9D	6A	A5	B8	2D	FC	1D	08	53	03	90
2	4D	4E	84	99	E4	CE	D9	91	DD	B6	85	48	8B	29	6E	AC
3	CD	C1	F8	1E	73	43	69	C6	B5	BD	FD	39	63	20	D4	38
4	76	7D	B2	A7	CF	ED	57	C5	F3	2C	BB	14	21	06	55	9B
5	E3	EF	5E	31	4F	7F	5A	A4	0D	82	51	49	5F	BA	58	1C

（续）

	0	1	2	3	4	5	6	7	8	9	A	B	C	D	E	F
6	4A	16	D5	17	A8	92	24	1F	8C	FF	D8	AE	2E	01	D3	AD
7	3B	4B	DA	46	EB	C9	DE	9A	8F	87	D7	3A	80	6F	2F	C8
8	B1	B4	37	F7	0A	22	13	28	7C	CC	3C	89	C7	C3	96	56
9	07	BF	7E	F0	0B	2B	97	52	35	41	79	61	A6	4C	10	FE
A	BC	26	95	88	8A	B0	A3	FB	C0	18	94	F2	E1	E5	E9	5D
B	D0	DC	11	66	64	5C	EC	59	42	75	12	F5	74	9C	AA	23
C	0E	86	AB	BE	2A	02	E7	67	E6	44	A2	6C	C2	93	9F	F1
D	F6	FA	36	D2	50	68	9E	62	71	15	3D	D6	40	C4	E2	0F
E	8E	83	77	6B	25	05	3F	0C	30	EA	70	B7	A1	E8	A9	65
F	8D	27	1A	DB	81	B3	A0	F4	45	7A	19	DF	EE	78	34	60

表 2-4　ZUC 算法中 S 盒 S_1 的输出取值

	0	1	2	3	4	5	6	7	8	9	A	B	C	D	E	F
0	55	C2	63	71	3B	C8	47	86	9F	3C	DA	5B	29	AA	FD	77
1	8C	C5	94	0C	A6	1A	13	00	E3	A8	16	72	40	F9	F8	42
2	44	26	68	96	81	D9	45	3E	10	76	C6	A7	8B	39	43	E1
3	3A	B5	56	2A	C0	6D	B3	05	22	66	BF	DC	0B	FA	62	48
4	DD	20	11	06	36	C9	C1	CF	F6	27	52	BB	69	F5	D4	87
5	7F	84	4C	D2	9C	57	A4	BC	4F	9A	DF	FE	D6	8D	7A	EB
6	2B	53	D8	5C	A1	14	17	FB	23	D5	7D	30	67	73	08	09
7	EE	B7	70	3F	61	B2	19	8E	4E	E5	4B	93	8F	5D	DB	A9
8	AD	F1	AE	2E	CB	0D	FC	F4	2D	46	6E	1D	97	E8	D1	E9
9	4D	37	A5	75	5E	83	9E	AB	82	9D	B9	1C	E0	CD	49	89
A	01	B6	BD	58	24	A2	5F	38	78	99	15	90	50	B8	95	E4
B	D0	91	C7	CE	ED	0F	B4	6F	A0	CC	F0	02	4A	79	C3	DE
C	A3	EF	EA	51	E6	6B	18	EC	1B	2C	80	F7	74	E7	FF	21
D	5A	6A	54	1E	41	31	92	35	C4	33	07	0A	BA	7E	0E	34
E	88	B1	98	7C	F3	3D	60	6C	7B	CA	D3	1F	32	65	04	28
F	64	BE	85	9B	2F	59	8A	D7	B0	25	AC	AF	12	03	E2	F2

当初始化完成后，ZUC 算法每次产生 32 比特密钥流 Z_i，设生成的密钥流字的个数为 L，则密钥流生成过程如下：

对 $i = 0$ 到 L，计算

1）$X_0 = s_{15H} \| s_{14L}$；

2）$X_1 = s_{11H} \| s_{9L}$；

3）$X_2 = s_{7H} \| s_{5L}$；

4）$X_3 = s_{2H} \| s_{0L}$；

5）$W = (X_0 \oplus R_1) \boxplus R_2$；

6）$W_1 = R_1 \boxplus X_1$；

7）$W_2 = R_2 \oplus X_2$；

8）$R_1 = S[L_1(W_{1L} \| W_{2H})]$；

9）$R_2 = S[L_2(W_{2L} \| W_{1H})]$；

10）$Z_i = W \oplus X_3$；

11）$v = 2^{15}s_{15} + 2^{17}s_{13} + 2^{21}s_{10} + 2^{20}s_4 + (1 + 2^8)s_0 \bmod (2^{31} - 1)$；

12）如果 $s_{16} = 0$，则置 $s_{16} = 2^{31} - 1$；

13）$(s_0, s_1, \cdots, s_{14}, s_{15}) = (s_1, s_2, \cdots, s_{15}, s_{16})$。

注：舍弃 Z_0，输出的第一个密钥流字为 Z_1。

2.2 分组密码

2.2.1 分组密码介绍

与序列密码通过生成密钥流对消息加解密不同，分组密码（见图 2-11）用于对固定分组大小的消息加解密。分组密码有两个重要参数：分组长度与密钥长度。如果分组长度为 n 比特，密钥长度为 k 比特，则从数学角度看，分组密码 E 映射为 $E : \{0,1\}^k \times \{0,1\}^n \rightarrow \{0,1\}^n$ 即分组密码 E 是在密钥 K 控制下的 n 比特明文到 n 比特密文的置换，其逆过程即分组密码 E 的解密算法。分组密码通常包含以下要素。

1）分组大小：常见的分组大小有 64 比特、128 比特等。

2）密钥长度：分组密码使用密钥来控制加密和解密过程，密钥长度关系着算法的安全性。通常来说，较长的密钥能够提供更高的安全性。

3）加密算法：用于将明文分组转换为密文分组。分组密码通常采用迭代结构，通过多轮运算实现加密。每一轮包含不同的步骤，如代换和置换等。

4）解密算法：加密算法的逆过程，通常与加密算法结构相似。

5）密钥扩展算法：将初始密钥扩展成加密或解密算法的每一轮运算所使用的轮密钥的过程。

6）填充方案：如果明文块的大小不是分组大小的整数倍，通常需要使用填充方案来将数据填充到合适的大小。

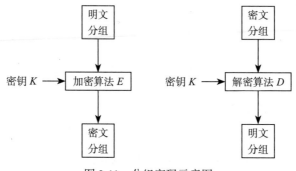

图 2-11 分组密码示意图

分组密码的设计就是找到一种算法，能在密钥控制下从一个足够大且足够好的置换子集合中简单而迅速地选出一个置换，用来对当前输入的明文进行加密变换。一个可实际应用的安全的分组密码应满足以下条件。

1）已知明文 M 和密钥 K，计算 $C = E_K(M)$ 是容易的；

2）攻击者在不知道密钥 K 时，由密文 C 算出明文 M 是不可行的；

3）加解密双方能通过安全的方式共享密钥；

4）算法的安全性依赖于密钥的保密，而不依赖于密码算法的保密。

2.2.2　分组密码的设计原理

现代分组密码的研究始于 20 世纪 70 年代，目前已取得丰富的研究成果，常见的分组密码算法如 DES、IDEA、RC5、AES、SM4 等已被广泛应用。影响分组密码安全性的因素很多，如分组长度和密钥长度等。为抵抗字典攻击，分组长度不能太短，同时考虑到实现因素，分组长度通常为 64 比特或 128 比特。为抵抗密钥穷举攻击，密钥长度不能太短，常见的密钥长度有 128 比特、192 比特、256 比特等。

如果明文和密文的分组长度都为 n 比特，那么明文和密文的每个分组都有 2^n 个可能的取值。为了使加密运算可逆（解密运算可行），明文的每个分组都应产生唯一一个密文分组，这样一一对应的变换是可逆的。我们称明文分组到密文分组的可逆变换为代换。不同可逆变换的个数为 $2^n!$，但考虑密钥管理问题和实现效率，现实中的分组密码的密钥长度 $klen$ 往往与分组长度 n 差不多，由密钥控制共有 2^{klen} 个变换，而不是理想分组的 $2^n!$ 个变换。分组密码的设计遵循两个重要原则：混淆和扩散。

1. 混淆

混淆使密钥和密文之间的关系尽可能复杂化，使得即使攻击者能够分析出密文的某些统计特性，也无法轻易推断出密钥。混淆通常通过非线性变换来实现，如 S 盒（替代盒）在 DES 和 AES 中的应用。这些非线性部件确保了密钥的每一位都以复杂且不可预测的方式影响最终的密文。

2. 扩散

扩散是将明文的统计特性分散到整个密文中，确保明文的每一位都对多个密文位产生影响，使得即使攻击者观察到密文的某些模式，也难以将其直接关联到明文的特定部分。理想情况下，明文中的每一位都会影响密文中的所有位，这样就可以最大限度地隐藏明文的统计特性。在实践中，这通常通过复杂的数学变换来实现，如 AES 算法中的行移位和列混淆步骤。

混淆（Confusion）和扩散（Diffusion）是香农在密码学领域提出的两个核心概念。它们的目的是增强密码系统对统计分析的抵抗力，从而提高安全性。在现代分组密码的设计中，混淆和扩散是不可或缺的。它们共同作用确保了密码系统即使面对强大的攻击者也能保持稳固。例如，在 AES 算法中，多轮代换和置换操作就是实现扩散和混淆的典型例子。每一轮操作都使密文的每一位与明文的多位以及密钥的多位相关联，从而大大增加了破解密码所需的工作量。

2.2.3 分组密码的结构

如果分组密码 E 是一个简单函数 F 迭代若干次而形成的，我们称其为"迭代型密码"。每次迭代称作一轮，相应的函数 F 被称作"轮函数"。目前，主流的分组密码均是迭代型密码。迭代型密码与分组密码的基本设计原则相符，一方面简单的轮函数容易实现，另一方面轮函数经过若干轮迭代后具有较好的混淆和扩散效果。

对于分组密码的整体结构的研究，我们多采用可证明安全理论的方法，主要研究它们对差分、线性等分析方法的抵抗力，以及在一定假设条件下的伪随机性和超伪随机性等。常见的分组密码结构有 Feistel、SP、MISTY、Lai-Massey 等，以及进一步细化的 Feistel-SP、SP-Feistel、GFN-SP、Feistel-SPS、SP-SPS、Feistel-MISTY、LM-SPS、

Feistel-Feistel 等。下面简要介绍 Feistel 结构和 SP 结构。

1. Feistel 结构

Feistel 结构可以将任何函数转化成一个置换，由 H.Feistel 在设计 Lucifer 分组密码时发明，并因 DES 的使用而流行。Feistel 结构每次更新消息状态的一部分，通过多轮运算实现对整个消息分组的加密，如图 2-12 所示。设 x 为待加密的明文，长度为 n 比特，将 x 分成两部分 $x = L_0 \| R_0$，其中 L_0 为 n_1 比特，R_0 为 n_2 比特，$n_1 + n_2 = n$，则 Feistel 结构型分组密码的加密过程为：

$$X_i^L = R_{i-1}, X_i^R = L_{i-1} \oplus F(R_{i-1}, K_i)$$

$$L_i = X_i|_{L,n_1}, R_i = X_i|_{R,n_2}, i = 1, 2, \cdots, r$$

其中，F 为轮函数，K_i 为种子密钥 k 派生出来的轮密钥，r 称为迭代轮数，$X_i = X_i^L \| X_i^R$，$X_i|_{L,n_1}$ 表示取 X_i 的左侧 n_1 比特，$X_i|_{R,n_2}$ 表示取 X_i 的右侧 n_2 比特。最终所得密文 $y = L_r \| R_r$。

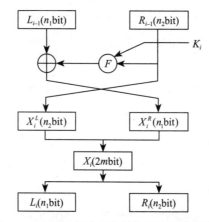

图 2-12　Feistel 结构型分组密码轮函数示意图

相应的，对于给定密文 $y = X_r = L_r \| R_r$，Feistel 结构型分组密码的解密过程为：

$$X_i = L_i \| R_i$$

$$X_i^L = X_i|_{L,n_1}, X_i^R = X_i|_{R,n_2}$$

$$R_{i-1} = X_i^L, L_{i-1} = X_i^R \oplus F(X_i^L, K_i), i = 1, 2, \cdots, r$$

解密所得明文为 $x = L_0 \| R_0$。

若 $n_1 = n_2$，则 Feistel 结构被称为"平衡 Feistel 结构"。此时，加密过程中的

状态重组运算为 $L_i = X_i|_{L,n_1}, R_i = X_i|_{R,n_2}$，以及解密过程中的相应运算为 $X_i = L_i \| R_i$，$X_i^L = X_i|_{L,n_1}, X_i^R = X_i|_{R,n_2}$ 可舍去。若 $n_1 \neq n_2$，则 Feistel 结构被称为"非平衡 Feistel 结构"或"广义 Feistel 结构"。

Feistel 结构型分组密码的优点是加密过程和解密过程相似，特别是若舍去最后一轮的交换运算，则可使用同一个算法实现加密过程与解密过程，只是轮密钥的使用顺序相反。

2. SP 结构

SP 结构指代换 – 置换网络（Substitution-Permutation Net），其主要思想为将明文分组在每轮密钥控制下进行代换，并通过置换来扩散密钥信息，最后经过多轮代换 – 置换运算实现加密。SP 结构是目前使用最为广泛的一种结构，AES、Present 等算法都采用这种结构。S 一般被称为"混淆层"，主要起混淆作用，具有较大的非线性。P 一般被称为"扩散层"，主要起扩散作用。在明确 S 和 P 的某些密码指标后，设计者能估计 SP 结构型密码抵抗差分和线性密码分析的能力。与 Feistel 结构相比，SP 结构扩散效率更高，更适合高速的硬件实现，但要使 SP 结构具有如 Feistel 结构加解密类似的特性，需要对密码子模块进行精心设计。

设 x 为待加密消息，长度为 n 比特，记 $X_0 = x$，则 SP 结构型分组密码加密过程如下：

$$X_i = P \circ S(X_{i-1}, K_i), i = 1, 2, \cdots, r$$

其中，K_i 为由种子密钥扩展而得的轮密钥，r 为轮数。最终所得密文记为 $y = X_r$。SP 结构型密码轮函数示意图如图 2-13 所示。

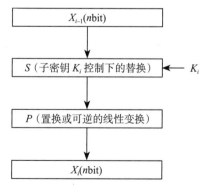

图 2-13　SP 结构型分组密码轮函数示意图

相应的，SP 结构型分组密码的解密过程如下：

$$X_{i-1} = S^{-1}(P^{-1}(X_i), K_i), i = r, r-1, \cdots, 1$$

最终所得明文为 $x = X_0$。SP 结构型分组密码的解密过程与加密过程通常不一致，需要使用相应运算的逆运算来实现。

2.2.4 常见的分组密码算法

1. DES

1973 年 5 月 15 日，美国国家标准局启动了一项公开征集密码体制的活动。在经过广泛的公开讨论和评估之后，IBM 设计的一种算法于 1977 年被正式采纳为数据加密标准，这就是著名的 DES 算法。由于对安全性的持续评估，美国决定在 1998 年 12 月之后停止使用 DES 算法。作为分组密码的经典例子，DES 不仅是第一个被公开的标准加密算法，而且在推动密码学理论的发展和实际应用方面发挥了重要作用。DES 的基本理论、设计思想和应用实践仍具有重要的参考价值。

DES 算法的分组大小为 64 比特，密钥长度也为 64 比特（其中，有效密钥长度为 56 比特，另外 8 比特密钥用于奇偶校验），共 16 轮运算，每轮运算使用的轮密钥长度为 48 比特。DES 加密流程如图 2-14 所示。DES 加密算法由初始置换 IP、16 轮 Feistel 结构迭代运算及逆初始置换 IP^{-1} 构成。DES 解密算法与加密算法相同，只是轮密钥的使用顺序相反。设明文为 $x = x_1 x_2 \cdots x_{64}$，$x_i \in \{0,1\}$，密钥为 K，密文为 $y = y_1 y_2 \cdots y_{64}$，$y_i \in \{0,1\}$，则 DES 加密过程如下：

1）$\{K_1, K_2, \cdots, K_{16}\} = KeySchedule(K)$；（注，由密钥扩展算法生成轮密钥）

2）$L_0 \| R_0 = IP(x)$；

3）对 $i = 1$ 到 15，计算

    a）$L_i = R_{i-1}$；

    b）$R_i = L_{i-1} \oplus f(R_{i-1}, K_i)$；

4）$L_{16} = L_{15} \oplus f(R_{15}, K_{16})$；

5）$R_{16} = R_{15}$；

6）$y = IP^{-1}(L_{16} \| R_{16})$。

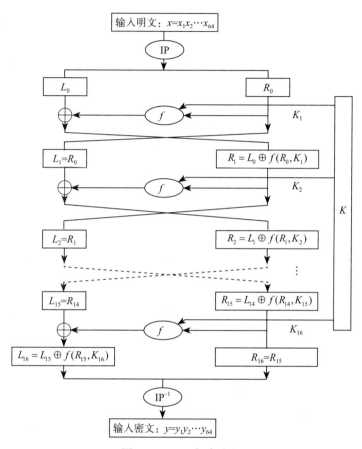

图 2-14 DES 加密流程

初始置换 IP 为 64 比特位置的置换，IP^{-1} 为其逆置换，以下只简要介绍初始置换 IP。设输入信息为 $x_1x_2\cdots x_{64}$，经 IP 置换后的输出信息为 $x_1'x_2'\cdots x_{64}'$，则 $x_j' = x_i$，其中，

$$j = 58 - \left\lfloor \frac{i}{33} \right\rfloor + 2\left(\left\lfloor \frac{i-1}{8} \right\rfloor \bmod 4 \right) - 8 \cdot (i-1 \bmod 8), i = 1,2,\cdots,64。$$

具体地，当 $i = 1,2,\cdots,64$ 时，对应的 j 的取值为

$$\{58,50,42,34,26,18,10,2,60,52,44,36,28,20,12,4,$$

$$62,54,46,38,30,22,14,6,64,56,48,40,32,24,16,8,$$

$$57,49,41,33,25,17,9,1,59,51,43,35,27,19,11,3,$$

$$61,53,45,37,29,21,13,5,63,55,47,39,31,23,15,7\}。$$

轮函数 f 为 DES 算法的核心，其输入为 32 比特状态信息 R_{i-1} 与 48 比特轮密钥 K_i，

输出为 32 比特。轮函数 f 结构如图 2-15 所示，具体过程如下。

1）将 R_{i-1} 使用扩展变换 E 扩展成 48 比特。记 $R_{i-1} = x_1 x_2 \cdots x_{32}$，则 $E(R_{i-1}) = x_{32} x_1 x_2 x_3 x_4 x_5 \| x_4 x_5 x_6 x_7 x_8 x_9 \| \cdots \| x_{28} x_{29} x_{30} x_{31} x_{32} x_1$，即将 R_{i-1} 划分成 8 个 4 比特 $x_{4j+1} x_{4j+2} x_{4j+3} x_{4j+4}$，$j = 0, 1, \cdots, 7$，依次对其左右各扩充一位相邻的比特，$x_1$ 左侧扩充的比特为 x_{32}，x_{32} 右侧扩充的比特为 x_1。

2）将 R_{i-1} 扩展所得 48 比特值与轮密钥异或，即 $X_i = E(R_{i-1}) \oplus K_i$。

3）使用 8 个 6 比特输入 4 比特输出的 S 盒进行混淆运算。8 个 S 盒如表 2-5 所示。

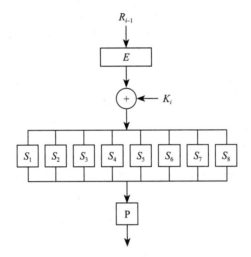

图 2-15　轮函数 f 结构示意图

表 2-5　DES 算法轮函数中 8 个 S 盒的取值

	0	1	2	3	4	5	6	7	8	9	10	11	12	13	14	15	
0	14	4	13	1	2	15	11	8	3	10	6	12	5	9	0	7	
1	0	15	7	4	14	2	13	1	10	6	12	11	9	5	3	8	S_1
2	4	1	14	8	13	6	2	11	15	12	9	7	3	10	5	0	
3	15	12	8	2	4	9	1	7	5	11	3	14	10	0	6	13	
0	15	1	8	14	6	11	3	4	9	7	2	13	12	0	5	10	
1	3	13	4	7	15	2	8	14	12	0	1	10	6	9	11	5	S_2
2	0	14	7	11	10	4	13	1	5	8	12	6	9	3	2	15	
3	13	8	10	1	3	15	4	2	11	6	7	12	0	5	14	9	
0	10	0	9	14	6	3	15	5	1	13	12	7	11	4	2	8	
1	13	7	0	9	3	4	6	10	2	8	5	14	12	11	15	1	S_3
2	13	6	4	9	8	15	3	0	11	1	2	12	5	10	14	7	
3	1	10	13	0	6	9	8	7	4	15	14	3	11	5	2	12	

（续）

	0	1	2	3	4	5	6	7	8	9	10	11	12	13	14	15	
0	7	13	14	3	0	6	9	10	1	2	8	5	11	12	4	15	
1	13	8	11	5	6	15	0	3	4	7	2	12	1	10	14	9	S_4
2	10	6	9	0	12	11	7	13	15	1	3	14	5	2	8	4	
3	3	15	0	6	10	1	13	8	9	4	5	11	12	7	2	14	
0	2	12	4	1	7	10	11	6	8	5	3	15	13	0	14	9	
1	14	11	2	12	4	7	13	1	5	0	15	10	3	9	8	6	S_5
2	4	2	1	11	10	13	7	8	15	9	12	5	6	3	0	14	
3	11	8	12	7	1	14	2	13	6	15	0	9	10	4	5	3	
0	12	1	10	15	9	2	6	8	0	13	3	4	14	7	5	11	
1	10	15	4	2	7	12	9	5	6	1	13	14	0	11	3	8	S_6
2	9	14	15	5	2	8	12	3	7	0	4	10	1	13	11	6	
3	4	3	2	12	9	5	15	10	11	14	1	7	6	0	8	13	
0	4	11	2	14	15	0	8	13	3	12	9	7	5	10	6	1	
1	13	0	11	7	4	9	1	10	14	3	5	12	2	15	8	6	S_7
2	1	4	11	13	12	3	7	14	10	15	6	8	0	5	9	2	
3	6	11	13	8	1	4	10	7	9	5	0	15	14	2	3	12	
0	13	2	8	4	6	15	11	1	10	9	3	14	5	0	12	7	
1	1	15	13	8	10	3	7	4	12	5	6	11	0	14	9	2	S_8
2	7	11	4	1	9	12	14	2	0	6	10	13	15	3	5	8	
3	2	1	14	7	4	10	8	13	15	12	9	0	3	5	6	11	

S 盒是 DES 算法的唯一非线性部件，也是决定算法安全性的关键。若给定某个 S 盒的输入为 $b_0 b_1 b_2 b_3 b_4 b_5$，则其输出结果为该 S 盒中第 $b_0 b_5$ 行、第 $b_1 b_2 b_3 b_4$ 列所对应的值。例如，若输入第一个 S 盒 S_1 的值为 010111，则输出第 01=1 行、第 1011=11 列所对应的值 11，即 $S_1(010111)=11$。对输入的 48 比特值，将其划分为 8 个 6 比特值，然后依次查询 8 个 S 盒，输出 32 比特值 Y。

4）使用置换运算 P 对 32 比特值 Y 处理后输出。置换 P 的取值为

$$P = \{16,7,20,21,29,12,28,17,1,15,23,26,5,18,31,10,2,8,24,14,32,27,3,9,19,13,30,6,22,11,4,25\}$$

即对输入 $x = x_1 x_2 \cdots x_{32}$，经置换后，输出 $y = x_{16} x_7 x_{20} \cdots x_{11} x_4 x_{25}$。

密钥扩展算法 *KeySchedule*(K) 将输入的 64 比特密钥（56 比特有效密钥和 8 比特校验值）扩展成 16 个 48 比特轮密钥 $K_1, K_2, \cdots, K_{16}$。密钥扩展过程如图 2-16 所示。

DES 算法包含 3 种变换：置换选择 PC-1 与 PC-2，循环左移变换 LS。设 64 比特密钥 $K = k_1 k_2 \cdots k_{64}$，密钥扩展算法 *KeySchedule*(K) 如下：

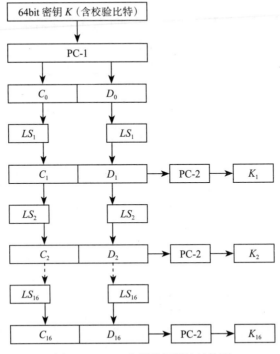

图 2-16　DES 密钥扩展算法结构图

1）使用置换选择 PC-1 去除校验位 $k_8, k_{16}, \cdots, k_{64}$，并对余下的 56 比特值进行重新排列，置换选择 PC-1 取值为 $\{57,49,41,33,25,17,9,1,58,50,42,34,26,18,10,2,59,51,43,35,27,19,11,3,60,52,44,36,63,55,47,39,31,23,15,7,62,54,46,38,30,22,14,6,61,53,45,37,29,21,13,5,28,20,12,4\}$。并记经 PC-1 置换选择后所得 56 比特值为 $C_0 D_0$，其中 C_0、D_0 分别为左右各 28 比特值。

2）对 $1 \leqslant i \leqslant 16$，计算 $C_i = LS_i(C_{i-1}), D_i = LS_i(D_{i-1})$，其中 LS_i 表示对输入的 28 比特值进行循环左移，当 $i = 1,2,9,16$ 时，LS_i 表示循环左移 1 比特，否则 LS_i 表示循环左移 2 比特。

3）根据置换选择 PC-2 从状态值 $C_i D_i$ 依次获取每轮轮密钥 K_i，其中置换选择 PC-2 的取值为 $\{14,17,11,24,1,5,3,28,15,6,21,10,23,19,12,4,26,8,16,7,27,20,13,2,41,52,31,37,47,55,30,40,51,45,33,48,44,49,39,56,34,53,46,42,50,36,29,32\}$。

DES 算法的解密过程与加密过程相同，只是轮密钥的使用顺序相反。DES 算法的有效密钥长度只有 56 比特，密钥空间过小，已无法抵抗密钥穷举攻击。1999 年 1 月，"DES 破译者"在分布式网络的协同下，在 22h15min 时间内找到了 DES 的密钥。DES 算法已无法满足安全要求。为了延长 DES 算法的使用寿命并充分利用 DES 算法现有的软件和硬件资源，研究者提出了一些对 DES 的改进方案，如使用多重 DES 以扩大密钥空间。由于 DES 最初设计主要基于硬件实现，在软件中运行本身偏慢，多重 DES 导致运行速度更慢，因此 DES 算法正在逐步退出历史舞台。

2. AES

1997 年，为了找到一种更高效且安全的加密标准来替代 DES 算法，美国国家标准与技术研究院（NIST）向全球发起了高级加密标准（AES，Advanced Encryption Standard）的征集活动。这一新标准的要求是效率超过三重 DES，同时在安全性上不亚于三重 DES，并支持 128 比特、192 比特、256 比特的密钥长度。经过超过 3 年的广泛讨论和评估，NIST 于 2000 年 10 月宣布比利时学者 Vincent Rijmen 和 Joan Daemen 设计的 Rijndael 算法为最终胜出方案。2001 年 11 月 26 日，NIST 正式发布了新的 AES（FIPS PUBS 197）。这一标准的制定进一步推动了分组密码设计和分析技术的发展。

AES 算法分组大小为 128 比特，密钥长度为 128 比特、192 比特、256 比特，相应的运算轮数为 10、12、14 轮，分别记为 AES-128、AES-192 和 AES-256。AES 算法采用 SP 结构，每轮运算由字节代换、行移位、列混淆、轮密钥加构成，最后一轮缺少列混淆运算，并在首轮运算之前使用额外一个轮密钥对消息进行白化处理。下面以 AES-128 为例介绍 AES 算法加密过程。AES-128 算法结构如图 2-17 所示。

记 AES-128 算法待加密的消息为 $P = X_0$，由 128 比特初始密钥 K 经密钥扩展算法所得轮密钥为 $K_0, K_1, \cdots, K_{10}$，则 AES-128 加密过程如下：

$$X_i = MC \circ SR \circ SB(X_{i-1} \oplus K_{i-1}), i = 1, 2, \cdots, 9$$

$$X_{10} = SR \circ SB(X_9 \oplus K_9) \oplus K_{10}$$

输出的密文为 $C = X_{10}$。其中，SB 表示字节代换运算，SR 表示行移位运算，MC 表示列混淆运算。

AES 算法的运算过程均基于字节运算，将 128 比特分组及加解密过程的内部状态以 4×4 矩阵表示，矩阵中的每个元素为一个字节，128 比特状态 $\boldsymbol{State} = s_0 s_1 \cdots s_{15}, s_i \in GF(2^8)$，以如下矩阵表示：

$$\boldsymbol{State} = \begin{pmatrix} s_{0,0} & s_{0,1} & s_{0,2} & s_{0,3} \\ s_{1,0} & s_{1,1} & s_{1,2} & s_{1,3} \\ s_{2,0} & s_{2,1} & s_{2,2} & s_{2,3} \\ s_{3,0} & s_{3,1} & s_{3,2} & s_{3,3} \end{pmatrix}$$

其中，$s_{i,j} = s_{4i+j}$，$i, j = 0, 1, 2, 3$。

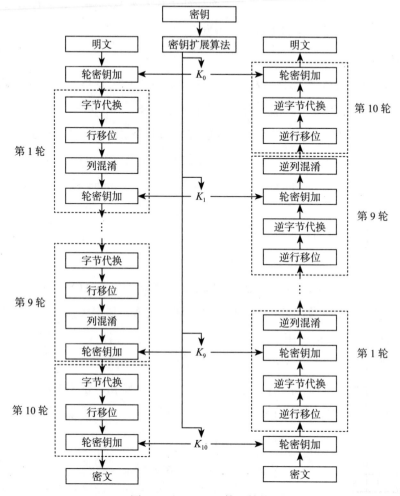

图 2-17 AES-128 算法结构

基于该数据表示方法，下面依次简要介绍 AES 算法的各运算步骤。

（1）字节代换

字节代换是 AES 算法唯一的非线性部件，决定着算法的安全强度。字节代换由 16 个相同的 8 比特 S 盒构成。字节代换过程如图 2-18 所示。S 盒取值如表 2-6 所示。对于输入的 8 比特信息，可以其高 4 比特作为行数、低 4 比特作为列数来查询该 S 盒，所得结果即 S 盒的输出值。如 S 盒的输入信息为 00101011，则输出为第 0010（2 行）、1011（b

列）的值 $F1$。

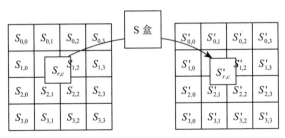

图 2-18　字节代换示意图

表 2-6　AES 算法的 S 盒取值

	0	1	2	3	4	5	6	7	8	9	A	B	C	D	E	F
0	63	7C	77	7B	F2	6B	6F	C5	30	01	67	2B	FE	D7	AB	76
1	CA	82	C9	7D	FA	59	47	F0	AD	D4	A2	AF	9C	A4	72	C0
2	B7	FD	93	26	36	3F	F7	CC	34	A5	E5	F1	71	D8	31	15
3	04	C7	23	C3	18	96	05	9A	07	12	80	E2	EB	27	B2	75
4	09	83	2C	1A	1B	6E	5A	A0	52	3B	D6	B3	29	E3	2F	84
5	53	D1	00	ED	20	FC	B1	5B	6A	CB	BE	39	4A	4C	58	CF
6	D0	EF	AA	FB	43	4D	33	85	45	F9	02	7F	50	3C	9F	A8
7	51	A3	40	8F	92	9D	38	F5	BC	B6	DA	21	10	FF	F3	D2
8	CD	0C	13	EC	5F	97	44	17	C4	A7	7E	3D	64	5D	19	73
9	60	81	4F	DC	22	2A	90	88	46	EE	B8	14	DE	5E	0B	DB
A	E0	32	3A	0A	49	06	24	5C	C2	D3	AC	62	91	95	E4	79
B	E7	C8	37	6D	8D	D5	4E	A9	6C	56	F4	EA	65	7A	AE	08
C	BA	78	25	2E	1C	A6	B4	C6	E8	DD	74	1F	4B	BD	8B	8A
D	70	3E	B5	66	48	03	F6	0E	61	35	57	B9	86	C1	1D	9E
E	E1	F8	98	11	69	D9	8E	94	9B	1E	87	E9	CE	55	28	DF
F	8C	A1	89	0D	BF	E6	42	68	41	99	2D	0F	B0	54	BB	16

（2）行移位

行移位是将输入状态矩阵的每一行按字节进行循环移位，第 i 行循环左移 i 字节。行移位如图 2-19 所示。

（3）列混淆

列混淆运算将状态矩阵中的每个列视为 $GF(2^8)$ 上的多项式，再与一个固定的多项式 $a(x)$ 进行模 x^4+1 乘法运算。令

$$s_j(x) = s_{3,j}x^3 + s_{2,j}x^2 + s_{1,j}x + s_{0,j}, 0 \leqslant j \leqslant 3$$

$$s_j^!(x) = s_{3,j}^! x^3 + s_{2,j}^! x^2 + s_{1,j}^! x + s_{0,j}^!, 0 \leqslant j \leqslant 3$$

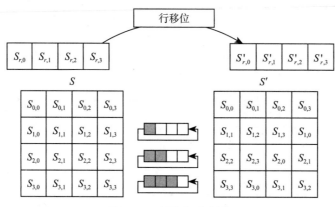

图 2-19 行移位示意图

则

$$s_j^!(x) = a(x) \otimes s_j(x), 0 \leqslant j \leqslant 3$$

其中，$a(x) = \{03\}x^3 + \{01\}x^2 + \{01\}x + \{02\}$，$\otimes$ 表示模 $x^4 + 1$ 乘法。列混淆运算以矩阵乘积形式表示为：

$$\begin{pmatrix} 02 & 03 & 01 & 01 \\ 01 & 02 & 03 & 01 \\ 01 & 01 & 02 & 03 \\ 03 & 01 & 01 & 02 \end{pmatrix} \begin{pmatrix} s_{0,0} & s_{0,1} & s_{0,2} & s_{0,3} \\ s_{1,0} & s_{1,1} & s_{1,2} & s_{1,3} \\ s_{2,0} & s_{2,1} & s_{2,2} & s_{2,3} \\ s_{3,0} & s_{3,1} & s_{3,2} & s_{3,3} \end{pmatrix} = \begin{pmatrix} s_{0,0}^! & s_{0,1}^! & s_{0,2}^! & s_{0,3}^! \\ s_{1,0}^! & s_{1,1}^! & s_{1,2}^! & s_{1,3}^! \\ s_{2,0}^! & s_{2,1}^! & s_{2,2}^! & s_{2,3}^! \\ s_{3,0}^! & s_{3,1}^! & s_{3,2}^! & s_{3,3}^! \end{pmatrix}$$

（4）轮密钥加

轮密钥加运算即将 128 比特状态按比特与 128 比特轮密钥进行异或运算。

AES 算法的密钥扩展算法将种子密钥（矩阵）K 扩展成长度为 $N_r + 1$ 个轮密钥，其中 $N_r = 10、12、14$，分别对应 AES-128/192/256 算法的轮数。设 N 为种子密钥以 32 比特字划分的长度，$N = 4、6、8$ 分别对应 AES-128/192/256 算法。将种子密钥 K 表示成 32 比特字序列 $K_0, K_1, \cdots, K_{N-1}$，并记扩展所得密钥信息为 32 比特字序列 $W_0, W_1, \cdots, W_{4N-1}$，则密钥扩展过程如下：

$$W_i = \begin{cases} K_i & i < N_r \\ W_{i-N_r} \oplus SB(Rot(W_{i-1})) \oplus rcon_{i/N_r} & i \geqslant N_r \text{且} i \equiv 0 \bmod N \\ W_{i-N_r} \oplus SB(W_{i-1}) & i \geqslant N, N > 6, \text{且} i \equiv 4 \bmod N \\ W_{i-N_r} \oplus W_{i-1} & \text{其他} \end{cases}$$

其中，密钥扩展所得每一轮轮密钥为 $K_i = (W_{4i}, W_{4i+1}, W_{4i+2}, W_{4i+3}), i = 0, 1, \cdots, N_r$。SB 表示字节代换，与 AES 加密算法中相同。对于 32 比特输入 $W = (b_0, b_1, b_2, b_3)$，循环移位运算 $Rot(W) = (b_1, b_2, b_3, b_0)$。32 比特常数 $rcon_i = (rc_i, 00_{16}, 00_{16}, 00_{16})$，其中 00_{16} 表示十六进制表示，rc_i 取值如表 2-7。

表 2-7　rc_i 的取值

i	1	2	3	4	5	6	7	8	9	10
rc_i	01	02	04	08	10	20	40	80	1B	36

与 DES 等 Feistel 结构类密码算法不同，AES 的解密算法与加密算法并不相同。在 AES 的解密算法中，每一轮操作均为相应操作的逆运算，且轮密钥使用顺序相反。由于解密算法中每一步逆运算与加密算法一一对应，在此略过解密算法的具体过程。

3. SM4

SM4（原 SMS4）算法由国家密码管理办公室于 2006 年发布，并于 2012 年成为密码行业标准 GM/T 0002—2012，2016 年成为国家标准 GB/T 32907—2016《信息安全技术 SM4 分组密码算法》，2021 年成为国际标准 ISO/IEC18033—3:2010/AMD1:2021《信息技术　安全技术　加密算法第 3 部分：基于分组密码修正案 1:SM4》。SM4 算法在我国广泛应用于各种领域，包括金融、电子政务、互联网安全、物联网等。

SM4 算法的分组大小和密钥长度均为 128 比特，采用非平衡 Feistel 结构，共迭代 32 轮。SM4 的加解密算法与密钥扩展算法都采用 32 轮非线性迭代结构。解密算法与加密算法的结构相同，只是轮密钥的使用顺序相反，即解密轮密钥是加密轮密钥的逆序。SM4 加密算法结构如图 2-20 所示。设 SM4 加密算法输入信息为 $\boldsymbol{X} = (X_0, X_1, X_2, X_3), X_i \in GF(2^{32}), i = 0, 1, 2, 3$，由 128 比特种子密钥经密钥扩展算法生成的 32 轮轮密钥记为 $rk_0, rk_1, \cdots, rk_{31}$，加密所得密文记为 $\boldsymbol{Y} = (Y_0, Y_1, Y_2, Y_3)$，则 SM4 算法加密过程如下：

$$X_{i+4} = X_i \oplus T(X_{i+1} \oplus X_{i+2} \oplus X_{i+3} \oplus rk_i), i = 0, 1, \cdots, 31$$
$$(Y_0, Y_1, Y_2, Y_3) = R(X_{32}, X_{33}, X_{34}, X_{35}) = (X_{35}, X_{34}, X_{33}, X_{32})$$

其中，R 为反序变换，$T = L \circ \tau$ 为轮变换。

对于 32 比特输入 $a = a_0 \| a_1 \| a_2 \| a_3, a_i \in GF(2^8)$，非线性变换 τ 由 4 个并行的相同 8 比特 S 盒构成，即 $\tau(a) = S(a_0) \| S(a_1) \| S(a_2) \| S(a_3)$，其中 S 盒的取值如表 2-8 所示。对于输入的 8 比特信息，可以其高 4 比特作为行数、低 4 比特作为列数来查询该 S 盒，所得结

果即 S 盒的输出值。如 S 盒的输入信息为 00101011，则输出为第 0010（2 行）、1011（b 列）的值 43。

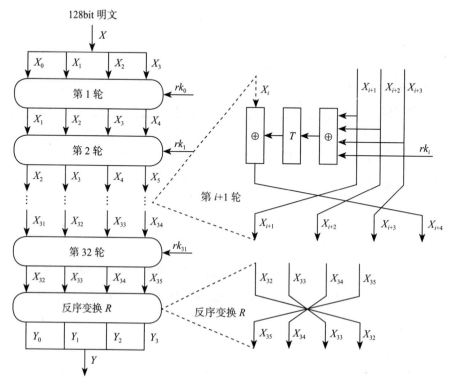

图 2-20　SM4 加密算法结构示意图

表 2-8　SM4 算法的 S 盒取值

	0	1	2	3	4	5	6	7	8	9	A	B	C	D	E	F
0	D6	90	E9	FE	CC	E1	3D	B7	16	B6	14	C2	28	FB	2C	05
1	2B	67	9A	76	2A	BE	04	C3	AA	44	13	26	49	86	06	99
2	9C	42	50	F4	91	EF	98	7A	33	54	0B	43	ED	CF	AC	62
3	E4	B3	1C	A9	C9	08	E8	95	80	DF	94	FA	75	8F	3F	A6
4	47	07	A7	FC	F3	73	17	BA	83	59	3C	19	E6	85	4F	A8
5	68	6B	81	B2	71	64	DA	8B	F8	EB	0F	4B	70	56	9D	35
6	LE	24	0E	5E	63	58	D1	A2	25	22	7C	3B	01	21	78	87
7	D4	00	46	57	9F	D3	27	52	4C	36	02	E7	A0	C4	C8	9E
8	EA	BF	8A	D2	40	C7	38	B5	A3	F7	F2	CE	F9	61	15	A1
9	E0	AE	5D	A4	9B	34	LA	55	AD	93	32	30	F5	8C	B1	E3
A	1D	F6	E2	2E	82	66	CA	60	C0	29	23	AB	0D	53	4E	6F

（续）

	0	1	2	3	4	5	6	7	8	9	A	B	C	D	E	F
B	D5	DB	37	45	DE	FD	8E	2F	03	FF	6A	72	6D	6C	5B	51
C	8D	1B	AF	92	BB	DD	BC	7F	11	D9	5C	41	1F	10	5A	D8
D	0A	C1	31	88	A5	CD	7B	BD	2D	74	D0	12	B8	E5	B4	B0
E	89	69	97	4A	0C	96	77	7E	65	B9	FL	09	C5	6E	C6	84
F	18	F0	7D	EC	3A	DC	4D	20	79	EE	5F	3E	D7	CB	39	48

线性变换 $L(a) = a \oplus (a <<< 2) \oplus (a <<< 10) \oplus (a <<< 18) \oplus (a <<< 24)$，其中 <<< 表示循环左移运算。

设 SM4 加密算法的密钥为 $MK = (MK_0, MK_1, MK_2, MK_3)$，经密钥扩展算法生成的 32 轮轮密钥为 $rk_0, rk_1, \cdots, rk_{31}$，则密钥扩展算法如下：

$$(K_0, K_1, K_2, K_3) = (MK_0 \oplus FK_0, MK_1 \oplus FK_1, MK_2 \oplus FK_2, MK_3 \oplus FK_3)$$

$$rk_i = K_{i+4} = T'(K_{i+1} \oplus K_{i+2} \oplus K_{i+3} \oplus CK_i), i = 0, 1, \cdots, 31$$

其中，$FK_0 = A3B1BAC6$，$FK_1 = 56AA3350$，$FK_2 = 677D9197$，$FK_3 = B27022DC$。变换 $T' = L' \circ \tau$，非线性变换 τ 与轮变换 T 中的 τ 相同，均由 4 个相同的 8 比特 S 盒构成，线性变换 $L'(a) = a \oplus (a <<< 13) \oplus (a <<< 23)$。$CK_i$ 为固定参数，取值为

00070E15, 1C232A31, 383F464D, 545B6269,

70777E85, 8C939AA1, A8AFB6BD, C4CBD2D9,

E0E7EEF5, FC030A11, 181F262D, 343B4249,

50575E65, 6C737A81, 888F969D, A4ABB2B9,

C0C7CED5, DCE3EAF1, F8FF060D, 141B2229,

30373E45, 4C535A61, 686F767D, 848B9299,

A0A7AEB5, BCC3CAD1, D8DFE6ED, F4FB0209,

10171E25, 2C333A41, 484F565D, 646B7279。

2.2.5　分组密码的工作模式

分组密码定义了固定长度的消息块上的一种置换操作。而实际应用中，由于待加密消息的长度不固定，分组密码需根据应用场景需求，结合适当的工作模式使用。分组密码的工作模式规定了分组密码的使用方式。GB/T 17964—2021《信息安全技术 分组密码算法的工作模式》规定了以下 9 种分组密码的工作模式。

1）电码本（ECB）工作模式：在 ECB 工作模式下，每个消息分组独立地使用相同的密钥进行加密。这意味着相同的明文块将被加密成相同的密文块，因此 ECB 工作模式不适用于对较长的消息进行加密，主要用于对短消息或会话密钥的加密。

2）密文分组链接（CBC）工作模式：在 CBC 工作模式下，前一个密文分组会与当前明文分组进行异或操作，然后再进行加密。这个异或操作引入了密文分组之间的依赖性，使得 CBC 模式更适合对长消息进行加密。另外，CBC 工作模式下解密可以并行处理。

3）密文反馈（CFB）工作模式：CFB 工作模式下，前一个密文块用于更新初始向量，然后用于后续消息的加密。CFB 模式可看成一种自同步序列密码，适用于流数据加密，特别适用于低误码率网络中的数据保护。

4）输出反馈（OFB）工作模式：OFB 工作模式下通过反复加密初始向量生成密钥流，然后与消息进行异或操作以生成密文。OFB 工作模式适用于对流数据进行加密，特别是在噪声环境下。国家标准 GB 35114—2017《公共安全视频监控联网信息安全技术要求》规定使用分组密码的 OFB 工作模式进行视频数据的加密保护。

5）计数器（CTR）工作模式：CTR 工作模式通过加密计数器来生成密钥流，然后与消息进行异或操作以生成密文。CTR 工作模式具有高度的并行性，适用于高速网络数据加密，特别是在需要快速加解密的情况下，可满足突发的高速加解密需求。

6）带密文挪用的 XEX 可调分组密码（XTS）工作模式：XTS 工作模式通常用于磁盘加密等场景，结合了分组密码和特定的操作，以提供对长期存储数据的高度保护。

7）带泛杂凑函数的计数器（HCTR）工作模式：HCTR 工作模式是 CTR 工作模式的变种，引入了泛杂凑函数以提高安全性，通常用于磁盘加密等场景。

8）分组链接（BC）工作模式：BC 工作模式与其他工作模式不同，它具有一种特殊的错误传播性质，即单一错误可能导致所有后续密文分组解密出错。因此，在设计应用时，我们需要特别小心处理错误情况。

9）带非线性函数的输出反馈（OFBNLF）工作模式：OFBNLF 工作模式是 OFB 和 ECB 工作模式的变种，引入了非线性函数以提高安全性。密钥在每个分组中都会改变，增加了密码的复杂性。

我们应根据不同的应用场景和需求选择分组密码的工作模式，以满足数据加密和解密的安全性和性能要求。选择和使用合适的分组密码工作模式对于数据保护至关重要。

2.3　公钥加密算法

2.3.1　公钥加密算法介绍

在对称密码体制中，通信双方需共享同一个秘密密钥，该密钥既用于加密也用于解密通信内容。然而，随着系统中用户数量增多，密钥管理将变得较为复杂。例如，在有 n 个用户的系统中，若每对用户之间都需要加密通信，则针对每个用户需存储 $n-1$ 个不同的密钥，系统中的密钥总数将达到 $n(n-1)/2$。

与之不同，公钥加密体制最大的特点是采用两个相互关联的密钥，将加密与解密分开，其中一个密钥是公开的，被称为"公开密钥或公钥"，用于加密，另外一个密钥为用户专有，是保密的，被称为"秘密密钥或私钥"，用于解密。当系统中有 n 个用户时，只需每个用户各自拥有自己的公私钥对，并公开自己的公钥，即可实现两两之间的加密通信（见图 2-21）。例如，当用户 1 需要将消息 m 加密发送给用户 t 时，用户 1 使用用户 t 的公钥 Pub_t 对消息 m 加密得密文 $c = Enc_{Pub_t}(m)$，然后将密文 c 发送给用户 t。用户 t 收到密文 c 后，使用自己的私钥 sk_t 解密得到明文 $m = Dec_{sk_t}(c)$，从而实现用户 1 与用户 t 之间的加密通信。

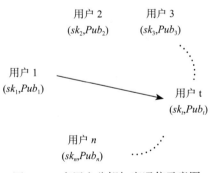

图 2-21　多用户公钥加密通信示意图

公钥加密体制降低了密钥管理的复杂度，每个用户只需维护自己的公私钥对。因为公钥是公开的，所以任何人都能用它来加密信息并发送给持有私钥的用户，实现安全的加密通信。公钥加密体制为密钥分发和管理提供了更大的便利性。

公钥加密体制需满足以下要求。

1）产生一对公私钥对在计算上是可行的；

2）使用公钥对明文加密在计算上是可行的；

3）使用私钥对密文解密在计算上是可行的；

4）由公钥计算私钥在计算上是不可行的；

5）由密文和公钥恢复明文在计算上是不可行的；

6）加密与解密次序可交换（可选的）。

公钥加密体制常基于数学困难问题设计，如整数分解、离散对数问题等。公钥加密体制的安全强度依赖于这些数学困难问题的求解难度。尽管公钥加密体制提供了更灵活的密钥管理方式，但公钥密码的加解密速度常常远低于对称密码体制的加解密速度。在实际应用中，通常将公钥密码与对称密码结合使用，如可以使用公钥密码加密传输用于对称加解密的密钥，然后使用对称密码算法实现大量数据的加密传输。

2.3.2 公钥密码的设计原理

公钥密码体制的安全性主要依赖加密函数的单向性，即计算该函数的值是容易的，而对于求给定值的原像是困难的。

设 $f(x)$ 是定义域 A 到值域 B 的函数，如果已知 $x \in A$，计算 $f(x)$ 的值是容易的，而给定 $y \in B$，计算 $x \in A$ 使得 $f(x) = y$ 是困难的，则称 $f(x)$ 为单向函数。计算容易与计算困难指根据当前的计算能力，若在输入值的多项式时间内可计算，则为计算容易；若未找到有效算法在输入长度多项式时间内完成计算，则为计算困难。

对于单向函数，若存在陷门信息，使不知道陷门信息时求逆是困难的，而知道陷门时求逆是容易的，则称该单向函数为"单向陷门函数"。如果一个函数是单向陷门函数，我们可以使用陷门信息作为解密密钥，而求函数值的算法作为加密算法，从而构造一个公钥密码算法。

公钥密码的安全性早期主要考虑单向性，即由密文求取明文或由公钥求私钥，后来随着密码学中安全理论研究的深入，公钥密码的安全性理论不断成熟，产生了语义安全和密文不可区分等安全概念和形式化定义。语义安全是香农保密思想在计算安全模型下的类比，指在有限计算能力下由密文得不到明文的任何信息。密文不可区分指攻击者在给定两个密文和其中任意某个密文的条件下，无法区分哪个密文是该明文的密文。语义安全的概念无法用于安全性论证。理论研究证明，在比较强的攻击能力（即适应性选择密文攻击）条件下，语义安全和密文不可区分是等价的。因此，在适应性选择密文攻击下，密文不可区分成为公钥密码的标准定义。

2.3.3 常见的公钥加密算法

1. RSA

RSA 算法是由 Ron Rivest、Adi Shamir 和 Leonard Adleman 于 1977 年在 MIT 一起提出的。RSA 算法是最早公开的公钥密码体系之一，也是目前使用最广泛的公钥算法之一。RSA 算法的安全性基于大整数分解困难问题。

RSA 算法具体过程如下。

（1）用户 B 的公私钥对生成

1）随机选取两个大素数 p 和 q，计算 $n = pq$，$\varphi(n) = (p-1)(q-1)$；

2）随机选取 e，满足 $1 < e < \varphi(n), \gcd(e, \varphi(n)) = 1$；

3）利用扩展欧几里得算法计算 e 模 $\varphi(n)$ 的逆元 d，即寻找 d，使其满足 $ed \equiv 1 \bmod \varphi(n)$，$1 < d < \varphi(n)$；

4）公钥为 (n, e)，私钥为 (n, d)。

（2）加密

假设用户 A 要向用户 B 发送消息 m，其中，$0 \leqslant m < n$（若消息 m 不在该范围内，可将其分成几部分后发送），则用户 A 使用用户 B 的公钥 (n, e) 对该消息的加密过程为：

$$c = m^e \bmod n$$

并将密文 c 发送给用户 B。

（3）解密

当用户 B 收到密文 c 后，用自身私钥 (n, d) 对其解密，解密过程如下：

$$m' = c^d \bmod n$$

易知，$m' = c^d \bmod n = m^{ed} \bmod n = m^{ed \bmod \varphi(n)} \bmod n = m$，从而可以解密得用户 A 所发送的消息。注：解密过程的正确性利用了费马小定理，即对任意正整数 a、n，有 $a^{\varphi(n)} = 1 \bmod n$。

在 RSA 算法公私钥对生成时，我们可利用扩展欧几里得算法求元素的逆元。设 a、b 为两个正整数，则存在整数 u、v 满足 $\gcd(a, b) = ua + vb$。我们使用扩展欧几里得算法求整数 u、v，不妨设 $a \geqslant b$，首先使用带余除法得以下关系：

$$\begin{cases} a = bq_1 + r_1, \, 0 < r_1 < b \\ b = r_1q_2 + r_2, \, 0 < r_2 < r_1 \\ r_1 = r_2q_3 + r_3, \, 0 < r_3 < r_2 \\ \quad\quad\quad \vdots \\ r_{n-2} = r_{n-1}q_n + r_n, \, 0 < r_n < r_{n-1} \\ r_{n-1} = r_nq_{n+1} \end{cases}$$

易知 $\gcd(a,b) = \gcd(b,r_1) = \gcd(r_1,r_2) = \cdots = \gcd(r_{n-1},r_n) = r_n$

则可得 $\gcd(a,b) = r_n$

$\quad = -q_nr_{n-1} + r_{n-2}$，记 $f_{n-1} = -q_n, g_{n-2} = 1$

$\quad = f_{n-1}(-q_{n-1}r_{n-2} + r_{n-3}) + g_{n-2}r_{n-2}$，记 $f_{n-2} = -q_{n-1}f_{n-1} + g_{n-2}, g_{n-3} = f_{n-1}$

$\quad = \cdots$

$\quad = f_2r_2 + g_1r_1$

$\quad = f_2(b - q_2r_1) + g_1r_1 = (-q_2f_2 + g_1)r_1 + f_2b$，记 $f_1 = -q_2f_2 + g_1, g_0 = f_2$

$\quad = f_1(a - bq_1) + g_0b$

$\quad = f_1a + (g_0 - f_1q_1)b$

因此，我们可得 $u = f_1, v = g_0 - f_1q_1$，其中，$f_{i-2} = -q_{i-1}f_{i-1} + g_{i-2}, g_{i-3} = f_{i-1}, i = 3,4,\cdots,n$，且 $f_{n-1} = -q_n, g_{n-2} = 1$。

当 $\gcd(a,b) = 1$ 时，我们可以使用上述方式找到 u、v 满足 $ua + vb = \gcd(a,b) = 1$，从而得到 a 的逆元 $u \equiv a^{-1} \bmod b$。

RSA 算法的安全性基于两个数学问题：

● 在已知 n 的情况下，寻找 p 和 q 的因子分解。

● 在已知 n 和 e 的情况下，计算 d 的离散对数。

由于这两个问题的计算复杂度随着 p 和 q 的增大呈指数级增加，因此选择足够大的 p 和 q 会使得问题变得在计算上不可解决。

随着技术的发展，如量子计算的进步，Shor 量子算法可在多项式时间内分解大整数，RSA 算法的安全受到严重威胁。因此，我们需关注新技术的发展对算法安全的影响，并随时调整算法的应用场景。

RSA 算法的应用广泛，具体如下。

● 安全通信：用于加密和解密敏感数据的传输。

● 数字签名：用于验证数据的完整性和用户身份。

- 证书签发：用于生成和验证数字证书。
- 安全协议：在 TLS/SSL 等协议中用于密钥交换和加密。
- 数字货币：在加密货币中用于生成密钥对和数字签名等。

2. ElGamal

ElGamal 加密算法由 Taher Elgamal 于 1985 年提出，其安全性基于有限域上的离散对数困难问题。给定 n 阶有限群 G 及其生成元 g，离散对数困难问题指：对任意给定元素 $y \in G$，寻找整数 a 使得 $y = g^a$ 是计算困难的；而对任意给定的 G 中元素 h 及整数 x，$0 \le x \le n$，计算 h^x 是容易的。

在 ElGamal 算法中，加密运算是随机的，每次加密均需要选取一个随机数，因此，对同一个明文加密所得密文存在多种不同可能。ElGamal 算法具体过程如下。

（1）用户 B 的公私钥对生成

1）生成阶为 q 的循环群 G，设 g 为 G 的生成元，使得循环群 G 上的离散对数问题是困难的；

2）选择随机数 $x \in \{1, 2, \cdots, q-1\}$；

3）计算 $h = g^x$；

4）公钥为 (G, q, g, h)，私钥为 x。

（2）加密

假设用户 A 使用公钥 (G, q, g, h) 加密消息 m 发送给用户 B，不妨设 $m \in G$，若 $m \notin G$，则双方约定将消息通过可逆映射将其映射到 G 中元素的方法。下面我们只考虑 $m \in G$ 情况。加密过程如下。

生成随机数 $y \in \{1, 2, \cdots, q-1\}$，具体为

a）计算 $s = h^y$；

b）计算 $c_1 = g^y$；

c）计算 $c_2 = m \cdot s$；

d）将密文 (c_1, c_2) 发送给用户 B。

（3）解密

假设用户 B 收到密文 (c_1, c_2)，使用私钥 x 解密：

1）计算 $s' = c_1^x$；

2）计算 $m' = c_2 \cdot s^{-1}$。

易知， $m' = c_2 \cdot s^{-1} = (m \cdot s) \cdot c_1^{-x} = m \cdot (g^x)^y \cdot (g^y)^{-x} = m$ ，从而用户 B 可以解密出用户 A 所发送的消息。

ElGamal 算法的安全性基于离散对数问题的困难性。对于离散对数问题，目前已知最好的求解算法是数域筛法，给定长度为 n 的模数，求解复杂度约为 $O(2^{n/2})$。若使用 ElGamal 算法每次加密均选择新的随机数，则 ElGamal 算法被认为是选择明文攻击安全的。单纯的 ElGamal 加密算法易受选择密文攻击，但可以通过使用适当的填充方案或结合其他密码技术加以改进。与 RSA 算法基于的证书分解问题类似，Shor 量子算法也能在多项式时间内求解离散对数问题，因此，我们可关注量子计算技术的研究进展，评估其对 ElGamal 算法的安全影响。

3. SM2 公钥加密算法

SM2 是国家密码管理局于 2010 年 12 月 17 日发布的椭圆曲线公钥密码算法，并于 2012 年成为密码行业标准 GM/T 0003《SM2 椭圆曲线公钥密码算法》，2016 年成为国家标准 GB/T 32918《信息安全技术 SM2 椭圆曲线公钥密码算法》。SM2 算法的安全性基于有限域上椭圆曲线群离散对数困难问题。

有限域 F_p 上的椭圆曲线方程为 $y^2 = x^3 + ax + b, a, b \in F_p$ ，且 $(4a^3 + 27b^2) \bmod p \neq 0$。椭圆曲线 $E(F_p)$ 定义为满足椭圆曲线方程的所有点以及无穷远点构成的集合，即

$$E(F_p) = \{(x,y) | x, y \in F_p, y^2 = x^3 + ax + b\} \cup \{O\}$$

其中， O 表示无穷远点。椭圆曲线 $E(F_p)$ 上的点的数目用 $\#E(F_p)$ 表示，被称为"椭圆曲线 $E(F_p)$ 的阶"。

给定椭圆曲线 $E(F_p)$ ，定义椭圆曲线上的点的加法运算规则：

1） $O + O = O$ ；

2） $\forall P = (x,y) \in E(F_p) \backslash \{O\}$ ， $P + O = O + P = P$ ；

3） $\forall P = (x,y) \in E(F_p) \backslash \{O\}$ ， P 的逆元 $-P = (x, -y), P + (-P) = O$ ；

4）两个非互逆的不同点的加法运算规则如下：

　　a）设 $P_1 = (x_1, y_1) \in E(F_p) \backslash \{O\}, P_2 = (x_2, y_2) \in E(F_p) \backslash \{O\}$ ，且 $x_1 \neq x_2$ ；

　　b）设 $P_3 = (x_3, y_3) = P_1 + P_2$ ，则

$$\begin{cases} x_3 = \lambda^2 - x_1 - x_2 \\ y_3 = \lambda(x_1 - x_3) - y_1 \end{cases}$$

其中，$\lambda = \dfrac{y_2 - y_1}{x_2 - x_1}$。

5）两个相同点的加法运算（倍点运算）规则如下：

a）设 $P_1 = (x_1, y_1) \in E(F_p) \setminus \{O\}$，且 $y_1 \neq 0$；

b）设 $P_3 = (x_3, y_3) = P_1 + P_1$，则

$$\begin{cases} x_3 = \lambda^2 - 2x_1 \\ y_3 = \lambda(x_1 - x_3) - y_1 \end{cases}$$

其中，$\lambda = \dfrac{3x_1^2 + a}{2y_1}$。

椭圆曲线上同一个点的多次加被称为"该点的多倍点运算"。设 k 为一正整数，P 为椭圆曲线上的点，称点 P 的 k 次加为点 P 的 k 倍点运算，记为 $Q = [k]P = \underbrace{P + P + \cdots + P}_{k}$。

椭圆曲线 $E(F_p)$ 关于上述点的加法运算构成加法群。椭圆曲线离散对数问题指：给定椭圆曲线群 $(E(F_p), +)$ 及阶为 n 的点 G，对任意点 $Q \in \langle G \rangle$，确定整数 $l \in [0, n-1]$ 使得 $Q = [l]G$ 成立。其中，$\langle G \rangle$ 表示由点 G 生成的 n 阶循环群。

SM2 公钥加密算法所使用的椭圆曲线参数包括有限域 F_p，曲线方程 $y^2 = x^3 + ax + b$ 中的两个参数 a、b，$E(F_p)$ 上的基点 $G = (x_G, y_G)$，G 的阶 n。参数具体取值如下：

p =FFFFFFFE FFFFFFFF FFFFFFFF FFFFFFFF FFFFFFFF 00000000 FFFFFFFF FFFFFFFF

a =FFFFFFFE FFFFFFFF FFFFFFFF FFFFFFFF FFFFFFFF 00000000 FFFFFFFF FFFFFFFC

b =28E9FA9E 9D9F5E34 4D5A9E4B CF6509A7 F39789F5 15AB8F92 DDBCBD41 4D940E93

n =FFFFFFFE FFFFFFFF FFFFFFFF FFFFFFFF 7203DF6B 21C6052B 53BBF409 39D54123

x_G =32C4AE2C 1F198119 5F990446 6A39C994 8FE30BBF F2660BE1 715A4589 334C74C7

y_G =BC3736A2 F4F6779C 59BDCEE3 6B692153 D0A9877C C62A4740 02DF32E5 2139F0A0

SM2 公钥加密算法过程如下。

（1）用户 B 的公私钥对生成

1）用随机数发生器生成整数 $d_B \in [1, n-2]$；

2）计算点 $P_B = [d_B]G$；

3）公钥为 P_B，私钥为 d_B。

（2）加密

假设用户 A 需要向用户 B 发送的消息为比特串 M，$klen$ 为 M 的比特长度，使用公钥 P_B 加密消息 M 的过程如下。

1）用随机数发生器产生随机数 $k \in [1, n-1]$；

2）计算椭圆曲线点 $C_1 = [k]G = (x_1, y_1)$，将 C_1 的数据类型转换为比特串；

3）计算椭圆曲线点 $S = [h]P_B$，若 S 是无穷远点，则报错并退出；

4）计算椭圆曲线点 $[k]P_B = (x_2, y_2)$，将坐标 (x_2, y_2) 的数据类型转换为比特串；

5）计算 $t = KDF(x_2 \| y_2, klen)$，若 t 为全 0 比特串，则返回步骤 1）；

6）计算 $C_2 = M \oplus t$；

7）计算 $C_3 = Hash(x_2 \| M \| y_2)$；

8）输出密文 $C = C_1 \| C_2 \| C_3$。

（3）解密

假设用户 B 收到密文 $C = C_1 \| C_2 \| C_3$，其中 C_2 的比特长度为 $klen$，则使用私钥 d_B 的解密过程如下。

1）从 C 中取出比特串 C_1，将 C_1 的数据类型转换为椭圆曲线上的点，验证 C_1 是否满足椭圆曲线方程，若不满足则报错并退出；

2）计算椭圆曲线点 $S = [h]C_1$，若 S 是无穷远点，则报错并退出；

3）计算 $[d_B]C_1 = (x_2', y_2')$，将坐标 (x_2', y_2') 的数据类型转换为比特串；

4）计算 $t' = KDF(x_2' \| y_2', klen)$，若 t 为全 0 比特串，则报错并退出；

5）从 C 中取出比特串 C_2，计算 $M' = C_2 \oplus t'$；

6）计算 $u = Hash(x_2' \| M' \| y_2')$，从 C 中取出比特串 C_3，若 $u \neq C_3$，则报错并退出；

7）输出明文 M'。

易知，$(x_2', y_2') = [d_B]C_1 = [d_B][k]G = [k]P_B = (x_2, y_2)$，因此，$t' = t$，$M' = C_2 \oplus t' = C_2 \oplus t = M$，即用户 B 可以解密出用户 A 所发送的消息。

SM2 加密算法中需使用随机数发生器生成随机数，随机数发生器需为国家密码管理局批准的随机数发生器。SM2 加密算法还需要使用杂凑算法 Hash 计算消息指纹以抵抗攻击，并且需使用国家密码管理局批准的密码杂凑算法，如 SM3 密码杂凑算法。在 SM2 公钥加密算法中，使用密钥派生函数 KDF 生成消息长度 $klen$ 等长的密钥流序列 t，然后与明文异或实现对消息的加密或解密。设密码杂凑算法为 $H_v()$，其输出杂凑值长度为 v 比特。如使用 SM3 算法，$v = 256$，密钥派生函数 $KDF(Z, klen)$ 计算过程如下。

1）输入：比特串 Z，整数 $klen$，$klen < (2^{32} - 1)v$。

2）输出：长度为 $klen$ 的密钥数据比特串 K。

3）初始化一个 32 比特的计数器 ct 为 $0x00000001$。

4）对 i 从 1 到 $\lceil klen/v \rceil$：

    a）计算 $Ha_i = H_v(Z\|ct)$；

    b）$ct++$。

5）若 $klen/v$ 是整数，令 $Ha!_{\lceil klen/v \rceil} = Ha_{\lceil klen/v \rceil}$，否则令 $Ha!_{\lceil klen/v \rceil}$ 为 $Ha_{\lceil klen/v \rceil}$ 最左边的 $(klen - (v \times \lfloor klen/v \rfloor))$ 比特。

6）令 $K = Ha_1 \| Ha_2 \| \cdots \| Ha_{\lceil klen/v \rceil - 1} \| Ha!_{\lceil klen/v \rceil}$。

SM2 公钥加密算法的安全性基于椭圆曲线离散对数困难问题。与 ElGamal 算法基于的有限域上的离散对数困难问题不同，椭圆曲线离散对数困难问题目前没有亚指数求解算法，即没有比复杂度 $O(2^n)$ 更低的已知算法。因此，SM2 公钥加密算法具有更小的参数规模，如 256 位的椭圆曲线离散对数问题的安全强度大约等同于 3072 位 RSA 或 3072 位离散对数问题的安全强度。SM2 算法可以基于更小的密钥规模与带宽消耗实现与 RSA、ElGamal 等算法同样的安全性。椭圆曲线离散对数问题也受 Shor 量子算法影响，且由于参数规模更小，Shor 量子算法求解复杂度更低，因此我们需关注量子计算技术的研究进展，评估量子攻击的影响。

4. SM9 加密算法

2016 年 3 月，国家密码管理局发布 GM/T 0044《SM9 标识密码算法》，标志着 SM9 算法成为我国密码行业推荐标准之一。2020 年 4 月，SM9 算法成为国家推荐标准 GB/T 38635—2020《信息安全技术 SM9 标识密码算法》。

SM9 是基于标识的密码（IBC，Identity-Based Cryptography）算法。与传统的公钥密码算法如 RSA、ECC 等不同，基于标识的密码算法的公钥不是无实际意义的随机字符串，而是由能唯一确定用户身份的标识构成。这些标识通常是用户无法否认的信息，如电子邮箱、身份证号码等。

在基于标识的密码系统中，用户的私钥由密钥生成中心（KGC，Key Generation Center）根据主密钥和用户标识计算生成。用户的公钥由用户标识唯一确定，而标识的真实性由标识管理者负责保证。用户的身份标识直接作为公钥，使得基于标识的密码学在应用上比传统公钥密码学更为简便。然而，这种简便性是以算法设计和计算的复杂性为代价的。IBC 算法除了需要进行 RSA 和 ECC 算法中常见的大数运算和椭圆曲线点群运算之外，还额外引入了双线性对的计算，这增加了算法的复杂度。

下面简要介绍我国商用密码标准 SM9 算法的加解密过程。

SM9 算法的系统参数包括曲线的识别符 cid、椭圆曲线基域 F_q 的参数、椭圆曲线方程参数 a 和 b、扭曲线参数 β（若 cid 的低 4 位为 2）、曲线阶的素因子 N 和相对于 N 的余因子 cf、曲线 $E(F_q)$ 相对于 N 的嵌入次数 k、$E(F_{q^{d_1}})$（d_1 整除 k）的 N 阶循环子群 G_1 的生成元 P_1、$E(F_{q^{d_2}})$（d_2 整除 k）的 N 阶循环子群 G_2 的生成元 P_2、双线性对 e 的识别符 eid，以及（可选）G_2 到 G_1 的同态映射 ψ。双线性对 e 的值域为 N 阶乘法循环群 G_T。SM9 公钥密码算法使用 256 位的 BN 曲线，椭圆曲线方程为 $y^2 = x^3 + b$，相关参数如下。

- 基域特征 q：B6400000 02A3A6F1 D603AB4F F58EC745 21F2934B 1A7AEEDB E56F9B27 E351457D。

- 方程参数 b：05。

- 群 G_1、G_2 的阶 N：B6400000 02A3A6F1 D603AB4F F58EC744 49F2934B 18EA8BEE E56EE19C D69ECF25。

- 余因子 cf：1。

- 嵌入次数 k：12。

- 扭曲线的参数 β：$\sqrt{-2}$。

- k 的因子 $d_1 = 1, d_2 = 2$。

- 曲线识别符 cid：0x12。

- 群 G_1 的生成元 $P_1 = (x_{P_1}, y_{P_1})$：

  坐标 x_{P_1} 为 93DE051D 62BF718F F5ED0704 487D01D6 E1E40869 09DC3280 E8C4E481 7C66DDDD，

  坐标 y_{P_1} 为 21FE8DDA 4F21E607 63106512 5C395BBC 1C1C00CB FA602435 0C464CD7 0A3EA616。

- 群 G_2 的生成元 $P_2 = (x_{P_2}, y_{P_2})$：

  坐标 x_{P_2} 为

  (85AEF3D0 78640C98 597B6027 B441A01F F1DD2C19 0F5E93C4 54806C11 D8806141,

  37227552 92130B08 D2AAB97F D34EC120 EE265948 D19C17AB F9B7213B AF82D65B),

坐标 y_{P_2} 为

(17509B09 2E845C12 66BA0D26 2CBEE6ED 0736A96F A347C8BD 856DC76B 84EBEB96,

A7CF28D5 19BE3DA6 5F317015 3D278FF2 47EFBA98 A71A0811 6215BBA5 C999A7C7)。

● 双线性对的识别符 eid：0x04。

SM9 算法过程如下。

（1）系统主密钥和用户加密密钥的产生

KGC 产生随机数 $ke \in [1, N-1]$ 作为加密主私钥，计算 G_1 中的元素 $P_{pub-e} = [ke]P_1$ 作为加密主公钥，则加密主密钥对为 (ke, P_{pub-e})。KGC 秘密保存 ke，公开 P_{pub-e}。

KGC 选择并公开用一个字节表示的私钥生成函数识别符 hid。

用户 A 和用户 B 的标识分别为 ID_A、ID_B。为产生用户 A 的加密私钥 de_A，KGC 首先在有限域 F_N 上计算 $t_1 = H_1(ID_A \| hid, N) + ke$，若 $t_1 = 0$，则需重新产生主私钥，计算和公开主公钥，并更新已有用户的私钥；否则计算 $t_2 = ke \cdot t_1^{-1}$，然后计算 $de_A = [t_2]P_2$。为产生用户 B 的加密私钥 de_B，KGC 首先在有限域 F_N 上计算 $t_3 = H_1(ID_B \| hid, N) + ke$，若 $t_3 = 0$，则需重新产生主私钥，计算和公开主公钥，并更新已有用户的私钥；否则计算 $t_4 = ke \cdot t_3^{-1}$，然后计算 $de_B = [t_4]P_2$。

（2）加密

设用户 A 需要向用户 B 发送的消息为比特串 M，$mlen$ 为 M 的比特长度，K_1_len 为分组密码算法中密钥 K_1 的比特长度，K_2_len 为函数 $MAC(K_2, Z)$ 中密钥 K_2 的比特长度。作为加密者的用户 A 应完成以下运算。

1）计算群 G_1 中的元素 $Q_B = [H_1(ID_B \| hid, N)]P_1 + P_{pub-e}$。

2）产生随机数 $r \in [1, N-1]$。

3）计算群 G_1 中的元素 $C_1 = [r]Q_B$，将 C_1 的数据类型转换为比特串。

4）计算群 G_T 中的元素 $g = e(P_{pub-e}, P_2)$。

5）计算群 G_T 中的元素 $w = g^r$，将 w 的数据类型转换为比特串。

6）按加密明文的算法分类进行计算：

①如果加密明文的算法是基于密钥派生函数的序列密码算法，则

a）计算整数 $klen = mlen + K_2\_len$，然后计算 $K = KDF(C_1 \| w \| ID_B, klen)$。令 K_1 为

K 最左边的 $mlen$ 比特，K_2 为剩下的 K_2_len 比特，若 K_1 为全 0 比特串，则返回步骤 2)；

b) 计算 $C_2 = M \oplus K_1$。

② 如果加密明文的算法是结合密钥派生函数的分组密码算法，则

a) 计算整数 $klen = K_1\_len + K_2\_len$，然后计算 $K = KDF(C_1 \| w \| ID_B, klen)$。令 K_1 为 K 最左边的 K_1_len 比特，K_2 为剩下的 K_2_len 比特，若 K_1 为全 0 比特串，则返回步骤 2)；

b) 计算 $C_2 = IV \| Enc(K_1, M, IV)$，$C_2$ 的结构中前 16 个字节为 IV 值，当且仅当分组密码算法工作模式为非 ECB（分组密码的工作模式见 GB/T 17964-2021）时，初始向量 IV 才有效，其中 Enc 分组密码算法遵循 GB/T 32907。填充方式为 GB/T17964-2021 附录 C.2 规定的填充方法 1，即在明文字节串的右侧填充 a 个字节的 " a "，使明文长度达到分组长度的整数倍，且 $a \geq 1$.

7) 计算 $C_3 = MAC(K_2, C_2)$。

8) 输出密文 $C = C_1 \| C_2 \| C_3$。

（3）解密

设 $mlen$ 为密文 $C = C_1 \| C_2 \| C_3$ 中 C_2 的比特长度，K_1_len 为分组密码算法中密钥 K_1 的比特长度，K_2_len 为函数 $MAC(K_2, Z)$ 中密钥 K_2 的比特长度。

为了对 C 进行解密，作为解密者的用户 B 应完成以下运算。

1) 从 C 中取出比特串 C_1，将 C_1 的数据类型转换为椭圆曲线上的点，验证 $C_1 \in G_1$ 是否成立，若不成立，则报错并退出。

2) 计算群 G_T 中的元素 $w' = e(C_1, de_B)$，将 w' 的数据类型转换为比特串。

3) 按加密明文的算法分类进行计算：

① 如果加密明文的算法是基于密钥派生函数的序列密码算法，则

a) 计算整数 $klen = mlen + K_2\_len$，然后计算 $K' = KDF(C_1 \| w' \| ID_B, klen)$。令 K_1' 为 K' 最左边的 $mlen$ 比特，K_2' 为剩下的 K_2_len 比特，若 K_1' 为全 0 比特串，则报错并退出；

b) 计算 $M' = C_2 \oplus K_1'$。

② 如果加密明文的算法是结合密钥派生函数的分组密码算法，则

a) 计算整数 $klen = K_1\_len + K_2\_len$，然后计算 $K' = KDF(C_1 \| w' \| ID_B, klen)$。令

K_1' 为 K' 最左边的 K_1_len 比特，K_2' 为剩下的 K_2_len 比特，若 K_1' 为全 0 比特串，则报错并退出；

　　b）计算 $M' = Dec(K_1', C_2)$。

4）计算 $u = MAC(K_2', C_2)$，从 C 中取出比特串 C_3，若 $u \neq C_3$，则报错并退出。

5）输出明文 M'。

根据加解密过程，可得 $w' = e(C_1, de_B) = e([r]Q_B, [t_4]P_2) = e(Q_B, [ke \cdot t_3^{-1}]P_2)^r = e([H_1(ID_B \parallel hid, N)]P_1 + P_{pub-e}, P_2)^{r \cdot ke \cdot t_3^{-1}} = e([t_3 - ke]P_1 + [ke]P_1, P_2)^{r \cdot ke \cdot t_3^{-1}} = e([ke \cdot t_3^{-1}][t_3]P_1, P_2)^r = e(P_{pub-e}, P_2)^r = w$，从而解密过程中所得 $K' = K$。因此，解密所得消息 $M' = M$。

SM9 加密算法应使用符合 GB/T 32915 的随机数发生器生成随机数及符合国家密码管理部门批准的分组密码算法。密码杂凑函数 $H_v()$ 的输出长度为 v 比特，使用 GB/T 32905 规定的 SM3 密码杂凑算法。密码函数 $H_1(Z, n)$ 计算过程如下。

1）输入：比特串 Z，整数 n。

2）输出：整数 $h_1 \in [1, n-1]$。

3）初始化一个 32 比特的计数器 ct 为 0x00000001。

4）计算 $hlen = 8 \times \lceil (5 \times \log_2 n) / 32 \rceil$。

5）对 i 从 1 到 $\lceil hlen / v \rceil$：

　　a）计算 $Ha_i = H_v(0x01 \parallel Z \parallel ct)$；

　　b）$ct{+}{+}$。

6）若 $hlen / v$ 是整数，令 $Ha'_{\lceil hlen/v \rceil} = Ha_{\lceil hlen/v \rceil}$，否则令 $Ha'_{\lceil hlen/v \rceil}$ 为 $Ha_{\lceil hlen/v \rceil}$ 最左边的 $(hlen - (v \times \lfloor hlen/v \rfloor))$ 比特。

7）令 $Ha = Ha_1 \parallel Ha_2 \parallel \cdots \parallel Ha_{\lceil hlen/v \rceil - 1} \parallel Ha'_{\lceil hlen/v \rceil}$，并将 Ha 的数据类型转换为整数。

8）计算 $h_1 = (Ha \bmod (n-1)) + 1$。

SM9 加密算法还需使用密钥派生函数 KDF 从一个共享的秘密比特串中派生出密钥数据。密钥派生函数 $KDF(Z, klen)$ 计算过程如下。

1）输入：比特串 Z（双方共享的数据），整数 $klen$ [表示要获得的密钥数据的比特长度，要求该值小于 $(2^{32} - 1)v$]。

2）输出：长度为 $klen$ 的密钥数据比特串 K。

3）初始化一个 32 比特的计数器 ct 为 0x00000001。

4）对 i 从 1 到 $\lceil klen / v \rceil$：

a）计算 $Ha_i = H_v(Z \| ct)$ ；

b）$ct++$ ；

5）若 $klen/v$ 是整数，令 $Ha!_{\lceil klen/v \rceil} = Ha_{\lceil klen/v \rceil}$ ，否则令 $Ha!_{\lceil klen/v \rceil}$ 为 $Ha_{\lceil klen/v \rceil}$ 最左边的 $(klen - (v \times \lfloor klen/v \rfloor))$ 比特。

6）令 $K = Ha_1 \| Ha_2 \| \cdots \| Ha_{\lceil klen/v \rceil - 1} \| Ha!_{\lceil klen/v \rceil}$ 。

2.4 密码杂凑算法

2.4.1 密码杂凑算法介绍

密码杂凑是一种将任意长度的输入（消息）映射到固定长度输出的算法，这个输出结果通常被称为"杂凑值"或"摘要"。密码杂凑算法具有以下特点。

- 确定性：相同的输入总是产生相同的杂凑值。这意味着无论执行多少次杂凑操作，输入数据相同，输出杂凑值也始终不变。

- 输出长度固定：无论输入数据的长度如何，密码杂凑算法都会生成一个固定长度的输出。这使得密码杂凑算法适用于处理各种大小的数据。

- 高效性：密码杂凑算法能够快速地从任何给定的输入计算出杂凑值，这对于需要快速处理大量数据的应用来说至关重要。

- 单向性：从杂凑值反推原始输入数据在计算上是不可行的。这种单向性是密码杂凑算法的核心特性之一。

- 抗碰撞性：找到两个不同的输入，使它们产生相同的杂凑值极其困难。这包括两种情况：一种是找到与特定输入产生相同杂凑值的另一个输入；另一种是找到能产生相同杂凑值的任意两个不同输入。

- 雪崩性：输入数据的微小变化（即使只是1位）都会导致输出杂凑值的巨大变化，且这种变化是不可预测的。

- 均匀性：理想的密码杂凑算法应保证其输出值在所有可能的输出空间均匀分布，避免任何形式的规律性。

密码杂凑算法在计算机科学和密码学领域有着广泛的应用，包括数据完整性验证、数字签名、密钥存储、数据检索、区块链与数字货币等。

2.4.2 常见的密码杂凑算法

1. SHA-2

SHA-2（Secure Hash Algorithm 2）是由美国国家安全局（NSA）设计的一组密码杂凑函数，首次发布于 2001 年。作为 SHA-1 的继任者，SHA-2 基于 Merkle–Damgård 结构构建，在安全性上有显著提升。 SHA-2 系列算法包括 6 种杂凑函数：SHA-224、SHA-256、SHA-384、SHA-512、SHA-512/224、SHA-512/256，其输出的杂凑值长度分别为 224、256、384 或 512 比特。除 SHA-224、SHA-256 的分组大小为 512 比特并使用 8 个 32 比特链接变量外，其他 4 个算法的分组大小为 1024 比特并使用 8 个 64 比特链接变量计算杂凑值。这些算法使用不同的移位变换和常数，但它们的结构几乎相同，只是在轮数上有所不同。SHA-224 和 SHA-384 分别是 SHA-256 和 SHA-512 的截断版本，并使用不同的初始值进行计算。SHA-512/224 和 SHA-512/256 也是 SHA-512 的截断版本，但初始值是使用 FIPS PUB 180-4 中描述的方法生成的。

SHA-2 是目前使用最广泛的杂凑算法之一，广泛应用于一些安全应用和协议中，包括 TLS/SSL、PGP、SSH、S/MIME 和 IPsec 等。比特币在内的多种加密数字货币使用 SHA-256 来验证交易并计算工作证明、权益证明等。SHA-2 是美国法律要求在美国政府某些应用中使用的安全杂凑算法，以保护敏感的非机密信息。

下面简要介绍其中的 SHA-256 算法。

定义以下 6 个函数，其中输入变量 (x, y, z) 均为 32 比特字：

$$Ch(x, y, z) = (x \wedge y) \oplus (\neg x \wedge z)$$

$$Maj(x, y, z) = (x \wedge y) \oplus (x \wedge z) \oplus (y \wedge z)$$

$$\sum\nolimits_0^{\{256\}}(x) = ROTR^2(x) \oplus ROTR^{13}(x) \oplus ROTR^{22}(x)$$

$$\sum\nolimits_1^{\{256\}}(x) = ROTR^6(x) \oplus ROTR^{11}(x) \oplus ROTR^{25}(x)$$

$$\sigma_0^{\{256\}}(x) = ROTR^7(x) \oplus ROTR^{18}(x) \oplus SHR^3(x)$$

$$\sigma_1^{\{256\}}(x) = ROTR^{17}(x) \oplus ROTR^{19}(x) \oplus SHR^{10}(x)$$

其中，$ROTR^n(x)$ 表示对 32 比特字 x 循环右移 n 比特，$SHR^n(x)$ 表示对 32 比特字 x 右移 n 比特。定义以下 64 个 32 比特字的常数 $K_0^{\{256\}}, K_1^{\{256\}}, \cdots, K_{63}^{\{256\}}$：

428a2f98 71374491 b5c0fbcf e9b5dba5 3956c25b 59f111f1 923f82a4 ab1c5ed5

d807aa98 12835b01 243185be 550c7dc3 72be5d74 80deb1fe 9bdc06a7 c19bf174

e49b69c1 efbe4786 0fc19dc6 240ca1cc 2de92c6f 4a7484aa 5cb0a9dc 76f988da

983e5152 a831c66d b00327c8 bf597fc7 c6e00bf3 d5a79147 06ca6351 14292967

27b70a85 2e1b2138 4d2c6dfc 53380d13 650a7354 766a0abb 81c2c92e 92722c85

a2bfe8a1 a81a664b c24b8b70 c76c51a3 d192e819 d6990624 f40e3585 106aa070

19a4c116 1e376c08 2748774c 34b0bcb5 391c0cb3 4ed8aa4a 5b9cca4f 682e6ff3

748f82ee 78a5636f 84c87814 8cc70208 90beffffa a4506ceb bef9a3f7 c67178f2

SHA-256 计算杂凑值的过程如下。

1）对待处理消息进行填充，使填充后的消息比特长度为 512 的整数倍。设待处理消息 M 的比特长度为 l，其中 $0 \leqslant l < 2^{64}$，则在该消息后填充一个 "1"，然后填充 k 比特 "0"，其中 k 是满足 $l+1+k \equiv 448 \bmod 512$ 的最小非负整数，最后添加一个 64 位的比特串（该比特串是长度 l 的二进制表示）。

2）将填充后的消息划分为 N 个 512 比特的分组，记为 $M^{(1)}, M^{(2)}, \cdots, M^{(N)}$。因为每个分组 $M^{(i)}$ 的长度为 512 比特，将其看作 16 个 32 比特字，记 $M^{(i)} = M_0^{(i)} \| M_1^{(i)} \| \cdots \| M_{15}^{(i)}$。

3）初始化以下 8 个 32 比特字的寄存器：

$$H_0^{(0)} = \text{6a09e667}$$

$$H_1^{(0)} = \text{bb67ae85}$$

$$H_2^{(0)} = \text{3c6ef372}$$

$$H_3^{(0)} = \text{a54ff53a}$$

$$H_4^{(0)} = \text{510e527f}$$

$$H_5^{(0)} = \text{9b05688c}$$

$$H_6^{(0)} = \text{1f83d9ab}$$

$$H_7^{(0)} = \text{5be0cd19}$$

4）依次对消息分组 $M^{(1)}, M^{(2)}, \cdots, M^{(N)}$ 进行处理，对 $i=1$ 到 N，执行以下运算：

　①扩展消息 $M^{(i)}$，

$$W_t = \begin{cases} M_t^{(i)} & 0 \leq t \leq 15 \\ \sigma_1^{\{256\}}(W_{t-2}) + W_{t-7} + \sigma_0^{\{256\}}(W_{t-15}) + W_{t-16} & 16 \leq t \leq 63 \end{cases}$$

其中，"+"表示模 2^{32} 加法。

②初始化 8 个链接变量值，

$$a = H_0^{(i-1)}, b = H_1^{(i-1)}, c = H_2^{(i-1)}, d = H_3^{(i-1)},$$

$$e = H_4^{(i-1)}, f = H_5^{(i-1)}, g = H_6^{(i-1)}, h = H_7^{(i-1)} 。$$

③ 对 $t = 0$ 到 63，执行以下运算：

a） $T_1 = h + \sum_1^{\{256\}} e + Ch(e, f, g) + K_t^{\{256\}} + W_t$ ；

b） $T_2 = \sum_0^{\{256\}}(a) + Maj(a, b, c)$ ；

c） $h = g$ ；

d） $f = e$ ；

e） $e = d + T_1$ ；

f） $d = c$ ；

g） $c = b$ ；

h） $b = a$ ；

i） $a = T_1 + T_2$ 。

④ 更新链接变量的值

$$H_0^{(i)} = a + H_0^{(i-1)}$$

$$H_1^{(i)} = b + H_1^{(i-1)}$$

$$H_2^{(i)} = c + H_2^{(i-1)}$$

$$H_3^{(i)} = d + H_3^{(i-1)}$$

$$H_4^{(i)} = e + H_4^{(i-1)}$$

$$H_5^{(i)} = f + H_5^{(i-1)}$$

$$H_6^{(i)} = g + H_5^{(i-1)}$$

$$H_7^{(i)} = h + H_7^{(i-1)}$$

当按上述方式处理完所有消息分组后，SHA-256 最后输出链接变量的值作为杂凑值，即消息 M 的 SHA-256 杂凑值为： $H_0^{(N)} \| H_1^{(N)} \| H_2^{(N)} \| H_3^{(N)} \| H_4^{(N)} \| H_5^{(N)} \| H_6^{(N)} \| H_7^{(N)}$ 。

2.SHA-3

由于一系列广泛应用的杂凑函数如 MD4、MD5、SHA-1 等受到我国学者王小云教授提出的模差分和消息修改破解，NIST 在 2007 年面向全球发起征集新一代杂凑函数标准 SHA-3，希望构建一个设计原理、内部结构上与 SHA-1 和 SHA-2 等系列算法有很大不同的新算法。2012 年 10 月，NIST 宣布由 Guido Bertoni、Joan Daemen、Michaël Peeters 和 Gilles Van Assche 设计的 Keccak 算法为最终获选算法，并于 2015 年 8 月正式标准化。

SHA-3 并不是要取代 SHA-2，因为目前还没有针对 SHA-2 的重大攻击，NIST 目前也没有撤销 SHA-2 的计划。标准化 SHA-3 的目的是确保可以在当前应用中直接替代 SHA-2（如果有需要），从而提高 NIST 杂凑算法标准的健壮性。

Keccak 算法是基于一个被称为"海绵结构"（Sponge Construction）的新方法而设计的，这与 MD 系列算法、SHA-2 算法等所基于的 Merkle–Damgård 结构有着本质的不同。海绵结构（见图 2-22）的核心是一个 $b = r + c$ 比特的置换函数 f，其中 b 表示置换的宽度，r 表示比特率，c 表示容量。当 f 是随机置换时，海绵结构被证明与随机预言机是不可区分的。

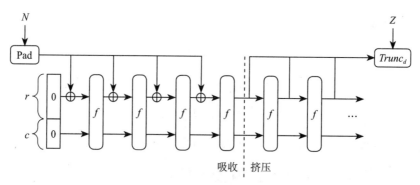

图 2-22　海绵结构示意图

海绵结构的迭代过程可分为两个部分：第一部分是消息的吸收过程，每一次吸收 r 比特的消息 P_i，该消息与 f 的 r 比特输出异或，再经函数 f 处理；第二部分是消息摘要的挤压过程，每次挤压得到 r 比特的消息摘要 z_i，经过多次挤压截取预期长度的消息摘要。

SHA-3 包含 SHA3-224、SHA3-256、SHA3-384、SHA3-512 四个杂凑算法，均使用置换宽度 $b = 1600$ 比特的置换，容量 c 是消息摘要长度的两倍，参数如表 2-9 所示。

表 2-9 SHA-3 对应参数

杂凑算法	置换宽度 b/bit	比特率 r/bit	容量 c/bit	消息摘要长度 /bit
SHA3-224	1600	1152	448	224
SHA3-256	1600	1088	512	256
SHA3-384	1600	832	768	384
SHA3-512	1600	576	1024	512

SHA-3 杂凑算法计算过程如下。

（1）消息填充

消息填充的目的是使填充后的消息长度是 r 的整数倍。设给定比特长度为 l 的消息 M，填充的消息为 P，则

$$P = M \parallel 01 \parallel 1 \parallel 0^{j} \parallel 1$$

其中，j 为满足 $l+4+j \equiv 0 \bmod r$ 的最小非负整数。并将填充后的消息 P 划分成 n 个 r 比特字：

$$P = P_0 \parallel P_1 \parallel \cdots \parallel P_{n-1}$$

其中，$n = \lceil (l+4)/r \rceil$。

（2）杂凑值的计算

1）输入：填充后的消息 $P = P_0 \parallel P_1 \parallel \cdots \parallel P_{n-1}$。

2）输出：d 比特消息摘要 Z。

杂凑值的计算过程如下。

1）$S = 0^{1600}$。

2）对 $i=0$ 到 $n-1$，计算 $S = f(S \oplus (P_i \parallel 0^c))$。

3）输出 $Trunc_d(S)$，即截取 S 左侧 d 比特。

注：因 SHA-3 中 4 个杂凑算法的输出长度均小于 576 比特（r 的最小值），因此只需挤压 1 次，并从中截取所需的 d 比特作为杂凑值输出。

下面介绍 SHA-3 算法中使用的 1600 比特置换函数 f。

我们将置换函数 f 的输入信息 S 使用一维数组 $S[1600] = (S[0], S[1], \cdots, S[1599])$ 表示，同时，将 S 使用 $5 \times 5 \times 64$ 的三维数组 $A[x][y][z]$ 表示，其中，$0 \leqslant x \leqslant 4, 0 \leqslant y \leqslant 4, 0 \leqslant z \leqslant 63$。三维数组 A 与一维数组 S 的对应关系如下：

$$A[x][y][z] = S[320y + 64x + z], 0 \leqslant x \leqslant 4, 0 \leqslant y \leqslant 4, 0 \leqslant z \leqslant 63 \text{。}$$

置换函数 f 是一个迭代置换，共 24 轮，每轮依次做 θ、ρ、π、χ、ι 五个变换，即

$$Rnd = \iota \circ \chi \circ \pi \circ \rho \circ \theta$$

其中，θ、ρ、π、ι 为线性变换，χ 为非线性变换。以下依次介绍这五个变换。

（1）θ 变换

θ 变换表示将三维数组 A 中比特 $A[x][y][z]$ 邻近的 $A[x-1 \bmod 5][*][z]$ 与 $A[x+1 \bmod 5][*][z]$ 两列比特异或到该比特上，即

$$\theta : A[x][y][z] \leftarrow A[x][y][z] \oplus \oplus_{i=0}^{4} A[x-1 \bmod 5][i][z] \oplus \oplus_{j=0}^{4} A[x+1 \bmod 5][j][z] \text{。}$$

（2）ρ 变换

ρ 变换表示将三维数组 A 中的向量 $A[x][y][*]$ 进行移位，其中每一比特 $A[x][y][z]$ 的移位量由 x、y、z 的取值决定，即

$$\rho : A[x][y][z] \leftarrow A[x][y][z - s(x,y) \bmod 64] \text{。}$$

其中，$s(x,y)$ 的取值如表 2-10 所示。

表 2-10 ρ 变换的偏移量取值

$s(x,y)$	$x=3$	$x=4$	$x=0$	$x=1$	$x=2$
$y=2$	25	39	3	10	43
$y=1$	55	20	36	44	6
$y=0$	28	27	0	1	62
$y=4$	56	14	18	2	61
$y=3$	21	8	41	45	15

（3）π 变换

π 变换表示对二维数组 $A[*][*][z]$ 进行置换，具体如下：

$$\pi : A[x][y][z] \leftarrow A[(x+3y) \bmod 5][x][z] \text{。}$$

（4）χ 变换

χ 变换表示对一维数组 $A[*][y][z]$ 进行非线性变换，具体如下：

$$\chi : A[x][y][z] \leftarrow A[x][y][z] \oplus ((A[x+1 \bmod 5][y][z] \oplus 1) \cdot A[x+2 \bmod 5][y][z]) \text{。}$$

（5）ι 变换

ι 变换用于对每一轮的一维向量 $A[0][0][*]$ 异或一个 64 比特轮常数，即对于置换函数 f 是每一轮迭代，执行以下运算：

$$\iota : A[0][0][*] \leftarrow A[0][0][*] \oplus RC_i \text{。}$$

其中，24 轮变换中 RC_i 的取值如表 2-11 所示。

3. SM3

SM3 算法由国家密码管理局于 2010 年发布，相关标准为 GM/T 0004—2012《SM3 密码杂凑算法》，2016 年成为国家标准 GB/T 32905—2016《信息安全技术 SM3 密码杂凑算法》，并于 2018 年成为国际标准 ISO/IEC 10118-3:2018 " IT Security techniques—Hash-functions—Part 3: Dedicated hash-functions"。在我国商用密码体系中，SM3 算法主要用于数字签名及验证、消息鉴别码的生成及验证、随机数生成等。SM3 算法的效率与 SHA-256 相当。

表 2-11 ι 变换中轮常数的取值

轮数	RC_i	轮数	RC_i
0	0x0000000000000001	12	0x000000008000808b
1	0x0000000000008082	13	0x800000000000008b
2	0x800000000000808a	14	0x8000000000008089
3	0x8000000080008000	15	0x8000000000008003
4	0x000000000000808b	16	0x8000000000008002
5	0x0000000080000001	17	0x8000000000000080
6	0x8000000080008081	18	0x000000000000800a
7	0x8000000000008009	19	0x800000008000000a
8	0x000000000000008a	20	0x8000000080008081
9	0x0000000000000088	21	0x8000000000008080
10	0x0000000080008009	22	0x0000000080000001
11	0x000000008000000a	23	0x8000000080008008

SM3 算法的输入为长度 $l < 2^{64}$ 的消息 m ，消息经填充、迭代压缩，生成杂凑值。杂凑值长度为 256 比特。下面简要介绍 SM3 算法流程。

定义以下两个布尔函数 FF_j、GG_j 与两个置换函数 P_0、P_1，其中输入变量 X、Y、Z 均为 32 比特字：

$$FF_j(X,Y,Z) = \begin{cases} X \oplus Y \oplus Z & 0 \leqslant j \leqslant 15 \\ (X \wedge Y) \vee (X \wedge Z) \vee (Y \wedge Z) & 16 \leqslant j \leqslant 63 \end{cases}$$

$$GG_j(X,Y,Z) = \begin{cases} X \oplus Y \oplus Z & 0 \leqslant j \leqslant 15 \\ (X \wedge Y) \vee (\neg X \wedge Z) & 16 \leqslant j \leqslant 63 \end{cases}$$

$$P_0(X) = X \oplus (X <<< 9) \oplus (X <<< 17)$$

$$P_1(X) = X \oplus (X <<< 15) \oplus (X <<< 23)$$

其中，$X <<< n$ 表示对 32 比特字 X 循环左移 n 比特。定义以下初始向量 IV 与常量 T_j。

$IV = $7380166f 4914b2b9 172442d7 da8a0600 a96f30bc 163138aa e38dee4d b0fb0e4e

$$T_j = \begin{cases} 79cc4519 & 0 \leqslant j \leqslant 15 \\ 7a879d8a & 16 \leqslant j \leqslant 63 \end{cases}$$

SM3 计算杂凑值的过程如下。

1）对待处理消息进行填充，使填充后的消息比特长度为 512 的整数倍。设待处理消息 m 的比特长度为 l，其中 $0 \leqslant l < 2^{64}$，则在该消息后填充一个 "1"，然后填充 k 比特 "0"，其中 k 是满足 $l+1+k \equiv 448 \bmod 512$ 的最小非负整数，最后填充一个 64 位的比特串（该比特串是长度 l 的二进制表示）。

2）将填充后的消息划分为 n 个 512 比特的分组，记为 $B^{(0)}, B^{(1)}, \cdots, B^{(n-1)}$，其中 $n = (l+k+65)/512$。每个分组为 512 比特，可划分为 16 个 32 比特字，记 $B^{(i)} = B_0^{(i)} B_1^{(i)} \cdots B_{15}^{(i)}$。

3）依次对消息分组 $B^{(0)}, B^{(1)}, \cdots, B^{(n-1)}$ 进行处理，对 $i=0$ 到 $n-1$，执行以下运算。

①消息扩展。计算

$$W_j = \begin{cases} B_j^{(i)} & 0 \leqslant t \leqslant 15 \\ P_1(W_{j-16} \oplus W_{j-9} \oplus (W_{j-3} <<< 15)) \oplus (W_{j-13} <<< 7) \oplus W_{j-6} & 16 \leqslant t \leqslant 67 \end{cases}$$

$$W_j' = W_j \oplus W_{j+4}, \quad 0 \leqslant j \leqslant 63$$

②迭代压缩。令 A、B、C、D、E、F、G、H 为 8 个 32 比特字的寄存器，$SS1$、$SS2$、$TT1$、$TT2$ 为中间变量，执行以下运算：$ABCDEFGH \leftarrow V^{(i)}$

对 $j=0$ 到 63，计算

a）$SS1 \leftarrow ((A <<< 12) + E + (T_i <<< (j \bmod 23))) \lll 7$

b）$SS2 \leftarrow SS1 \oplus (A <<< 12)$

c）$TT1 \leftarrow FF_i(A, B, C) + D + SS2 + W_i'$

d）$TT2 \leftarrow GG_i(E, F, G) + H + SS1 + W_i$

e）$D \leftarrow C$

f）$C \leftarrow B <<< 9$

g）$B \leftarrow A$

h）$A \leftarrow TT1$

i）$H \leftarrow G$

j）$G \leftarrow F <<< 19$

k）$F \leftarrow E$

l）$E \leftarrow P_0(TT2)$

然后更新 $V^{(i)}$ 的值：$V^{(i+1)} \leftarrow ABCDEFGH \oplus V^{(i)}$。其中，$V^{(0)} = IV$。

③输出杂凑值：$ABCDEFGH \leftarrow V^{(n)}$。输出 256 比特杂凑值 $y = ABCDEFGH$。

2.5　数字签名

2.5.1　数字签名介绍

数字签名（Digital Signature）是保障电子文档或数据完整性、真实性和抗抵赖性的重要密码技术。数字签名使用公钥密码学原理，结合数字证书和杂凑密码算法，实现身份验证和消息完整性保护，在网络安全通信中的密钥分配、消息鉴别以及电子商务系统中有重要作用。

我国自 2005 年 4 月 1 日起施行的《中华人民共和国电子签名法》以法律形式确立了电子签名的法律效力。数字签名是一类基于密码技术的电子签名，具有以下特点。

- 完整性：数字签名提供了对文档的完整性验证，任何对文档内容的篡改都会使签名失效。

- 真实性：数字签名实现了对签名者的身份验证，确保签名来自合法的实体，防止冒名顶替和伪造签名。

- 抗抵赖性：数字签名实现了对签名的抗抵赖性，即签名者无法否认他们已经进行了签名的事实。

- 安全性：数字签名使用了公钥密码学的加密算法，确保签名和验证过程中的信息安全。

2.5.2　数字签名的设计原理

一个数字签名体制由以下 6 部分构成。

- 明文消息空间 M：所有待签名消息的集合。

- 签名空间 S：所有可能的签名结果的集合。

- 密钥空间 K：所有用于签名与验签的密钥对集合。

- 密钥生成算法 $(sk, pk) \leftarrow Gen(1^\lambda)$：给定安全参数 λ，能有效生成密钥空间 K 中的一对公私钥对 (sk, pk)，其中私钥 sk 用于签名，公钥 pk 用于验签。

- 签名算法 $s = Sign(m, sk)$：给定消息 $m \in M$ 及签名私钥 sk，能有效计算签名结果 $s \in S$。

- 验签算法 $\{True, False\} \leftarrow Verify(s, pk)$：给定签名值 s 及验签公钥 pk，能有效验证签名结果的正确性，若签名正确则返回 $True$，错误则返回 $False$。

数字签名体制的安全性基于公私钥对的安全性，即根据公钥难以推出私钥，以及由消息 m 及其签名 s 难以推出签名私钥，伪造一个签名 (m', s') 使得 $Verify(m', pk) = True$ 是困难的。也就是说，即使拥有大量签名信息，攻击者也难以伪造一个新的签名。

数字签名几乎总是和杂凑函数结合使用，用于缩短签名长度。首先，使用杂凑函数 H 将待签名消息 m 转换成消息摘要 $z = H(m)$，然后再对消息摘要 z 进行签名。因杂凑函数的抗碰撞特性，即寻找 m' 使 $H(m') = H(m)$ 是困难的，所以对消息的杂凑值签名，攻击者也难以伪造签名。

为了将验签的公钥与用户身份信息绑定，数字签名体制通常与数字证书结合使用。数字证书由证书认证机构颁发，将签名者的公钥与其身份进行绑定。验签者通过检查与签名者公钥相关联的数字证书来确保其有效性、完整性和吊销状态等，从而保证该公钥确实属于签名者本人。

2.5.3 常见的数字签名算法

1. RSA 签名体制

RSA 签名体制由 Rivest、Shamir 和 Adleman 于 1977 年提出，是目前使用最广泛的数字签名体制之一。RSA 签名体制的安全性基于大整数分解困难问题，具体如下。

（1）密钥生成

1）选择两个大素数 p、q，计算 $N = pq$，$\varphi(N) = (p-1)(q-1)$。

2）选择整数 e，满足 $1 < e < \varphi(N)$ 且 $\gcd(e, \varphi(N)) = 1$，计算 $d = e^{-1} \bmod \varphi(N)$。

3）公钥为 (N, e)，私钥为 (N, d)。

（2）签名

1）使用私钥 (N, d) 对消息 M 签名，首先选择杂凑函数 h 计算消息摘要 $z = H(M)$。

2）计算签名 $S = z^d \bmod N$。

3）输出签名结果 (S, M)。

（3）验签

1）使用公钥 (N, e) 验证签名 (S, M) 的正确性，首先计算消息摘要 $z = H(M)$。

2）计算 $z' = S^e \bmod N$。

3）若 $z' = z$，则验证通过；否则，签名错误。

2. ElGamal 签名体制

ElGamal 签名体制由 Taher Elgamal 于 1985 年提出，其安全性基于离散对数困难问题。ElGamal 签名体制在现实中很少应用，但其变种算法 DSA 被美国 NIST 采纳为标准并被广泛使用。ElGamal 签名体制介绍如下。

（1）密钥生成

1）生成公共参数：

①选择 N 比特长的素数 p；

②选择密码杂凑算法 H，其输出长度为 L 比特，若 $L > N$，则只使用 H 输出的杂凑值的左侧 N 比特；

③选择 Z_p^* 的生成元 g；

④将 (p, g) 与杂凑函数 H 作为公共参数公开。

2）生成随机数 $x \in [1, p - 2]$。

3）计算 $y = g^x \bmod p$。

4）公钥为 y，私钥为 x。

（2）签名

1）使用私钥 x 对消息 M 签名，首先计算 M 的消息摘要 $z = H(M)$。

2）生成随机数 $k \in [2, p - 2]$，且 $\gcd(k, p - 1) = 1$。

3）计算 $r = g^k \bmod p$。

4）计算 $s = (z - xr)k^{-1} \bmod (p - 1)$，若 $s = 0$，则重新选择随机数 k。

5）输出签名 (r, s, M)。

（3）验签

1）使用公钥 y 验证签名 (r, s, M) 的正确性。

2）若 r、s 不满足 $0 < r < p$ 与 $0 < s < p-1$，则签名无效。

3）若 $g^{H(M)} = y^r r^s \bmod p$，则验证通过；否则，签名错误。

3. DSA

数字签名算法（DSA，Digital Signature Algorithm）由美国 NIST 于 1991 公布，并于 1994 年正式成为标准后被广泛应用。DSA 标准具有较高的兼容性和适用性，已经成为网络安全体系中的基本算法之一。DSA 的安全性基于离散对数困难问题，具体如下。

（1）密钥生成

1）生成公共参数：

　　① 选择 N 比特长的素数 q，与 L 比特长素数 p，且 q 整除 $p-1$，在 FIPS 186-4 中，(L,N) 推荐取值 $(1024,160)$、$(2048,224)$、$(2048,256)$ 与 $(3072,256)$；

　　② 选择受认可的密码杂凑函数 H，其输出长度为 $|H|$ 比特，若 $|H| > N$，则只使用 H 输出的杂凑值的左侧 N 比特；

　　③ 生成随机数 $h \in [2, p-2]$；

　　④ 计算 $g = h^{(p-1)/q} \bmod p$，若 $g = 1$，则重新生成 h，通常使用 $h = 2$；

　　⑤ 将 (p,q,g) 与杂凑函数 H 作为公共参数公开。

2）生成随机数 $x \in [1, q-1]$。

3）计算 $y = g^x \bmod p$。

4）公钥为 y，私钥为 x。

（2）签名

1）使用私钥 x 对消息 M 签名。

2）生成随机数 $k \in [1, q-1]$。

3）计算 $r = (g^k \bmod p) \bmod q$，若 $r = 0$，则重新选择随机数 k。

4）计算 $s = (k^{-1}(H(M) + xr)) \bmod q$，若 $s = 0$，则重新选择随机数 k。

5）输出签名 (r,s,M)。

（3）验签

1）使用公钥 y 验证签名 (r,s,M) 的正确性。

2）若 r、s 不满足 $0 < r < q$ 与 $0 < s < q$，则签名无效。

3）计算 $w = s^{-1} \bmod q$。

4）计算 $u_1 = H(M) \cdot w \bmod q$。

5）计算 $u_2 = r \cdot w \bmod q$。

6）计算 $v = (g^{u_1} y^{u_2} \bmod p) \bmod q$。

7）若 $v = r$，则验证通过；否则，签名错误。

4. ECDSA

椭圆曲线数字签名算法（ECDSA，Elliptic Curve Digital Signature Algorithm）是
DSA 体制的一个变种，其安全性基于椭圆曲线离散对数困难问题，具体如下。

（1）密钥生成

1）生成公共参数：

  ① 选择椭圆曲线公共参数 $(CURVE, G, n)$，其中 $CURVE$ 表示所选择的椭圆曲线，
   G 表示基点，n 表示 G 的阶，即 $[n]G = O$，O 表示单位元；

  ②选择密码杂凑函数 H；

  ③将 $(CURVE, G, n)$ 与杂凑函数 H 作为公共参数公开。

2）生成随机数 $d_A \in [1, n-1]$。

3）计算 $P_A = [d_A]G$。

4）公钥为 P_A，私钥为 d_A。

（2）签名

1）使用私钥 d_A 对消息 M 签名，首先计算消息摘要 $e = H(M)$。

2）设 z 为 e 的左侧 L_n 比特，L_n 为 n 的比特长度。

3）生成随机数 $k \in [1, n-1]$。

4）计算 $(x_1, y_1) = [k]G$。

5）计算 $r = x_1 \bmod n$，若 $r = 0$，则重新选择随机数 k。

6）计算 $s = k^{-1}(z + rd_A) \bmod n$，若 $s = 0$，则重新选择随机数 k。

7）输出签名 (r, s, M)。

（3）验签

1）使用公钥 P_A 验证签名 (r, s, M) 的正确性。

2）若 r、s 不满足 $0 < r < n$ 与 $0 < s < n$，则签名无效。

3）计算 $e = H(M)$，令 z 为 e 的左侧 L_n 比特。

4）计算 $u_1 = zs^{-1} \bmod n$，$u_2 = rs^{-1} \bmod n$。

5）计算 $(x_1, y_1) = [u_1]G + [u_2]P_A$，若 $(x_1, y_1) = O$ 则签名无效。

6）若 $r = x_1$，则验证通过；否则，签名错误。

5. SM2

SM2 是我国推荐使用的数字签名标准，由国家密码管理局于 2010 年发布，2012 年成为密码行业标准，2016 年成为国家标准，2018 年成为 ISO/IEC 国际标准。SM2 签名体制的安全性基于椭圆曲线离散对数困难问题，具体如下。

（1）密钥生成

1）公共参数如下：

    ① 有限域 F_q 上的椭圆曲线 $E(F_q)$，$E(F_q)$ 的参数为 a、b，基点 $G = (x_G, y_G)$，G 的阶为 n，具体使用 GB/T 32918.5—2017《信息安全技术 SM2 椭圆曲线公钥密码算法 第 5 部分：参数定义》中规定的参数；

    ② 密码杂凑函数 H 使用国家密码管理局批准的密码杂凑算法，如 SM3 密码杂凑算法；

    ③ 随机数发生器使用国家密码管理局批准的随机数发生器；

    ④ 签名者用户 A 的身份信息为长度为 $entlen_A$ 比特的可辨别标识 ID_A，记 $ENTL_A$ 是由 $entlen_A$ 转换而成的两个字节。

2）生成随机数 $d_A \in [1, n-1]$。

3）计算 $P_A = [d_A]G = (x_A, y_A)$。

4）公钥为 P_A，私钥为 d_A。

（2）签名

1）使用私钥 d_A 对消息 M 签名，首先根据用户 A 的标识计算 $Z_A = H(ENTL_A \| ID_A \| a \| b \| x_G \| y_G \| x_A \| y_A)$。

2）计算 $e = H(Z_A \| M)$。

3）生成随机数 $k \in [1, n-1]$。

4）计算 $(x_1, y_1) = [k]G$。

5）计算 $r = e + x_1 \bmod n$，若 $r = 0$ 或 $r + k = n$，则重新选择随机数 k。

6）计算 $s = (1 + d_A)^{-1}(k - rd_A) \bmod n$，若 $s = 0$，则重新选择随机数 k。

7）输出签名 (r, s, M)。

（3）验签

1）使用公钥 P_A 验证签名 (r, s, M) 的正确性。

2）若 r、s 不满足 $0 < r < n$ 与 $0 < s < n$，或 $r + s = 0 \bmod n$，则签名无效。

3）计算 $Z_A = H(ENTL_A \parallel ID_A \parallel a \parallel b \parallel x_G \parallel y_G \parallel x_A \parallel y_A)$。

4）计算 $e = H(Z_A \parallel M)$。

5）计算 $(x_1, y_1) = [s]G + [r + s]P_A$。

6）计算 $R = (e + x_1) \bmod n$。

7）若 $R = r$，则验证通过；否则，签名错误。

2.6 消息鉴别码

2.6.1 消息鉴别码介绍

消息鉴别码（MAC，Message Authentication Code）是一种用于验证消息完整性和鉴别消息来源的技术。公开信道上传输消息，不仅需要对消息本身进行加密保护，还需要确认消息来源的真实性和完整性。MAC 技术正是为满足这一需求而提出的解决方案。通过消息的 MAC 值，接收者可以验证消息是否在传输过程中被篡改或伪造，并确保消息来源的真实性。MAC 技术在保障通信安全和防止数据篡改方面发挥着重要作用。

MAC 技术使用对称密码，通信双方需预先共享对称密钥 k。在消息传输过程中，发送方使用密钥 k 对消息进行计算，生成 MAC 值，然后将消息和对应的 MAC 值一同发送给接收方。接收方使用相同的密钥 k 来验证收到的 MAC 值的正确性。在攻击方没有掌握密钥 k 的情况下，任何对消息的伪造或篡改都会导致接收方无法通过验证，从而有效地保护了消息来源的真实性和完整性。这种方法确保了通信过程中的安全性，防止了未经授权的数据被修改或伪造。

一个 MAC 体制是满足下列条件的四元组 (M, C, K, A)，其中 M 是所有消息的集合；C 是所有 MAC 的集合；K 是密钥空间，对每个密钥 $k \in K$，对应一个 MAC 函数 $A_k \in A$，使得任意消息 $m \in M$；$A_k(m) \in C$。

2.6.2 基于分组密码的消息鉴别码

基于分组密码的 MAC 采用分组密码（如 SM4）作为底层函数来处理输入消息并生

成 MAC 值。基于分组密码的 MAC 算法包含如下 8 个步骤。

1）第 1 步：密钥诱导（可选）。

2）第 2 步：消息填充。

3）第 3 步：数据分割。

4）第 4 步：初始变换 I。

5）第 5 步：迭代应用分组密码。

6）第 6 步：最终迭代 F。

7）第 7 步：输出变换 g。

8）第 8 步：截断操作。

其中，第 4 步～第 8 步操作示意图如图 2-23 所示。

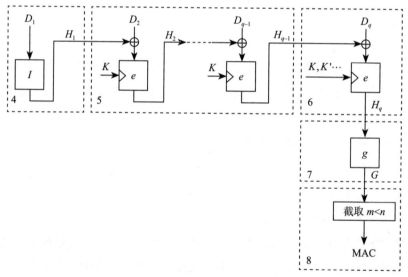

图 2-23　基于分组密码的 MAC 算法第 4 步～第 8 步操作示意图

GB/T 15852.1—2020 标准中规定的 8 种基于分组密码的 MAC 算法均采用上述模型，只是具体的操作略有不同。下面简要介绍其中的 CBC-MAC。

CBC-MAC 的实质是使用分组密码的 CBC 模式加密，将最后一块密文作为 MAC。对于给定密钥 k、消息 m、及分组密码 e、分组大小 L，CBC-MAC 算法具体过程如下。

1）对消息 m 填充，使填充后的消息大小为分组大小 L 的整数倍，并对填充后的消息 m' 按分组大小进行划分，记 $m' = D_1 \| D_2 \| \cdots \| D_n$，其中 D_i 的长度为 L。

2）记 $H_0 = 0 \cdots 0$ ，H_0 长度为 L 。

3）对 $i = 1$ 到 n ，计算 $H_i = e_k(D_i \oplus H_{i-1})$ 。

4）输出 H_q 。

注：根据需要截取 H_q 左侧 m 比特作为 MAC 值。填充方法会影响 CBC-MAC 的安全性。

2.6.3 基于专用杂凑函数的消息鉴别码

基于专用杂凑函数的 MAC 使用专用杂凑函数（如 SM3）来生成 MAC 值。对于任意长的消息生成一个定长的 MAC，首先使用杂凑函数将消息压缩为定长，然后使用 MAC 算法处理该定长消息以生成 MAC 值。以下简要介绍广泛使用的 HMAC 算法。

HMAC 算法需要两次调用杂凑函数 H 。对给定密钥 k 、消息 m 、杂凑函数 H ，杂凑函数 H 的轮函数输入的两个比特串中的第一个比特串的长度为 L （对于 SM3 算法，$L = 256$ ），HMAC 算法具体过程如下。

1）由密钥 k 诱导出密钥 k' ，其中，若密钥 k 的长度不大于 L ，则 $k' = k \| 0 \cdots 0$ ，即通过在 k 后面填充 0 使 k' 的长度为 L ；若密钥 k 的长度大于 L ，则 $k' = H(k)$ 。

2）计算 $HMAC(k,m) = H((k' \oplus opad) \| H((k' \oplus ipad) \| m))$ ，其中，内部填充 $ipad = 0x3636 \cdots 36$ ，外部填充 $opad = 0x5c5c \cdots 5c$ ，$ipad$ 与 $opad$ 的长度均为 L 。

注：根据需要截取 $HMAC(k,m)$ 左侧 m 比特作为 MAC 值。

2.6.4 基于泛杂凑函数的消息鉴别码

泛杂凑函数是一种由密钥确定的映射，用于将任意长度的比特串映射到定长比特串。它具有以下特点：对于所有不同的输入，在密钥均匀随机的前提下，发生碰撞的概率极小。相比专用杂凑函数，泛杂凑函数有着计算快、数学结论明确等优点。

GB/T 15852.3—2019 标准规定了 4 种基于泛杂凑函数的 MAC 机制。它们分别是 UMAC、Badger、Poly1305 与 GMAC。这些算法使用了一种加密算法（如分组密码算法、序列密码算法或伪随机生成算法）。当所使用的加密算法安全时，这些算法的安全性可得到保障。

泛杂凑函数为信息安全提供了一种可靠的保障，确保消息的完整性和真实性，在安全通信和数据传输中发挥着重要作用。

基于泛杂凑函数的 MAC 算法的输入信息为：主密钥 K、消息 M 和临时值 N。计算 MAC 值步骤如下。

1）密钥预处理：利用主密钥 K 生成一个杂凑密钥 K_H 和一个加密密钥 K_E，其中，在 UMAC 和 Badger 中还需输入临时值 N。

2）消息预处理：将输入的消息 M 编码为杂凑函数所需要的输入格式。

3）消息杂凑：编码后的消息在杂凑密钥 K_H 的控制下经一个泛杂凑函数进行杂凑，结果为一个长度固定且较短的杂凑值 H。

4）终止化操作：将杂凑值 H 在加密密钥 K_E 的控制下进行加密，结果即 MAC，其中，在 Poly1305 和 GMAC 中还需使用临时值 N 作为输入。

当使用同一个密钥鉴别不同消息时，鉴别每个消息应使用不同的临时值 N，否则，算法的安全性将严重降低。下面简要介绍常用的 GMAC 算法。

GMAC（Counter Mode Authentication Code）是一种使用分组大小为 128 比特的分组密码算法（例如 SM4）配合的 MAC 算法。MAC 的长度为 t 比特，其中 t 是 8 的倍数，并满足 $96 \leqslant t \leqslant 128$，在特定场合下，仍允许使用 $t = 32$ 和 $t = 64$，但需谨慎使用。使用 GMAC 算法时，输入的消息长度应小于或等于 2^{64} 个分组长度。GMAC 算法具体过程如下。

1）密钥预处理：输入主密钥 K，计算杂凑密钥 $K_H = Enc(K, 0^{128})$，加密密钥 $K_E = K$。

2）消息预处理：GMAC 无需对消息进行预处理。

3）消息杂凑：输入消息 M 与杂凑密钥 K_H，计算杂凑值 $H = GHASH(K_H, M, \{\})$。

4）终止化操作：输入杂凑值 H、加密密钥 K_E 和临时值 N，执行以下操作。

① 若 $bitlength = 96$，则令 $Y_0 = N \| 0^{31} \| 1$；否则，令 $Y_0 = GHASH(K_H, \{\}, N)$。

② 计算 $MAC' = H \oplus Enc(K_E, Y_0)$。

③ 截取 MAC' 左侧 t 比特作为 MAC 值输出。

其中，辅助函数 $GHASH$ 输入一个长度为 128 比特的分组 H 和两个任意长度的比特串 W 与 Z，输出一个长度为 128 比特的分组，计算过程如下。

1）计算满足 $bitlength(W) = 128(k-1) + u, 0 < u \leqslant 128$ 的唯一确定整数 k 和 u。

2）将 W 分解为长度为 128 比特的分组序列 $W_1, W_2, \cdots, W_k$，其中，W_k 包含 W 的最后 u 比特。

3）计算满足 $bitlength(Z) = 128(l-1) + v, 0 < v \leqslant 128$ 的唯一确定整数 l 和 v。

4）将 Z 分解为长度为 128 比特的分组序列 $Z_1, Z_2, \cdots, Z_v$，其中，Z_v 包含 Z 的最后 v

比特。

5）令 $X_0 = 0^{128}$ ，按如下方式递归计算长度为 128 比特的值 X_{k+l+1} ：

① $X_i = (X_{i-1} \oplus W_i) \cdot H$ ， $1 \leqslant i \leqslant k-1$ （若 $k \leqslant 1$ ，则略去该步骤）。

② $X_k = (X_{k-1} \oplus (W_K \| 0^{128-u})) \cdot H$ （若 $k = 0$ ，则略去该步骤）。

③ $X_i = (X_{i-1} \oplus Z_{i-k}) \cdot H$ ， $k+1 \leqslant i \leqslant k+l-1$ （若 $l \leqslant 1$ ，则略去该步骤）。

④ $X_{k+1} = (X_{k+l-1} \oplus (Z_l \| 0^{128-v})) \cdot H$ （若 $l = 0$ ，则略去该步骤）。

⑤ $X_{k+l+1} = (X_{k+l} \oplus str(bitlength(W),8) \| str(bitlength(Z),8)) \cdot H$ 。

⑥ 输出 X_{k+l+1} 。

其中， $str(x,8)$ 表示将数字 x 以比特串形式表示，并占 8 字节。

2.7 我国商用密码算法体系

商用密码是密码技术的重要组成部分，在维护国家安全和主权、促进经济发展、保护人民群众利益中发挥着不可替代的重要作用。密码算法作为商用密码技术的核心，受到国家密码管理局高度重视。党的十八大以来，商用密码实现了跨越式发展。在科技和产业发展方面，密码技术创新能力持续提升，形成了较完善的标准体系，构成了包含序列密码算法、对称密码算法、非对称密码算法、密码杂凑算法和标识密码算法等在内的完整的、自主研发的国产密码算法体系，对促进商用密码技术发展、保障我国信息安全发挥了巨大作用。

国家密码管理局已经发布了一系列标准，包括 GB/T 32918《信息安全技术 SM2 椭圆曲线公钥密码算法》、GB/T 32905—2016《信息安全技术 SM3 密码杂凑算法》、GB/T 32907—2016《信息安全技术 SM4 分组密码算法》、GB/T 38635《信息安全技术 SM9 标识密码算法》、GB/T 33133《信息安全技术 祖冲之序列密码算法》等。相关算法简介如下。

1）SM1 算法：一种分组密码算法，分组大小为 128 比特，密钥长度为 128 比特。

2）SM2 算法：一种椭圆曲线公钥密码算法，包含数字签名、密钥交换协议与公钥加密等。

3）SM3 算法：一种密码杂凑算法，输出长度为 256 比特。

4）SM4 算法：一种分组密码算法，分组大小为 128 比特，密钥长度为 128 比特。

5）SM7 算法：一种分组密码算法，分组大小为 128 比特，密钥长度为 128 比特。

6）SM9 算法：一种基于身份标识的非对称密码算法，包含数字签名、密钥交换协议、密钥封装机制与加密等。

7）祖冲之算法：一种序列密码算法，密钥长度和初始向量长度均为 128 比特，包含保密性算法和完整性算法。

这些标准涵盖了序列密码、分组密码、公钥密码、密码杂凑算法等多个领域，为商用密码技术的发展和应用提供了规范和指导，促进了密码技术的创新和应用，为保障信息安全、促进密码技术的创新和实际应用起到了重要作用。

2.7.1　祖冲之序列密码算法

祖冲之序列密码算法，简称 ZUC 算法，是我国自主研发的密码技术，主要应用于数据机密性和完整性保护等。ZUC 算法得名于古代著名数学家祖冲之，体现了我国在密码学领域的独立创新。

ZUC 算法初始密钥和初始向量均为 128 比特，每次产生 32 比特的密钥流。它由 3 个核心部分组成：线性反馈移位寄存器、比特重组和非线性函数 F。ZUC 算法独特地融合了模 $2^{31}-1$ 素域、模 2^{32} 域及模 2 高维向量空间的 3 种不同代数范畴的运算，并且采用线性驱动加有限状态自动机的经典流密码构造模型。公开文献表明，该算法具有很高的理论安全性，能够有效抵抗目前已知的攻击，具有较高的安全冗余。ZUC 算法的成功设计与标准国际化，提高了我国在移动通信领域的国际地位和影响力，对我国移动通信产业和商用密码产业发展具有重大而深远的意义。

目前，ZUC 算法主要用于通信领域。4G 入网检测已要求手机终端全部支持 ZUC 算法。针对 4G LTE/VoLTE 网络及窄带物联网 (NB-IoT) 的空口接入，中国移动要求全面支持 ZUC 算法，并以《中国移动 VoLTE 试点测试规范》和《中国移动窄带物联网安全规范》形式明确。此外，我国通信企业研制的智能加密移动终端、VoIP 语音加密系统及链路密码机等密码产品中也都率先支持了 ZUC 算法，为 ZUC 算法的进一步推广、应用打下坚实基础。

2.7.2　SM2 算法

20 世纪 80 年代，我国密码学者开始研究椭圆曲线密码，取得了丰富的研究成果。

2007 年，国家密码管理局组织密码专家成立专门的研究小组，开始起草我国自己的椭圆曲线公钥密码算法标准。历时 3 年，完成了 SM2 算法标准的制定。2010 年 12 月，国家密码管理局发布 SM2 算法。该算法主要包括 3 部分：数字签名算法、密钥协商算法和加密/解密算法。SM2 算法推荐使用素域为 256 比特的椭圆曲线。与 RSA 公钥密码算法相比，SM2 算法具有安全性高、密钥短、速度快等优势。

SM2 算法广泛应用于电子政务、移动办公、电子商务、移动支付、电子证书等领域。以《中华人民共和国电子签名法》为依据，各类应用数字签名/验签的旺盛需求，催生出一批支持 SM2 算法的高性能产品。在 PKI 领域，基于 SM2 算法的数字证书应用最具有代表性。尤其是自 2011 年国家密码管理局发布公钥密码算法升级工作通知以来，全国第三方电子认证服务机构（CA）均完成了支持 SM2 算法的系统新建或升级改造。工商银行、农业银行、建设银行、交通银行的系统，以及税务、海关、交通、教育等部门的电子认证服务系统也实现了对 SM2 算法的支持，有力地促进了 SM2 算法在相关领域的应用。

2.7.3　SM3 算法

SM3 算法可用于数字签名、完整性保护、安全认证、口令保护等领域。SM3 算法的消息分组长度为 512 比特，输出摘要长度为 256 比特。SM3 算法基于 MD 结构设计，与传统 MD 结构相比，SM3 算法新增了 16 步全异或操作、消息双字介入、加速雪崩效应的置换等多种技术，从而能够有效避免高概率的局部碰撞，有效抵抗差分攻击、线性攻击和比特追踪攻击等目前所有已知的密码攻击，具有较高的安全冗余。

当前，SM3 算法已经成为我国电子认证、网络安全通信、云计算与大数据安全等领域的基础性密码算法，广泛应用于安全芯片、安全终端、安全设备和应用系统等产品。在智能电网领域，SM3 算法在智能电表中保障电表安全、稳定运行。在金融系统中，银行磁条卡已更新为支持 SM3 算法的密码芯片卡，动态令牌也使用了 SM3 算法。SM3 算法也支持可信计算组织 (TCG) 发布的可信平台模块库规范（TPM2.0）。SM3 算法已经成为我国电子签名类密码系统、计算机安全登录系统、计算机安全通信系统、数字证书、网络安全基础设施、安全云计算平台与大数据等领域信息安全保障的基础技术。目前，支持 SM3 算法的商用密码产品已达 3000 款，包括安全芯片、终端设备和应用系统等多种类型。SM3 算法为促进商用密码发展、保障我国网络与信息安全发挥了巨大作用。

2.7.4 SM4 算法

SM4(原名 SMS4)是国家密码管理局发布的我国首个自主研究设计的通用密码算法。SM4 算法的分组大小为 128 比特，密钥长度为 128 比特，加密算法和密钥扩展算法都采用 32 轮非线性迭代结构，解密算法与加密算法相同，只是轮密钥的使用顺序相反。在密码指标性能方面，SM4 算法可以抵抗差分攻击、线性攻击、代数攻击等目前所有已知的密码攻击，具有计算速度快、实现效率高、安全性好等优点。

目前，SM4 算法广泛应用于无线局域网、金融、通信、云计算、物联网等领域。WAPI 芯片大多支持 SM4 算法。在金融交易和金融通信中，为了确保数据的机密性和完整性，SM4 算法被用于加密银行卡交易、智能密码钥匙和其他金融产品中的敏感信息。许多安全硬件（如安全芯片、HSM（硬件安全模块）和安全 USB key）都集成了 SM4 算法，以提供物理层面的数据保护。在数据存储和传输过程中，为了保护数据不被未经授权的访问，SM4 算法被用于云存储和大数据平台中的数据加密。随着 IoT 设备的增长，保护这些设备中的数据变得尤为重要。SM4 算法被用于加密 IoT 设备中的数据，以防数据被泄露或篡改。在多媒体内容的分发和存储中，SM4 算法被用于数字版权管理，确保版权内容不被非法复制或分发。一些软件和操作系统也集成了 SM4 算法，为用户提供文件和数据的加密服务，以增强数据安全性。SM4 算法以其高安全性和出色的加密效率的特点被广泛应用，已经成为保障数据机密性和完整性的关键技术。

2.7.5 SM9 算法

2016 年 3 月，国家密码管理局发布 SM9 算法。该算法包括数字签名、密钥交换协议和加密 / 解密。SM9 算法采用规模为 256 比特的椭圆曲线，以椭圆曲线上的双线性对为工具，使用用户标识生成公私钥对，实现无需证书管理的基于身份的密码体制。

SM9 算法在发布后受到广泛关注，已有厂商着手研制支持 SM9 算法的智能密码钥匙、标识密码机、密钥管理系统等系列基础产品，越来越多的应用单位也在基于 SM9 算法设计解决方案。可以预见的是，SM9 算法将会在更广阔的领域发挥优势，作为 PKI 技术的有益补充，应用前景十分可观。

2.8 新兴密码算法

2.8.1 量子密码

与安全性建立在计算复杂性理论基础上的密码学不同，量子密码的安全性建立在量子力学的海森堡不确定性原理和量子不可克隆原理上。量子密码的安全性与攻击者的计算能力无关。目前，量子密码的最主要的应用是量子密钥分发（QKD，Quantum Key Distribution）。QKD 利用了量子叠加态和量子纠缠等量子力学现象实现密钥的安全分发，能够抵抗量子计算攻击。QKD 的基本原理如下。

1）发送方 Alice 发送一系列量子比特（通常是光子）给接收方（通常称为 Bob）。

2）Bob 接收到量子比特后，使用量子测量来确定每个量子比特的状态。由于量子态会受到测量过程的干扰，任何窃听者（通常称为 Eve）都无法在不被探测到的情况下完整地获取量子比特的状态信息。

3）Alice 和 Bob 通过公开的经典信道交换量子比特的测量结果，并进行比对。在比对过程中，他们可以检测到是否有窃听者对量子比特进行了干扰。如果没有检测到干扰，他们可以使用经典算法来提取出一致的密钥。

QKD 利用了量子力学的性质，并且在传输过程中提供了安全性检测机制，可以实现安全的密钥分发，抵抗窃听者和破解者的攻击。QKD 在信息安全领域具有重要作用，可以用于保护敏感数据的传输和存储。

2.8.2 后量子密码

后量子密码（PQC，Post-Quantum Cryptography）是指能够抵御量子攻击的密码技术。随着量子计算技术的快速发展，以及 Shor 算法、Grover 算法的影响，传统的公钥密码算法（如 RSA、ECDSA 和 SM2 等）所依赖的整数分解和离散对数等困难问题将不再难解，因而这些算法将不再安全。为了抵御量子计算的威胁，人们提出基于目前量子计算机仍难以求解的困难问题设计新型密码算法。这些困难问题包括杂凑、编码、多变量、格和同源等领域的困难问题。这些新的密码算法旨在确保在量子时代仍能保障信息的安全性。

基于杂凑（Hash-based）的密码算法结合 Merkle 杂凑树等技术进行运算，主要用于生成数字签名，被视为传统数字签名算法（如 RSA、DSA、ECDSA 等）的可行替代技术之一。这些算法的安全性不依赖于数学问题的困难性假设，而是依赖于杂凑函数的安全性。如果所采用的杂凑算法被攻破，可以更新为更安全的杂凑算法，以确保签名算法的安全性。这类算法具有与现有硬件兼容（主要运算是杂凑运算）和相对较小的公私钥规模（公钥可以小于 128 字节，私钥可以使用 32 字节种子密钥派生）等优点，但签名长度较长。代表性的算法包括 Merkle 杂凑树签名、XMSS、HSS、LMS、SPHINCS 等。其中，XMSS 和 HSS 已经得到 CFRG 的认可，并分别被标准化为 RFC 8391 和 RFC 8554，而 XMSS、HSS 和 LMS 一起被 NIST 采纳为 SP 800-208 标准。

基于编码（Code-based）的密码算法利用纠错码构造单向函数，其安全性依赖于编码理论中的 Syndrome Decoding（SD）和 Learning Parity with Noise（LPN）等困难问题，可用于构建加密、数字签名和密钥交换等方案。这类方案效率较高，但公钥尺寸较大。目前，该技术路线主要用于构建加密，代表算法包括 McEliece 等。

基于多变量（Multivariate-based）的密码算法使用有限域上的多变量二次多项式组构建加密、签名和密钥交换等方案，其安全性依赖于求解多变量方程组的困难性。这类方案具有高运算效率，但公钥尺寸和签名尺寸较大。目前，该技术路线主要用于构建签名，代表算法包括 HFE、HFEv- 等。

基于格（Lattice-based）的密码算法利用格中的困难问题构建密码方案，可用于加密、数字签名和密钥交换等方案。这类方案具有计算速度快、通信开销小的优点，在安全性、公私钥尺寸和计算速度方面取得了良好的平衡，有望成为标准化的选择。其代表算法包括 NTRU 系列和 NewHope 等。

基于同源（Isogeny-based）的密码算法利用超奇异椭圆曲线同源问题构建加密和密钥交换等方案。这类方案具有较小的公私钥尺寸的优点，但运行效率较低。其代表性算法包括 SIKE 等。

2.8.3 同态加密

同态加密（HE，Homomorphic Encryption）允许在不解密的情况下直接对密文进行运算，而不需对密文先解密，且对密文运算结果解密所得明文正好为密文所对应明文的运算结果。同态加密可用于隐私数据的外部安全存储和计算，使得数据可以被加密并外包到商业云环境进行处理，同时保持机密性。

一个同态加密方案由以下 4 个算法构成。

- 密钥生成算法 $KeyGen(\lambda)$：输入安全参数 λ，输出密钥对 $k = (k_e, k_d) \in K$，其中，K 为密钥空间，k_e 为加密密钥，k_d 为解密密钥。

- 加密算法 $Enc(k_e, m)$：输入加密密钥 k_e 和消息 $m \in M$，输出密文 $c \in C$，其中，M、C 分别表示明文空间和密文空间。

- 解密算法 $Dec(k_d, c)$：输入解密密钥 k_d 与密文 c，输出解密结果。

- 密文运算算法 $Eval(c_1, \cdots, c_t)$：输入一组密文 $c_1, c_2, \cdots, c_t$，输出密文运算结果 $c = Eval(c_1, \cdots, c_t)$，其中 $c_i = Enc(k_e, m_i)$，且使用解密密钥 k_d 对 c 解密所得结果 $m = Dec(k_d, c)$ 与对每个 c_i 依次解密所得明文 $m_1, m_2, \cdots, m_t$ 执行相应运算后的结果相同。

同态加密按其能在密文上执行计算的能力不同，可分为以下类型。

- 部分同态加密：它允许对密文执行特定的操作，例如仅可执行加法或仅可执行乘法。

- 有限同态加密：除了可以执行特定的操作外，它还能执行另一种操作，但只能处理特定结构的电路。

- 分层全同态加密：它可以处理由多种类型的门组成的电路，但是电路的深度是预先确定和有限的。

- 全同态加密（FHE）：它是最为强大的同态加密形式，允许在密文上进行无限次数的任意计算。

电路的乘法深度是评估同态加密方案性能的关键指标。对于大多数同态加密方案，电路的乘法深度限制了其在加密数据上的计算能力。

同态加密技术不断发展，特别是全同态加密方案按其底层技术可以划分为几代。

（1）Pre-FHE

全同态加密方案的构建问题早在 1978 年就已提出，距离 RSA 方案的发布不到一年。之后 30 多年来，全同态加密解决方案的存在性一直不明确。在此期间，部分方案如下。

- RSA 密码体制：无限制的模乘法。

- ElGamal 密码体制：无限制的模乘法。

- Goldwasser-Micali 密码体制：无限制的异或操作。

- Benaloh 密码体制：无限制的模加法。

- Paillier 密码体制：无限制的模加法。

- Sander-Young-Yung 系统：支持对数深度电路计算。

- Boneh-Goh-Nissim 密码体系：无限制的加法操作，但最多只有一次乘法。

- Ishai-Paskin 密码体系：支持多项式大小的分支程序。

（2）第一代 FHE

2009 年，Gentry 取得突破性进展，基于理想格构造出首个全同态加密方案，摘取了"密码学圣杯"。同时，Gentry 设计了一种由有限同态方案构造全同态方案的方法——自举。自举是目前构造全同态方案的通用途径。自举过程可看作加密方案同态运行自己的解密算法，从而将噪声接近临界值的密文"刷新"成一个噪声很低的新密文，使密文可以进行新一轮的运算。Gentry 的全同态方案为现代密码学开创了一个新的研究方向，为在加密数据上进行安全计算提供了一个强大的工具。

随后，Dijk 等人在 2010 年提出了一个整数上的全同态加密方案。该方案使用了 Gentry 构造的许多工具，但不需要使用理想格，其安全性基于整数上的近似最大公因子问题和稀疏子集假设。该方案的优点主要是概念简单、易于理解，缺点是公钥尺寸略大。

（3）第二代 FHE

随着 Gentry 的全同态加密方案的提出，人们尝试基于环上带错误学习问题——R LWE 来构造全同态加密方案，并结合理想格的代数结构、快速运算等特性进行方案优化，最终取得巨大成功。

2011 年，Brakerski 与 Vaikuntanathan 等人基于 LWE 与 RLWE 分别提出两种全同态加密方案。其核心技术是使用密钥切换操作控制密文乘法的维数扩展、模切换操作控制噪声增长速度等。这些新技术的出现使得全同态加密方案无须压缩解密电路，也就不需要稀疏子集假设，使得这类方案的安全性完全基于 RLWE 的困难性。进一步，Brakerski 等人在 2012 年又提出了一个基于 LWE 的无模数转换的全同态加密方案。该方案不需要模切换操作管理噪声，也能够很好地控制噪声的增长。

与第一代 FHE 方案相比，第二代 FHE 方案无须压缩解密电路，不需要稀疏子集假设，在同态计算期间的噪声增长速度要慢得多。第二代 FHE 方案的效率与安全性都得到极大提升，但在同态计算时仍然需要计算密钥的辅助。

（4）第三代 FHE

第三代 FHE 方案的突破在于无须依赖计算密钥即可实现全同态加密。计算密钥作为私钥信息的一种加密形式，通常被视为公钥的一部分，但其庞大的尺寸一直是提升全同态加密效率的主要障碍。

2013 年，Gentry、Sahai 和 Waters 提出一种创新的全同态加密方案——GSW 方案。该方案利用近似特征向量技术，成功摆脱了对计算密钥的依赖。这一进步标志着第三代 FHE 方案的诞生，并掀起了全同态加密研究的一个新高潮。此后，研究者在自举算法的效率提升、多密钥全同态加密的实现、CCA1 安全的全同态加密方案构造，以及电路隐私保护等方面取得了显著的研究成果。

（5）第四代 FHE

2016 年，Jung Hee Cheon、Andrey Kim、Miran Kim 和 Yongsoo Song 提出了一种革命性的近似同态加密方案——CKKS 方案。CKKS 方案支持一种特殊的固定点算术（被称为"块浮点算术"），其允许在加密数据上直接进行多项式近似计算。CKKS 方案的一个关键特性是其高效的重新缩放操作，这一操作可以在乘法运算后自动调整加密消息的尺度，而无需额外的引导。这使得 CKKS 方案成为隐私保护机器学习应用的首选加密方案。然而，CKKS 方案也引入了近似误差，包括非确定性和确定性误差，这些误差在实际应用中需要通过特定的技术进行处理。

2020 年，Baiyu Li 和 Daniele Micciancio 发表了一篇论文，讨论了针对 CKKS 方案的被动攻击。研究表明，在解密结果被共享的情况下，传统的 IND-CPA 安全性定义可能不足以保证安全。该研究对 4 个同态加密库（HEAAN、SEAL、HElib 和 PALISADE）进行了测试，并发现在某些参数配置下，攻击者可能从解密结果中恢复出密钥。为了应对这些攻击，作者不仅提出了相应的缓解策略，还在论文中进行了负责任的披露，建议相关同态加密库在论文公开前采取相应的安全措施。此外，关于这些同态加密库中实施的缓解策略的详细信息也已经对外公布。

Chapter 3　第 3 章

密码协议

在现代密码学领域，密码协议扮演着至关重要的角色，用于确保消息在传输和处理过程中的安全性和完整性。本章将深入探讨多种密码协议的细节和应用，从基础的鉴别和密钥交换，到秘密共享和不经意传输等。此外，本章还将研究如何利用单向函数、对称密码和离散对数等技术来实现这些协议。鉴于对隐私保护的关注日益增加，本章还将介绍几种带有隐私保护功能的签名协议，包括群签名、盲签名和门限签名等。这些协议不仅保证了消息的安全，而且确保了用户的隐私权益。希望通过本章的学习，读者能够对密码协议有一个全面和深入的理解，并能够在实践中有效地应用这些协议。

3.1　密码协议基础

密码协议也称"安全协议"，是一组基于密码学的规则、流程和算法，旨在保护消息安全和确保通信过程的可靠性。密码协议的设计目标是抵抗通信过程中的各种攻击（如窃听、篡改、伪造、重放等），满足真实性、机密性、完整性、抗抵赖性等基本要求。

密码协议的设计和实现需要综合运用多种密码技术，包括但不限于对称加密、非对称加密、数字签名、消息认证码，以及杂凑函数等。这些技术共同作用，以确保数据传输和处理过程的安全性和可靠性。

在实际应用中，密码协议发挥着至关重要的作用，它们已经被广泛应用在互联网、物联网、移动通信等多个领域。根据应用场景的不同，密码协议可以划分为不同的类型。下面主要介绍鉴别协议、密钥交换协议、秘密共享协议、不经意传输协议、比特承诺协议和带隐私保护的签名协议。

3.2　鉴别协议

3.2.1　鉴别协议介绍

鉴别协议（Authentication Protocol）指在声称方与验证方之间定义的消息序列，使得验证方能够执行对声称方的鉴别，其中声称方指被鉴别的本体本身或者是代表本体的实体，验证方指要求鉴别其他实体身份的实体本身或其代表。实体鉴别指通过鉴别协议来证实一个实体就是所声称的实体。

实体鉴别机制主要有两种模型：一种模型是通过声称方与验证方的直接通信确认声称方身份，另一种模型是通过可信第三方来证实声称方身份。实体鉴别协议的选择基于系统的安全需求，主要包括以下几点。

- 是否抗重放攻击；
- 是否抗反射攻击；
- 是否抗暴力延迟；
- 单向或相互鉴别；
- 是否存在预设的秘密消息可以使用，或者是否需要可信第三方帮助建立共享秘密消息等。

实体鉴别机制的一般模型如图 3-1 所示。其中，TTP 表示可信第三方，即参与协议的相关实体均信任的安全机构或代理；A、B 表示两个实体，连线表示潜在的消息流，实体 A 与 B 可以直接交互消息，也可以通过 TTP 交互消息，以及单向发送消息等。

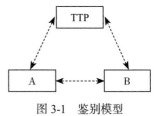

图 3-1　鉴别模型

实体鉴别需使用时变参数来确保消息的唯一性和时效性，以抵抗重放等攻击。常用的时变参数有时间戳、序号和随机数。其中，时间戳代表公共时间基准下的某一个时间点，通过验证时间差来控制时效性；序号取自在一定时期内不重复出现的特定序列，用于验证方检测消息是否重放，从而控制唯一性；随机数选自一个足够大的范围，使同一密钥重复的概率很小，第三方预测正确特定值的概率也很小。

实体鉴别协议可以大致分为单向实体鉴别协议和相互实体鉴别协议。单向实体鉴别协议是一种确保第二方身份得到证实的协议，并且该方在协议运行时是活跃的。相互实体鉴别协议是一种确保协议双方的身份得到证实并在协议运行时处于活动状态的协议，通过两次运行任意单边验证机制，可以获得相互验证。

实体鉴别常使用挑战 – 响应的方式完成鉴别。挑战（Challenge）指由验证方随机产生并发送给声称方的数据项，声称方用该数据项和其拥有的秘密消息产生一个响应发送给验证方。数据项通常被称为"令牌"（Token）。令牌指由与特定通信相关的数据字段构成的消息，包含经过密码技术变换后的消息。令牌中包含的文本字段依赖于具体的应用实例，文本字段可以包含附加的时变参数，例如，实体鉴别机制使用序号，那么在其令牌的文本字段中就包含时间戳，从而消息接收者可通过验证消息中的任何时间戳是否都在一个预先规定的时间窗口内来检测受迫延迟。

3.2.2 基于对称加密技术的鉴别协议

在本节的鉴别协议中，对于不涉及可信第三方的机制，实体 A 与实体 B 在开始具体运行鉴别机制之前需共享一个公共的秘密密钥 K_{AB}，或者两个单向秘密密钥 K_{AB} 和 K_{BA}。在后一种情况中，实体 A 总是使用单向密钥 K_{AB} 进行加密，实体 B 总是使用其进行解密；反过来，密钥 K_{BA} 的使用也类似。对于涉及可信第三方的机制，实体 A 与实体 B 通过可信第三方（用 TTP 表示）完成鉴别，其中实体 A 和 B 分别与 TTP 共享秘密密钥 K_{AP} 和 K_{BP}，并由一个实体向 TTP 申请密钥 K_{AB}，然后再采用与无可信第三方参与的鉴别机制中类似的方法实现鉴别。

1. UNI.TS——单次传递鉴别

这种鉴别机制由声称方 A 发起鉴别流程，并由验证方 B 进行鉴别。该鉴别机制通过生成和检查时间戳或序号来控制唯一性和时效性。鉴别机制如图 3-2 所示，协议如下。

1）A 产生并向 B 发送 $Token_{AB} = Text_2 \| e_{K_{AB}}(SID^1_{UNI.TS} \| TN_A \| I_B \| Text_1)$。

2）B 收到 $Token_{AB}$，解密并验证 SID。

注：$Token_{AB}$ 中的标识符 I_B 可选。$SID^1_{UNI.TS}$ 表示鉴别机制 UNI.TS 的标识符，TN_A 表示实体 A 产生的时变参数（时间戳或序号），I_A 表示 A 的标识符，$Text_1$、$Text_2$ 表示文本字段，后文相关符号类似。

图 3-2　鉴别机制 UNI.TS——单次传递鉴别

2. UNI.CR——两次传递鉴别

这种鉴别机制由验证方 B 启动鉴别流程，并对声称方 A 进行鉴别。该鉴别机制通过产生和检验随机数 R_B 来控制唯一性和时效性。鉴别机制如图 3-3 所示，协议如下。

1）B 产生一个随机数 R_B 并向 A 发送，且可选地发送一个文本字段 $Text_1$ 给 A。

2）A 产生并向 B 发送 $Token_{AB} = Text_3 \| e_{K_{AB}}(SID^1_{UNI.CR} \| R_B \| I_B \| Text_2)$。

3）B 收到 $Token_{AB}$，解密并验证 SID、I_B、R_B。

注：为了防止可能的选择明文攻击，实体 A 可在 $Text_2$ 中包含一个随机数 R_A，$Token_{AB}$ 中的标识符 I_B 是可选的。

图 3-3　鉴别机制 UNI.CR——两次传递鉴别

3. MUT.TS——两次传递鉴别

这种鉴别机制通过两次消息传递实现相互鉴别。该鉴别机制通过产生并校验时间戳或序号来控制唯一性和时效性。鉴别机制如图 3-4 所示，协议如下。

1）A 产生并向 B 发送 $Token_{AB} = Text_2 \| e_{K_{AB}}(SID^1_{MUT.TS} \| TN_A \| I_B \| Text_1)$。

2）B 收到 $Token_{AB}$，解密并验证 SID、I_B。

3）B 产生并向 A 发送 $Token_{BA} = Text_4 \| e_{K_{AB}}(SID^2_{MUT.TS} \| TN_A \| TN_B \| I_A \| Text_3)$。

4）A 收到 $Token_{BA}$，解密并验证 SID、I_A、TN_A。

注：$Token_{AB}$ 中的标识符 I_B 及 $Token_{BA}$ 中的标识符 I_A 是可选的。如果使用单向密钥，$Token_{BA}$ 中的密钥使用 K_{BA} 代替，并在步骤 4）中使用对应的密钥。

图 3-4 鉴别机制 MUT.TS——两次传递鉴别

4.MUT.CR——三次传递鉴别

这种鉴别机制通过三次消息传递实现相互鉴别。该鉴别机制通过产生并校验随机数来控制唯一性和时效性。鉴别机制如图 3-5 所示，协议如下。

1）B 产生一个随机数 R_B 并向 A 发送，且可选地发送一个文本字段 $Text_1$ 给 A。

2）A 产生一个随机数 R_A，并向 B 发送 $Token_{AB} = Text_3 \| e_{K_{AB}}(SID^1_{MUT.CR} \| R_A \| R_B \| I_B \| Text_2)$。

3）B 收到 $Token_{AB}$，解密并验证 SID、I_B、R_B。

4）B 产生并向 A 发送 $Token_{BA} = Text_5 \| e_{K_{AB}}(SID^2_{MUT.CR} \| R_A \| I_A \| Text_4)$。

5）A 收到 $Token_{BA}$，解密并验证 SID、R_A。

注：$Token_{AB}$ 中的标识符 I_B 是可选的。如果使用单向密钥，$Token_{BA}$ 中的密钥使用 K_{BA} 代替，并在步骤 5）中使用对应的密钥。

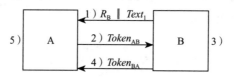

图 3-5 鉴别机制 MUT.CR——三次传递鉴别

5. TP.TS——四次传递鉴别

在这种鉴别机制中，实体 A 与实体 B 分别与可信第三方 TTP 共享秘密密钥，通过可信第三方的辅助实现双向鉴别或实体 B 对实体 A 的单向鉴别。该鉴别机制通过产生由时间戳或序号构成的时变参数来控制唯一性和时效性。鉴别机制如图 3-6 所示，协议如下。

1）A 产生并向 P 发送一个时变参数 TVP_A、标识符 I_B 与可选的文本字段 $Text_1$。

2）P 生成随机密钥 K_{AB}，产生并向 A 发送 $Token_{PA} = Text_4 \| e_{K_{AP}}(SID^1_{TP.TS} \| TVP_A \| K_{AB} \| I_B \| Text_3) \| e_{K_{BP}}(SID^2_{TP.TS} \| TN_P \| K_{AB} \| I_A \| Text_2)$。

3）A 收到 $Token_{PA}$，解密使用 K_{AP} 加密的字段并验证 $SID^1_{TP.TS}$、I_B、TVP_A，提取秘密密钥 K_{AB}，然后根据 $Token_{PA}$ 构造 $Token_{AB} = Text_6 \| e_{K_{BP}}(SID^2_{TP.TS} \| TN_P \| K_{AB} \| I_A \| Text_2) \| e_{K_{AB}}$

$(SID_{\mathrm{TP.TS}}^{3} \| TN_{\mathrm{A}} \| Text_{5})$。

4）A 向 B 发送 $Token_{\mathrm{AB}}$。

5）B 收到 $Token_{\mathrm{AB}}$，解密使用 K_{BP} 加密的字段并验证 $SID_{\mathrm{TP.TS}}^{2}$、I_{A}、TN_{P}，提取密钥 K_{AB}。

6）B 产生并向 A 发送 $Token_{\mathrm{BA}} = Text_{8} \| e_{K_{\mathrm{AB}}}(SID_{\mathrm{TP.TS}}^{4} \| TN_{\mathrm{B}} \| Text_{7})$。

7）A 收到 $Token_{\mathrm{BA}}$，解密并验证 SID、TN_{B}。

注：在本机制中，选择时间戳还是序号取决于相关实体的技术能力和环境，如果只要求 B 对 A 单向鉴别，步骤 6）和 7）可省去。

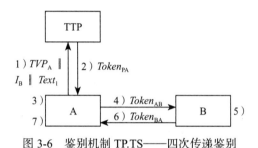

图 3-6 鉴别机制 TP.TS——四次传递鉴别

6. TP.CR——五次传递鉴别

在这种鉴别机制中，实体 A 与实体 B 分别与可信第三方 TTP 共享秘密密钥，通过可信第三方的辅助实现双向鉴别或实体 B 对实体 A 的单向鉴别。该鉴别机制通过产生和检验随机数来控制唯一性和时效性。鉴别机制如图 3-7 所示，协议如下。

1）B 产生并向 A 发送一个随机数 R_{B}，可选地发送一个文本字段 $Text_{1}$。

2）A 生成随机数 R_{A}，并向 TTP 发送 R_{A}、R_{B}、I_{B}，以及可选地发送一个文本字段 $Text_{2}$。

3）TTP 生成随机密钥 K_{AB}，产生并向 A 发送 $Token_{\mathrm{PA}} = Text_{5} \| e_{K_{\mathrm{AP}}}(SID_{\mathrm{TP.CR}}^{1} \| R_{\mathrm{A}} \| K_{\mathrm{AB}} \| I_{\mathrm{B}} \| Text_{4}) \| e_{K_{\mathrm{BP}}}(SID_{\mathrm{TP.CR}}^{2} \| R_{\mathrm{B}} \| K_{\mathrm{AB}} \| I_{\mathrm{A}} \| Text_{3})$。

4）A 收到 $Token_{\mathrm{PA}}$，解密使用 K_{AP} 加密的字段并验证 $SID_{\mathrm{TP.CR}}^{1}$、R_{A}、I_{B}，提取秘密密钥 K_{AB}，然后生成第二个随机数 R_{A}'，并根据 $Token_{\mathrm{PA}}$ 构造 $Token_{\mathrm{AB}} = Text_{7} \| e_{K_{\mathrm{BP}}}(SID_{\mathrm{TP.CR}}^{2} \| R_{\mathrm{B}} \| K_{\mathrm{AB}} \| I_{\mathrm{A}} \| Text_{3}) \| e_{K_{\mathrm{AB}}}(SID_{\mathrm{TP.CR}}^{3} \| R_{\mathrm{A}}' \| R_{\mathrm{B}} \| Text_{6})$。

5）A 向 B 发送 $Token_{\mathrm{AB}}$。

6）B 收到 $Token_{\mathrm{AB}}$，解密使用 K_{BP} 加密的字段并验证 $SID_{\mathrm{TP.CR}}^{2}$、I_{A}、R_{B}，提取密钥 K_{AB}。

7）B 产生并向 A 发送 $Token_{\mathrm{BA}} = Text_{9} \| e_{K_{\mathrm{AB}}}(SID_{\mathrm{TP.CR}}^{4} \| R_{\mathrm{A}}' \| Text_{8})$。

8）A 收到 $Token_{BA}$，解密并验证 $SID_{TP.CR}^{4}$、R_{A}^{1}。

注：如果只要求 B 对 A 单向鉴别，步骤 7）和 8）可省去。

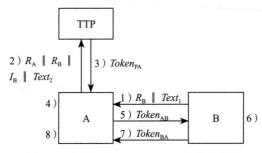

图 3-7　鉴别机制 TP.CR——五次传递鉴别

3.2.3　基于数字签名技术的鉴别协议

在本节的鉴别协议中，待鉴别的实体通过表明其拥有某个私有签名密钥来证实自己的身份，这由实体使用其私有签名对特定数据进行签名来完成。该签名能够由拥有该实体的公开密钥的任何实体进行验证。

基于数字签名技术的鉴别协议生成的令牌的形式如下：

$$Token = X_1 \| \cdots \| X_i \| sS_A(Y_1 \| \cdots \| Y_j)$$

其中，"$Y_1 \| \cdots \| Y_j$"表示"被签名数据"，用作数字签名机制的输入；"$X_1 \| \cdots \| X_i$"表示"未被签名数据"。如果令牌中"被签名数据"包含的信息可以从签名中恢复或验证方已经拥有该"被签名数据"，则在发送给声称方的令牌中不需要包含该信息。当使用不带消息恢复的数字签名机制时，在相应的签名之前将"被签名数据"加入"未被签名数据"。若接收方拥有部分"被签名数据"，则这部分数据可从"未被签名数据"中删除。

1. UNI.TS——单次传递鉴别

这种鉴别机制由声称方 A 发起鉴别流程，并由验证方 B 对 A 进行鉴别。该鉴别机制通过生成和检查时间戳或序号来控制唯一性和时效性。鉴别机制如图 3-8 所示，协议如下。

1）A 产生并向 B 发送 $Token_{AB} = Text_2 \| sS_A(SID_{UNI.TS}^{1} \| T_A / N_A \| I_B \| Text_1)$，并可选地向 B 发送标识符 I_A。

2）B 收到 $Token_{AB}$，执行以下步骤。

① 若收到 A 的标识符 I_A，通过验证 A 的证书或将其与所存储的可信实体列表进

行匹配，或检查接收到的标识是否与自己的标识一致，以确定实体 A 是否可信。在许多应用中，实体针对自身进行鉴别被视为安全问题。

② 确认拥有 A 的有效公开密钥。

③ 通过检验 $Token_{AB}$ 中包含的 A 的签名，检查其中的 SID、时间戳或序列号，以及签名数据中 I_B 的值是否等于实体 B 的可区分标识符来验证 $Token_{AB}$。

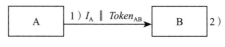

图 3-8 鉴别机制 UNI.TS——单次传递鉴别

2. MUT.TS——两次传递鉴别

该鉴别机制由 A 发起鉴别流程，通过两次消息传递实现 A 与 B 之间的相互鉴别。其唯一性和时效性通过生成和检查时间戳或序号来控制。鉴别机制如图 3-9 所示，协议如下。

1）A 产生并向 B 发送 $Token_{AB} = Text_2 \| sS_A(SID^1_{MUT.TS} \| T_A / N_A \| I_B \| Text_1)$，且可选地向 B 发送 A 的标识符 I_A。

2）B 收到 $Token_{AB}$，执行以下步骤。

① 若收到 A 的标识符 I_A，通过验证 A 的证书或将其与所存储的可信实体列表进行匹配，或检查接收到的标识是否与自己的标识一致，以确定实体 A 是否可信。在许多应用中，实体针对自身进行鉴别被视为安全问题。

② 确认拥有 A 的有效公开密钥。

③ 通过检验 $Token_{AB}$ 中包含的 A 的签名，检查 SID、时间戳或序列号，以及签名数据中 I_B 的值是否等于实体 B 的标识符来验证 $Token_{AB}$。

3）B 产生并向 A 发送 $Token_{BA} = Text_4 \| sS_B(SID^2_{MUT.TS} \| T_B / N_B \| T_A / N_A \| I_A \| Text_3)$，并可选地向 A 发送标识符 I_B。

4）A 收到 $Token_{BA}$，执行以下步骤。

① 若收到 B 的标识符 I_B，通过验证 B 的证书或将其与所存储的可信实体列表进行匹配，或检查接收到的标识是否与自己的标识一致，以确定实体 B 是否可信。在许多应用中，实体针对自身进行鉴别被视为安全问题。

② 确认接收到的标识符 I_B 与 $Token_{AB}$ 中的标识字段 I_B 是否相符。

③ 确认拥有 B 的有效公开密钥。

④ 通过检验 $Token_{BA}$ 中包含的 B 的签名，检查 SID、时间戳或序列号，以及签名数据中 I_A 的值是否等于实体 A 的标识符来验证 $Token_{BA}$。

⑤ 检验 $Token_{BA}$ 中的 T_A / N_A 是否与步骤 1）发送 $Token_{AB}$ 中的 T_A / N_A 相同。

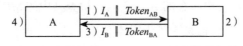

图 3-9 鉴别机制 MUT.TS——两次传递鉴别

3. MUT.CR——三次传递鉴别

该鉴别机制由 B 发起鉴别流程，通过三次消息传递实现 A 与 B 之间的相互鉴别。其唯一性和时效性通过随机数来控制。鉴别机制如图 3-10 所示，协议如下。

1）B 产生并向 A 发送一个随机数 R_B，且可选地发送一个字段 $Text_1$。

2）A 产生随机数 R_A，并向 B 发送 $Token_{AB} = Text_3 \| sS_A(SID^1_{MUT.CR} \| R_A \| R_B \| I_B \| Text_2)$，可选地向 B 发送标识符 I_A。

3）B 收到 $Token_{AB}$，执行以下步骤。

① 若收到 A 的标识符 I_A，通过验证 A 的证书或将其与所存储的可信实体列表进行匹配，或检查接收到的标识是否与自己的标识一致，以确定实体 A 是否可信。在许多应用中，实体针对自身进行鉴别被视为安全问题。

② 确认拥有 A 的有效公开密钥。

③ 通过检验 $Token_{AB}$ 中包含的 A 的签名，检查 SID、随机数 R_B，以及签名数据中 I_B 的值是否等于实体 B 的标识符来验证 $Token_{AB}$。

4）B 产生随机数 R'_B，并向 A 发送 $Token_{BA} = Text_5 \| sS_B(SID^2_{MUT.CR} \| R'_B \| R_A \| I_A \| Text_4)$，且可选地向 A 发送标识符 I_B。

5）A 收到 $Token_{BA}$，执行以下步骤。

① 若收到 B 的标识符 I_B，通过验证 B 的证书或将其与所存储的可信实体列表进行匹配，或检查接收到的标识是否与自己的标识一致，以确定实体 B 是否可信。在许多应用中，实体针对自身进行鉴别被视为安全问题。

② 确认接收到的标识符 I_B 与 $Token_{AB}$ 中的标识字段 I_B 是否相符。

③ 确认拥有 B 的有效公开密钥。

④ 通过检验 $Token_{BA}$ 中包含的 B 的签名，检查 SID、R_A，以及签名数据中 I_A 的

值是否等于实体 A 的标识符来验证 $Token_{BA}$。

⑤ 检验 $Token_{BA}$ 中的 T_A / N_A 是否与步骤 1）发送 $Token_{AB}$ 中的 T_A / N_A 相同。

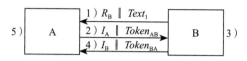

图 3-10　鉴别机制 MUT.CR——三次传递鉴别

4. MUT.CR.par——两次传递并行鉴别

在这种鉴别机制中，鉴别是并行进行的，通过两次并行消息传递实现相互鉴别。其唯一性和时效性通过随机数来控制。鉴别机制如图 3-11 所示，协议如下。

1）A 产生并向 B 发送一个随机数 R_A，且可选地发送标识符 I_A 和一个字段 $Text_1$。

1'）B 产生并向 A 发送一个随机数 R_B，且可选地发送标识符 I_B 和一个字段 $Text_2$。

2）A 和 B 分别执行以下步骤。

　　① 若收到对方的标识符，通过验证对方的证书或将其与所存储的可信实体列表进行匹配，或检查接收到的标识是否与自己的标识一致，以确定对方是否可信。在许多应用中，实体针对自身进行鉴别被视为安全问题。

　　② 确认拥有对方的有效公开密钥。

3）B 向 A 发送 $Token_{BA} = Text_6 \parallel sS_B(SID^2_{\text{MUT.CR.par}} \parallel R_B \parallel R_A \parallel I_A \parallel Text_5)$。

3'）A 向 B 发送 $Token_{AB} = Text_4 \parallel sS_A(SID^1_{\text{MUT.CR.par}} \parallel R_A \parallel R_B \parallel I_B \parallel Text_3)$。

4）A 和 B 分别执行以下步骤。

　　①通过验证签名与检查 SID 来验证所接收到的令牌。

　　②检查之前发送的随机数是否与令牌中被签名数据的第一个随机数相同。

　　③检查之前接收的随机数是否与令牌中被签名数据的第二个随机数相同。

　　④检查令牌中的被签名数据中的标识符是否与自己的标识符相同。

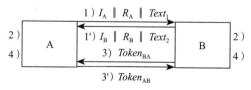

图 3-11　鉴别机制 MUT.CR.par——两次传递并行鉴别

5. TP.UNI.1——四次传递鉴别

这种鉴别机制由声称方 A 发起鉴别流程，并由验证方 B 对 A 进行鉴别，可信第三方 TTP 参与鉴别流程，TTP 能够验证实体 B 的公开密钥，实体 A 拥有 TTP 的公开密钥。鉴别机制如图 3-12 所示，协议如下。

1）A 产生并向 B 发送一个随机数 R_A，且可选地发送一个字段 $Text_1$。

2）B 产生并向 A 发送 $Token_{BA} = Text_2 \| M \| sS_B(SID^1_{TP.UNI.1} \| R_B \| R_A \| I_A \| Text_3)$。

3）A 产生随机数 R'_A，并向 TP 发送 R'_A 与 I_B，可选地发送字段 $Text_4$。

4）TTP 收到步骤 3）中 A 发送的消息后，根据 I_B 提取 P_B 或 $Cert_B$。

5）TTP 产生并向 A 发送 $Token_{TA} = Text_5 \| M \| sS_T(SID^2_{TP.UNI.1} \| R'_A \| Res_B \| Text_6)$，其中 Res_B 字段表示 B 的证书及其状态，或表示 B 的可区分标识符及其公开密钥，或表示失败标识。

6）A 收到步骤 5）中 TTP 发送的消息后，执行以下操作。

① 通过检验 $Token_{TA}$ 中的签名，检查 SID、随机数 R'_A、Res_B，或检查接收到的标识是否与自己的标识一致来验证 $Token_{TA}$。但在许多应用中，实体针对自身进行鉴别被视为安全问题。

② 提取 B 的公开密钥，通过校验在步骤 2）中收到的 B 的签名，检查 SID、I_A、R_A 来验证 $Token_{BA}$。

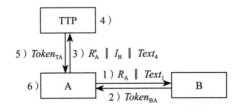

图 3-12 鉴别机制 TP.UNI.1——四次传递鉴别

6. TP.UNI.2——四次传递鉴别

这种鉴别机制由验证方 B 发起鉴别流程，实现对 A 的鉴别，可信第三方 TTP 参与鉴别流程，TTP 能够验证实体 A 的公开密钥，实体 B 拥有 TTP 的公开密钥。鉴别机制如图 3-13 所示，协议如下。

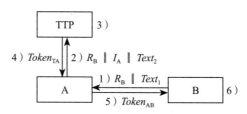

图 3-13 鉴别机制 TP.UNI.2——四次传递鉴别

1）B 产生并向 A 发送一个随机数 R_B，且可选地发送一个字段 $Text_1$。

2）A 向 TTP 发送 R_B 与 I_A，可选地发送字段 $Text_2$。

3）TTP 收到步骤 2）中 A 发送的消息后，根据 I_A 提取 P_A 或 $Cert_A$。

4）TTP 产生并向 A 发送 $Token_{TA} = Text_3 \| M \| sS_T(SID^1_{TP.UNI.2} \| R_B \| Res_A \| Text_4)$，其中 Res_A 字段表示 A 的证书及其状态，或表示 A 的可区分标识符及其公开密钥，或表示失败标识。

5）A 产生并向 B 发送 $Token_{AB} = Text_5 \| M \| Token_{TA} \| sS_A(SID^2_{TP.UNI.2} \| R_A \| R_B \| I_B \| Text_6)$。

6）B 收到步骤 5）中 A 发送的消息后，执行以下操作。

① 通过检验 $Token_{TA}$ 中 TTP 的签名，检查 SID、随机数 R_B、Res_A，或检查接收到的标识是否与自己的标识一致来验证 $Token_{TA}$。但在许多应用中，实体针对自身进行鉴别被视为安全问题。

② 提取 A 的公开密钥，通过校验 A 的签名，检查 SID、I_B、R_B 来验证 $Token_{AB}$。

7. TP.MUT.1——五次传递鉴别

这种鉴别机制由 A 发起鉴别流程，实现双向鉴别，可信第三方 TTP 参与鉴别流程，TTP 能够验证实体 A、B 的公开密钥，通过产生和检查随机数来控制唯一性与时效性。鉴别机制如图 3-14 所示，协议如下。

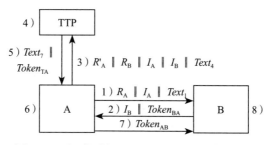

图 3-14 鉴别机制 TP.MUT.1——五次传递鉴别

1）A 产生并向 B 发送一个随机数 R_A、标识符 I_A，可选地发送一个字段 $Text_1$。

2）B 产生并向 A 发送 $Token_{BA} = Text_3 \| sS_B(SID^1_{TP.MUT.1-1} \| I_B \| R_A \| R_B \| I_A \| Text_2)$，以及 I_B。[可选的，$Token_{BA}$ 可如下构造：$Token_{BA} = Text_3 \| sS_B(SID^1_{TP.MUT.1-2} \| I_B \| R_A \| R_B \| I_A \| Text_2)$。]

3）A 向 TTP 发送 R'_A、R_B、I_A、I_B，以及可选字段 $Text_4$。

4）TTP 收到步骤 3）中 A 发送的消息后，根据 I_A 与 I_B 提取 P_A 与 P_B，或 $Cert_A$ 与 $Cert_B$。

5）TTP 产生并向 A 发送 $Token_{TA} = sS_T(SID^2_{TP.MUT.1-1} \| R'_A \| Res_B \| Text_6) \| sS_T(SID^3_{TP.MUT.1-1} \| R_B \| Res_A \| Text_5)$，其中 Res_A 与 Res_B 字段分别表示 A 和 B 的证书及其状态，或表示 A 和 B 的可区分标识符及其公开密钥，或表示失败标识。[可选的，$Token_{TA}$ 可如下构造：$Token_{TA} = sS_T(SID^2_{TP.MUT.1-2} \| R'_A \| R_B \| Res_A \| Res_B \| Text_5)$。]

6）A 收到步骤 5）中 TTP 发送的消息后，执行以下操作。

① 通过检验 $Token_{TA}$ 中 TTP 的签名，检查 SID、随机数 R'_A、包含 Res_A 的签名（若检查不包含 Res_A 的签名，则检查 R_B），或检查接收到的标识是否与自己的标识一致来验证 $Token_{TA}$。但在许多应用中，实体针对自身进行鉴别被视为安全问题。

② 提取 B 的公开密钥，检查步骤 2）中收到的 $Token$ 中的签名，检查 SID、I_A、R_A 来验证 $Token_{BA}$。

7）A 产生并向 B 发送 $Token_{AB} = Text_9 \| sS_T(SID^3_{TP.MUT.1-1} \| R_B \| Res_A \| Text_5) \| sS_A(SID^4_{TP.MUT.1-1} \| R_B \| R'_A \| I_B \| I_A \| Text_8)$。[可选的，$Token_{AB}$ 可如下构造：$Token_{AB} = Text_9 \| Token_{TA} \| sS_A(SID^3_{TP.MUT.1-2} \| R_B \| R'_A \| I_B \| I_A \| Text_8)$。]

8）B 收到步骤 7）中 A 发送的消息后，执行以下操作。

① 通过检验包含在 $Token_{TA}$ 或 $Token_{AB}$ 中 TTP 的签名，检查 SID、随机数 R_B，或检查接收到的标识是否与自己的标识一致来验证 $Token_{TA}$。但在许多应用中，实体针对自身进行鉴别被视为安全问题。

② 提取 A 的公开密钥，检查 SID、I_B、R_B 来验证 $Token_{AB}$。

8. TP.MUT.2——五次传递鉴别

这种鉴别机制由 B 发起鉴别流程，实现双向鉴别，可信第三方 TTP 参与鉴别流程，TTP 能够验证实体 A、B 的公开密钥，通过产生和检查随机数来控制唯一性与时效性。鉴别机制如图 3-15 所示，协议如下。

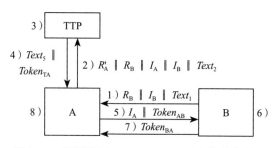

图 3-15　鉴别机制 TP.MUT.2——五次传递鉴别

1）B 产生并向 A 发送一个随机数 R_B、标识符 I_B，可选地发送一个字段 $Text_1$。

2）A 向 TTP 发送 R'_A、R_B、I_A、I_B，以及可选字段 $Text_2$。

3）TTP 收到步骤 2）中 A 发送的消息后，根据 I_A 与 I_B 提取 P_A 与 P_B，或 $Cert_A$ 与 $Cert_B$。

4）TTP 产生并向 A 发送 $Token_{TA} = sS_T(SID^2_{TP.MUT.2-1} \| R'_A \| Res_B \| Text_4) \| sS_T(SID^2_{TP.MUT.2-1}$ $\| R_B \| Res_A \| Text_3)$，以及可选字段 $Text_5$，其中 Res_A 与 Res_B 字段分别表示 A 和 B 的证书及其状态，或表示 A 和 B 的可区分标识符及其公开密钥，或表示失败标识。[可选的，$Token_{TA}$ 可如下构造：$Token_{TA} = sS_T(SID^1_{TP.MUT.2-2} \| R'_A \| R_B \| Res_A \| Res_B \| Text_3)$。]

5）A 产生并向 B 发送 $Token_{AB} = Text_7 \| sS_T(SID^2_{TP.MUT.2-1} \| R_B \| Res_A \| Text_3) \| sS_A(SID^3_{TP.MUT.2-1}$ $\| R_B \| R_A \| I_B \| I_A \| Text_6)$，以及 I_A。[可选的 $Token_{AB}$ 可如下构造：$Token_{AB} = Text_7 \|$ $Token_{TA} \| sS_A(SID^2_{TP.MUT.2-2} \| R_B \| R_A \| I_B \| I_A \| Text_6)$。]

6）B 收到步骤 5）中 A 发送的消息后，执行以下操作。

　① 通过检验 $Token_{AB}$ 中 TTP 的签名，检查 SID、随机数 R_B，或检查接收到的标识是否与自己的标识一致来验证 $Token_{AB}$。但在许多应用中，实体针对自身进行鉴别被视为安全问题。

　② 提取 A 的公开密钥，验证 $Token_{AB}$ 中 A 的签名，检查 SID、I_B、R_B 来验证 $Token_{AB}$。

7）B 产生并向 A 发送 $Token_{BA} = Text_9 \| sS_B(SID^4_{TP.MUT.2-1} \| I_A \| R_A \| R'_B \| I_B \| Text_8)$。[可选的 $Token_{BA}$ 可如下构造：$Token_{BA} = Text_9 \| sS_B(SID^3_{TP.MUT.2-2} \| R_A \| R'_B \| I_A \| I_B \| Text_8)$。]

8）A 收到步骤 7）中 B 发送的消息后，执行以下操作。

　① 通过检验包含在 $Token_{TA}$ 或 $Token_{AB}$ 中 TTP 的签名，检查随机数 R'_A、包含 Res_B 的签名（若检查不包含 Res_B 的签名，则检查 R_A），或检查接收到的标识是否与

自己的标识一致来验证 $Token_{TA}$。但在许多应用中，实体针对自身进行鉴别被视为安全问题。

② 提取 B 的公开密钥，通过检验 $Token_{BA}$ 中 B 的签名，检查 I_A、R_A 来验证 $Token_{BA}$。

9. TP.MUT.3——七次传递鉴别

这种鉴别机制由 B 发起鉴别流程，有 7 条消息传递，使用两个可信第三方 TTP_A 与 TTP_B 参与鉴别流程，最终实现相互鉴别。该鉴别机制通过产生和检查随机数来控制唯一性与时效性。其中，A 信任 TTP_A，且具有 TTP_A 的公开密钥；B 信任 TTP_B，且具有 TTP_B 的公开密钥；TTP_A 与 TTP_B 相互信任，且相互有对方的公开密钥。鉴别机制如图 3-16 所示，协议如下。

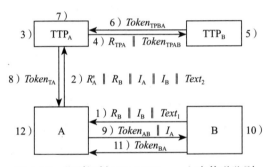

图 3-16 鉴别机制 TP.MUT.3——七次传递鉴别

1) B 产生并向 A 发送一个随机数 R_B、标识符 I_B，可选地发送一个字段 $Text_1$。

2) A 向 TTP_A 发送 R'_A、R_B、I_A、I_B，以及可选字段 $Text_2$。

3) TTP_A 收到步骤 2) 中 A 发送的消息后，根据 I_A 与 I_B 提取 P_A 与 P_B，或 $Cert_A$ 与 $Cert_B$。

4) TTP_A 产生并向 TTP_B 发送 $Token_{TPAB} = M \parallel sS_{TPA}(SID^1_{TP.MUT.3} \parallel Res_A \parallel I_B \parallel R_B \parallel Text_3)$。

5) TTP_B 收到 TTP_A 发送的消息后，执行以下步骤。

① 检验 $Token_{TPAB}$ 中 TTP_A 的签名。

② 根据 I_B 提取 P_B 或 $Cert_B$。

6) TTP_B 产生并向 TTP_A 发送 $Token_{TPBA} = M \parallel sS_{TPB}(SID^2_{TP.MUT.3} \parallel Res_A \parallel R_B \parallel Text_4) \parallel sS_{TPB}(SID^3_{TP.MUT.3} \parallel Res_B \parallel R_{TPA} \parallel Text_5)$。

7) TTP_A 收到 TTP_B 发送的消息后，验证 TTP_B 的签名并检查 R_{TPA}，以验证 $Token_{TPBA}$。

8) TTP_A 产生并向 A 发送 $Token_{TA} = M \parallel sS_{TPA}(SID^4_{TP.MUT.3} \parallel Res_B \parallel R'_A \parallel Text_6) \parallel sS_{TPB}$

$(SID_{TP.MUT.3}^2 \| Res_A \| R_B \| Text_4)$。其中，$Res_A$ 与 Res_B 字段分别表示 A 和 B 的证书及其状态，或表示 A 和 B 的可区分标识符及其公开密钥，或表示失败标识。

9）A 产生并向 B 发送 $Token_{AB} = M \| sS_{TPB}(SID_{TP.MUT.3}^2 \| Res_A \| R_B \| Text_4) \| sS_A$ $(SID_{TP.MUT.3}^5 \| R_B \| R_A \| I_B \| I_A \| Text_7)$，以及 I_A。

10）B 收到步骤 9）中 A 发送的消息后，执行以下操作。

① 检验 $Token_{AB}$ 中 TTP_B 的签名，检查其中的随机数 R_B 是否与之前发送的随机数一致；也可以检查接收到的标识是否与自己的标识一致。但在许多应用中，实体针对自身进行鉴别被视为安全问题。

②提取 A 的公开密钥，检验 $Token_{AB}$ 中 A 的签名，检查 I_B、R_B 来验证 $Token_{AB}$。

11）B 产生并向 A 发送 $Token_{BA} = M \| sS_B(SID_{TP.MUT.3}^6 \| R_A \| R_B \| I_A \| I_B \| Text_8)$。

12）A 收到步骤 11）中 B 发送的消息后，执行以下操作。

① 检验包含在 $Token_{TA}$ 中 TTP 的签名，检查随机数 R_A'，或检查接收到的标识是否与自己的标识一致来验证 $Token_{TA}$。但在许多应用中，实体针对自身进行鉴别被视为安全问题。

②提取 B 的公开密钥，检查 $Token_{BA}$ 中 B 的签名，检查 I_A、R_A 来验证 $Token_{BA}$。

3.2.4 基于密码校验函数的鉴别协议

在本节的鉴别协议中，待鉴别的实体通过表明它拥有某个秘密鉴别密钥来证实其身份。这可由该实体使用其秘密鉴别密钥和密码校验函数对指定数据计算密码校验值来实现。密码校验值可由拥有该实体的秘密鉴别密钥的任何其他实体来校验，其他实体能重新计算密码校验值并与所收到的值进行比较。

在这些鉴别机制中，实体 A 和 B 在启动鉴别机制之前应共享一个秘密密钥 K_{AB} 或两个单向秘密密钥 K_{AB} 和 K_{BA}。在后一种情况下，单向秘密密钥 K_{AB} 和 K_{BA} 分别用于由 B 对 A 进行鉴别和由 A 对 B 进行鉴别。

1. 单次传递鉴别

这种鉴别机制由声称方 A 发起鉴别流程，并由验证方 B 对 A 进行鉴别。该鉴别机制通过生成和检查时间戳或序号来控制唯一性和时效性。鉴别机制如图 3-17 所示，协议如下。

1) A 产生并向 B 发送 $Token_{AB} = \dfrac{T_A}{N_A} \| Text_2 \| f_{K_{AB}}\left(\dfrac{T_A}{N_A} \| I_B \| Text_1\right)$。

2) B 收到 $Token_{AB}$，检验时间戳或序号，计算 $f_{K_{AB}}\left(\dfrac{T_A}{N_A} \| I_B \| Text_1\right)$，并将其与 $Token_{AB}$ 中的密码校验值进行比较，验证标识符 I_B（若存在）与时间戳或序号的正确性，从而验证 $Token_{AB}$。

图 3-17　鉴别机制——单次传递鉴别

2. 两次传递鉴别

这种鉴别机制由验证方 B 发起鉴别流程，并对 A 进行鉴别。该鉴别机制通过生成和检验随机数来控制唯一性和时效性。鉴别机制如图 3-18 所示，协议如下。

1) B 产生并向 A 发送一个随机数 R_B，可选地发送一个文本字段 $Text_1$。

2) A 产生并向 B 发送 $Token_{AB} = Text_3 \| f_{K_{AB}}(R_B \| I_B \| Text_2)$。

3) B 收到 $Token_{AB}$，计算 $f_{K_{AB}}(R_B \| I_B \| Text_2)$，并将其与 $Token_{AB}$ 中的密码校验值进行比较，验证标识符 I_B（若存在）与随机数 R_B 的正确性，从而验证 $Token_{AB}$。

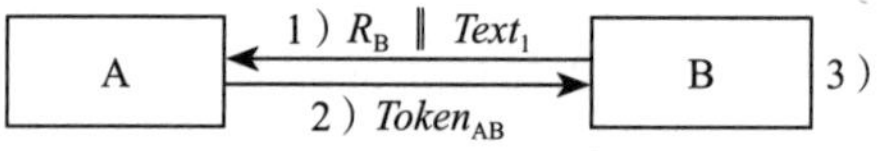

图 3-18　鉴别机制——两次传递鉴别

3. 两次传递鉴别——双向鉴别

这种鉴别机制由 A 发起鉴别流程，实现双向鉴别，通过产生并检验时间戳或序号实现唯一性和时效性。鉴别机制如图 3-19 所示，协议如下。

1) A 产生并向 B 发送 $Token_{AB} = \dfrac{T_A}{N_A} \| Text_2 \| f_{K_{AB}}\left(\dfrac{T_A}{N_A} \| I_B \| Text_1\right)$。

2) B 收到 $Token_{AB}$，计算 $f_{K_{AB}}\left(\dfrac{T_A}{N_A} \| I_B \| Text_1\right)$，并将其与 $Token_{AB}$ 中的密码校验值进行比较，验证标识符 I_B（如果有）以及时间戳或序号的正确性，从而验证 $Token_{AB}$。

3) B 产生并向 A 发送 $Token_{BA} = \dfrac{T_B}{N_B} \| Text_4 \| f_{K_{AB}}\left(\dfrac{T_B}{N_B} \| I_A \| Text_3\right)$。

4）A 收到 $Token_{BA}$，计算 $f_{K_{AB}}\left(\dfrac{T_B}{N_B}\parallel I_A\parallel Text_3\right)$，并将其与 $Token_{BA}$ 中的密码校验值进行比较，验证标识符 I_A（如果有）以及时间戳或序号的正确性，从而验证 $Token_{BA}$。

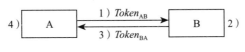

图 3-19　鉴别机制——两次传递鉴别

4. 三次传递鉴别——双向鉴别

这种鉴别机制由 B 发起鉴别流程，实现双向鉴别，通过产生并检验随机数实现唯一性和时效性。鉴别机制如图 3-20 所示，协议如下。

1）B 产生并向 A 发送一个随机数 R_B，可选地发送一个字段 $Text_1$。

2）A 产生随机数 R_A，并向 B 发送 $Token_{AB}=R_A\parallel Text_3\parallel f_{K_{AB}}(R_A\parallel R_B\parallel I_B\parallel Text_2)$。

3）B 收到 $Token_{AB}$，计算 $f_{K_{AB}}(R_A\parallel R_B\parallel I_B\parallel Text_2)$，并将其与 $Token_{AB}$ 中的密码校验值进行比较，验证标识符 I_B（如果有）以及随机数 R_B，从而验证 $Token_{AB}$。

4）B 产生并向 A 发送 $Token_{BA}=Text_5\parallel f_{K_{AB}}(R_B\parallel R_A\parallel Text_4)$。

5）A 收到 $Token_{BA}$，计算 $f_{K_{AB}}(R_B\parallel R_A\parallel Text_4)$，并将其与 $Token_{BA}$ 中的密码校验值进行比较，验证随机数 R_A 与 R_B，从而验证 $Token_{BA}$。

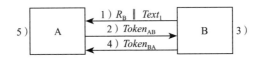

图 3-20　鉴别机制——三次传递鉴别

3.3　密钥分配与交换协议

3.3.1　密钥分配与交换协议介绍

密钥分配与交换协议是实现各方在不安全通道上建立共享秘密密钥的基本工具。这些协议对于数据传输过程中确保数据的保密性、完整性和真实性至关重要。密钥分配与交换的过程涉及在通信实体之间安全生成和分发密钥。这些密钥作为后续数据加密和解密的基础，允许各方保护敏感信息免受未经授权的访问或篡改。密钥分配与交换协议的主要目标是解决密钥分发问题，并以安全高效的方式实现。密钥分配和交换通常追求以下目标。

1）保密性：密钥交换协议应确保共享密钥保密，并仅被参与通信的各方所知，防止窃听者或攻击者拦截并获取密钥。

2）身份认证：密钥交换协议应提供身份验证手段，验证通信各方的身份，确保他们所声称的身份合法，防止冒充和未经授权的访问。

3）完整性：密钥交换协议应保证交换的密钥的完整性，确保在传输过程中未被篡改，防止任何可能危及后续加密操作安全性的修改。

4）前向保密性：密钥交换协议通常旨在实现前向保密，即即使攻击者获取了长期秘密（例如私钥），也无法事后解密先前交换的消息或确定共享密钥。

密钥交换协议采用多种加密技术（包括对称密码、公钥密码、标识、口令等）来实现这些安全目标。

3.3.2 基于对称密码的密钥分配协议

当使用对称密码技术实现密钥分配时，如果系统中不存在可信第三方，协议参与者可能需要预先共享一个秘密消息，称为"长期密钥 K"。该长期密钥可通过安全信道预先分发，也可使用密钥预分配协议获取。

基于单向函数的点到点密钥分配协议示例如下。

1）用户 A 和 B 预先共享长期密钥 Key，约定使用单向函数 H。

2）A 选择一个随机数 r，并将 r 发送给 B。

3）A 和 B 分别计算会话密钥 $K = H(Key, r)$。

如果系统中存在可信第三方 TTP，协议双方 A 和 B 分别与 TTP 预先共享长期密钥 K_A、K_B。1978 年，Roger Needham 与 Michael Schroeder 提出 Needham-Schroeder 密钥交换协议。该协议是很多基于可信第三方的密钥分配协议的基础。

Needham-Schroeder 密钥分配协议机制如下。

1）协议双方 A、B 分别与 TTP 共享长期密钥 K_A、K_B，选定对称加密算法 E 及对应的解密算法 D，$ID(A)$、$ID(B)$ 分别表示 A、B 的标识符。

2）A 选择随机数 r_A ，并将 $ID(A)$ 、 $ID(B)$ 、 r_A 发送给 TTP。

3）TTP 生成随机会话密钥 K ，计算 $t_B = E_{K_B}(K \| ID(A))$ 和 $y_1 = E_{K_A}(r_A \| ID(B) \| K \| t_B)$ ，并将 y_1 发送给 A。

4）A 使用 K_A 解密 y_1 得到 K 和 t_B ，并将 t_B 发送给 B。

5）B 使用 K_B 解密 t_B 得到 K ，然后选择随机数 r_B ，计算 $y_2 = E_K(r_B)$ ，并将 y_2 发送给 A。

6）A 使用 K 解密 y_2 得到 r_B ，然后计算 $y_3 = E_K(r_B - 1)$ ，并将 y_3 发送给 B。

该协议通过解密所得明文的格式进行有效性检验，并使用会话密钥 K 加解密 r_B 与 $r_B - 1$ ，使得 A、B 双方确认对方拥有会话密钥。由于 Needham-Schroeder 协议无法抵抗重放攻击，目前基于该协议改进的 Kerbros 协议使用较为广泛。Kerbros 协议使用时间戳替代了 Needham-Schroeder 协议中的挑战 – 响应部分，具体如下。

1）协议双方 A、B 分别与 TTP 共享长期密钥 K_A 、 K_B ，L 为使用期限，$time$ 为时间戳，选定对称加密算法 E 及对应的解密算法 D ，ID_A 、 ID_B 分别表示 A、B 的标识符。

2）A 选择随机数 r_A ，并将 ID_A 、 ID_B 、 r_A 发送给 TA。

3）TTP 生成随机会话密钥 K 、一个使用期限 L ，计算 $t_B = E_{K_B}(K \| ID_A \| L)$ 和 $y_1 = E_{K_A}(r_A \| ID_B \| K \| L)$ ，并将 t_B 和 y_1 发送给 A。

4）A 使用 K_A 解密 y_1 得到 K ，然后根据当前时间戳 $time$ 计算 $y_2 = E_K((ID_A \| time)$ ，并将 t_B 与 y_2 发送给 B。

5）B 使用 K_B 解密 t_B 得到 K ，然后使用 K 解密 y_2 得到 $time$ ，计算 $y_3 = E_K(time + 1)$ ，并将 y_3 发送给 A。

类似地，Kerbros 协议使用解密所得消息的格式进行有效性检验，并通过时间戳来防止重放攻击。由于该协议需要协议双方具有同步的时钟，部分应用场景难以满足此要求，因此，ISO/IEC 11770-2 标准中使用随机数的挑战 – 响应替代时间戳机制。该协议机制如下。

1）协议双方 A、B 分别与 TTP 共享长期密钥 K_A 、 K_B ，选定对称加密算法 E 及对应的解密算法 D ，ID_A 、 ID_B 分别表示 A、B 的标识符。

2）A 选择随机数 r_A ，并将 r_A 发送给 B。

3）B 选择随机数 r_B 、随机会话密钥 K ，计算 $y_1 = E_{K_B}(r_B, r_A, ID_A, K)$ ，并将 y_1 发送给 TA。

4）TTP 使用 K_B 解密 y_1 得到 r_B、r_A、ID_A、K，计算 $y_2 = E_{K_B}(r_B, ID_A)$，$y_3 = E_{K_A}(r_A, K, ID_B)$，然后将 y_2、y_3 发送给 B。

5）B 收到 y_2、y_3，使用 K_B 解密 y_2 得到 r_B、ID_A，并验证 r_B 是否一致，然后将 y_3 发送给 A。

6）A 使用 K_A 解密 y_3 得到 r_A、K、ID_B，验证 r_A 是否一致，然后保存会话密钥 K。

3.3.3 基于公钥密码的密钥分配协议

基于公钥密码的密钥分配协议通过公钥加密保障机密性，通过数字签名来对消息来源的真实性进行鉴别。目前，基于公钥密码的密钥分配协议大多同时使用公钥加密技术和数字签名技术。

ISO/IEC 11770-3 标准中的密钥分配协议机制如下。

1）用户 A、B 分别拥有公私钥对 (Pub_A, sk_A), (Pub_B, sk_B)，且 A、B 分别拥有对方的公钥、公钥加密算法 E、数字签名算法 Sig，A、B 的标识符分别为 ID_A、ID_B。

2）A 选择随机数 r_A，并将 r_A 发送给 B。

3）B 选择随机数 r_B 及会话密钥 K，计算 $y_1 = E_{Pub_A}(ID_B, K)$，$y_2 = Sig_{sk_B}(ID_A, r_A, r_B, y_1)$，然后将 ID_A、r_A、r_B、y_1 和 y_2 发送给 A。

4）A 收到签名信息及签名结果后，使用 B 的公钥验证签名的正确性，并检查随机数 r_A 是否一致，然后使用 sk_A 解密 y_1 得到会话密钥 K。

除上述由一方产生会话密钥，然后通过协议分配外，我们还可以利用公钥密码技术通过通信双方协商产生会话密钥。DH（Diffie-Hellman）密钥交换协议是人们提出的首个基于公钥密码的密钥交换协议，具体如下。

1）用户 A、B 约定公共参数：公开群（$G, \cdot$），生成元 g，阶 n。

2）A 生成随机数 $a \in [1, n-1]$，计算 $x = g^a$，并将 x 发送给 B。

3）B 生成随机数 $b \in [1, n-1]$，计算 $y = g^b$，并将 y 发送给 A。

4）用户 A、B 分别计算 $K = y^a$ 与 $K = x^b$。

A、B 双方获得共同密钥 $K = y^a = x^b = g^{ab}$。Diffie-Hellman 密钥交换协议的安全性基于有限域上的离散对数困难问题。ECDH（Elliptic Curve Diffie-Hellman）密钥交换协议是 DH 协议的一个变种，将其中的有限域 Z_p^* 替换成椭圆曲线上的点构成的有限域。其安全性基于椭圆曲线离散对数困难问题。在同等安全强度下，ECDH 协议的相关参数规模更小。ECDH 协议机制如下。

1）用户 A、B 约定公共参数：椭圆曲线为 $CURVE$，基点为 G，阶为 n，即 $[n]G = O$。

2）A 生成随机数 $a \in [1, n-1]$，计算 $P = [a]G$，并将 P 发送给 B。

3）B 生成随机数 $b \in [1, n-1]$，计算 $Q = [b]G$，并将 Q 发送给 A。

4）用户 A、B 分别计算 $K = [a]Q$ 与 $K = [b]P$。

对于被动敌手，在只能获取协议内容的情况下，因离散对数困难问题，敌手无法获取 DH 与 ECDH 协议结束后双方所得会话密钥 K。而对于主动敌手，因 DH 与 ECDH 协议未对消息来源的真实性进行鉴别，易受中间人攻击，因此，需要在确定密钥的同时鉴别参与者的身份。这类密钥交换协议被称为"认证密钥交换协议"。

端到端（STS，Station To Station）协议是基于 DH 协议改进的一个认证密钥交换协议。STS 协议的基本思想是将 DH 协议与鉴别协议结合，使用 DH 协议交换密钥并使用鉴别协议确认身份。STS 协议机制如下。

1）用户 A、B 约定公共参数：公开群 $(G, \cdot)$，生成元 g，阶 n，可信中心给 A 和 B 颁发的公钥证书 $Cert_A$ 和 $Cert_B$，签名算法 Sig，验签算法 Ver，对称加密算法 E。

2）A 生成随机数 $a \in [1, n-1]$，计算 $x_1 = g^a$，并将 x 发送给 B。

3）B 生成随机数 $b \in [1, n-1]$，计算 $y_1 = g^b$，并将 y 发送给 A。

4）B 计算会话密钥 $K = x_1^b$，对 (y_1, x_1) 签名之后再使用 K 加密，即计算 $y_2 = E_K(Sig_B(y_1, x_1))$，然后将 y_1、$Cert_B$、y_2 发送给 A。

5）A 验证签名 y_2 是否正确，计算会话密钥 $K = y_1^a$，对 (x_1, y_1) 签名后再使用 K 加密，即计算 $x_2 = E_K(Sig_A(x_1, y_1))$，然后将 $Cert_A$、x_2 发送给 B。

6）B 验证签名 x_2 是否正确。

我国在 2016 年发布的标准 GB/T 32918.3—2016《信息安全技术　SM2 椭圆曲线公钥密码算法　第 3 部分：密钥交换协议》规定了 SM2 椭圆曲线公钥密码算法的密钥交换协议，并给出了密钥交换与验证示例及相应的流程。该协议适用于商用密码应用中的密钥交换，可满足通信双方经过两次或可选三次消息传递过程，计算获取一个由双方共同决定的共享秘密密钥（会话密钥）。SM2 密钥交换协议机制如下。

设用户 A 和 B 协商获得密钥数据的长度为 $klen$ 比特，用户 A 为发起方，用户 B 为响应方。记 $w = \lceil (\lceil \log_2(n) \rceil / 2) \rceil - 1$，且用户 A 执行的运算依次标记为 A1，A2，…，A10，用户 B 执行的运算依次标记为 B1，B2，…，B10，则用户 A 和 B 为了获得相同的密钥，应交替实现如下运算。

A1：生成随机数 $r_A \in [1, n-1]$。

A2：计算椭圆曲线点 $R_A = [r_A]G = (x_1, y_1)$。

A3：将 R_A 发送给用户 B。

B1：生成随机数 $r_B \in [1, n-1]$。

B2：计算椭圆曲线点 $R_B = [r_B]G = (x_2, y_2)$。

B3：从 R_B 中取出元素 x_2，计算 $\bar{x}_2 = 2^w + (x_2 \& (2^w - 1))$。

B4：计算 $t_B = (d_B + \bar{x}_2 \cdot r_B) \bmod n$。

B5：验证 R_A 是否满足椭圆曲线方程，若不满足，则协商失败；否则，从 R_A 中取出元素 x_1，计算 $\bar{x}_1 = 2^w + (x_1 \& (2^w - 1))$。

B6：计算椭圆曲线点 $V = [h \cdot t_B](P_A + [\bar{x}_1]R_A) = (x_V, y_V)$，若 V 是无穷远点，则 B 协商失败；否则，将 x_V、y_V 的数据类型转换为比特串。

B7：计算 $K_B = KDF(x_V \| y_V \| Z_A \| Z_B, klen)$。

B8：（可选）按 GB/T 32918.1—2016 中 4.2.6 和 4.2.5 节给出的方法将 R_A 的坐标 (x_1, y_1) 和 R_B 的坐标 (x_2, y_2) 的数据类型转换为比特串，计算 $S_B = Hash(0x02 \| y_V \| Hash(x_V \| Z_A \| Z_B \| x_1 \| y_1 \| x_2 \| y_2))$。

B9：将 R_B、（可选 S_B）发送给用户 A。

A4：从 R_A 中取出元素 x_1，按 GB/T 32918.1—2016 中 4.2.8 节给出的方法将 x_1 的数据类型转换为整数，计算 $\bar{x}_1 = 2^w + (x_1 \& (2^w - 1))$。

A5：计算 $t_A = (d_A + \bar{x}_1 \cdot r_A) \bmod n$。

A6：验证 R_B 是否满足椭圆曲线方程，若不满足则协商失败；否则从 R_B 中取出元素 x_2，计算 $\bar{x}_2 = 2^w + (x_2 \& (2^w - 1))$。

A7：计算椭圆曲线点 $U = [h \cdot t_A](P_B + [\bar{x}_2]R_B) = (x_U, y_U)$，若 V 是无穷远点，则 B 协商失败；否则，将 x_U、y_U 的数据类型转换为比特串。

A8：计算 $K_A = KDF(x_U \| y_U \| Z_A \| Z_B, klen)$。

A9：（可选）按 GB/T 32918.1—2016 中 4.2.6 和 4.2.5 节给出的方法将 R_A 的坐标 (x_1, y_1) 和 R_B 的坐标 (x_2, y_2) 的数据类型转换为比特串，计算 $S_1 = Hash(0x02 \| y_U \| Hash(x_U \| Z_A \| Z_B \| x_1 \| y_1 \| x_2 \| y_2))$，并检验 $S_1 = S_B$ 是否成立，若等式不成立，则从 B 到 A 的密钥确认失败。

A10：（可选）计算 $S_A = Hash(0x03 \| y_U \| Hash(x_U \| Z_A \| Z_B \| x_1 \| y_1 \| x_2 \| y_2))$，并将 S_A 发送给用户 B。

B10：（可选）计算 $S_2 = Hash(0x03 \| y_V \| Hash(x_V \| Z_A \| Z_B \| x_1 \| y_1 \| x_2 \| y_2))$，并检验 $S_2 = S_A$ 是否成立，若等式不成立，则从 A 到 B 的密钥确认失败。

3.3.4 基于标识的密钥交换协议

基于标识的密钥交换（IBKE，Identity-Based Key Exchange）协议可以让两个通信方在不需交换公钥的情况下基于标识安全地建立共享密钥。与传统的密钥交换协议依赖于预共享公钥或证书不同，IBKE 协议允许用户使用其独特的身份信息（如电子邮件地址或用户名）作为密钥生成和交换的基础。

Okamoto 协议是首个基于标识的密钥交换协议。在该协议中存在一个可信服务器 TA，用于根据自己的标识信息注册，以获得自身的私钥。该协议机制如下。

1）参数设置：可信服务器 TA 选择两个合适的大素数 p、q，计算 $n = pq$，然后选取自身的 RSA 公私钥对 (e, d)，即 $ed = 1 \bmod \varphi(n)$，以及一个与 p 和 q 均互素的数 g，并且满足 g 的阶较高。TA 公开 n、e、g，对其他参数保密。

2）用户 A、B 的身份信息分别为模 n 的整数 ID_A、ID_B，用户 A、B 分别使用自身标识向服务器 TA 申请注册，并分别安全地获取各自的私钥 $sk_A = ID_A^{-d}$、$sk_B = ID_B^{-d}$。

3）A 随机选取一个元素 $a \in [1, q-1]$，计算 $s_A = ID_A^{-d} g^a$，并将 s_A 发送给 B。

4）B 随机选取一个元素 $b \in [1, q-1]$，计算 $s_B = ID_B^{-d} g^b$，并将 s_B 发送给 A。

5）A 计算会话密钥 $K = (s_B^e ID_B)^a$。

6）B 计算会话密钥 $K = (s_A^e ID_A)^b$。

在 Okamoto 协议中，最终双方共享的会话密钥为 $K = g^{eab}$，攻击者想要获取 K，则需要知道随机数 a 或 b。同时，该协议中双方的身份信息参与了密钥交换，因此可鉴别消息来源的真实性。

2001 年，Boneh 和 Franklin 利用双线性映射设计了首个使用的基于标识的加密体制，使得相关基于标识的密码技术得到广泛应用。下面简要介绍基于双线性对的标识的密钥交换协议——Smart 协议。

1）参数设置：可信服务器 TA 选择合适的大素数 q、一个 q 阶加法群 G_1、一个 q 阶乘法群 G_2，以及 G_1 的一个生成元 P，选取双线性映射 $e: G_1 \times G_1 \to G_2$，将二进制串映射

到 G_1 中的单向函数 h、TA 自己的私钥 s 及对应的公钥 sP。TA 公开 e、G_1、G_2、P、sP、h，对其他参数保密。

2）用户 A、B 的身份标识分别为 ID_A、ID_B，将 $Q_A = h(ID_A)$、$Q_B = h(ID_B)$ 分别作为 A、B 的公钥，A、B 分别使用自身标识向服务器 TA 申请注册，并分别安全地获取各自的私钥 $sk_A = sQ_A$、$sk_B = sQ_B$。

3）A 随机选取一个元素 $a \in [1, q-1]$，计算 $s_A = aP$，并将 s_A 发送给 B。

4）B 随机选取一个元素 $b \in [1, q-1]$，计算 $s_B = bP$，并将 s_B 发送给 A。

5）A 计算会话密钥 $K = e(aQ_B, Pub_{TA})e(sk_A, s_B)$。

6）B 计算会话密钥 $K = e(bQ_A, Pub_{TA})e(sk_B, s_A)$。

应用 Smart 协议时，A 与 B 的共享密钥为 $K = e(aQ_B + bQ_A, Pub_{TA})$。

我国在 2020 年发布的标准 GB/T 38635.2—2020《信息安全技术　SM9 标识密码算法　第 2 部分：算法》第 7 节规定了一个用椭圆曲线对实现的基于标识的密钥交换协议。参与密钥交换的发起方（用户 A）和响应方（用户 B）各自持有一个标识和一个响应的加密私钥，加密私钥均由密钥生成中心（KGC）通过加密主私钥和用户的标识结合产生。用户 A 和 B 通过交互的消息传递，用标识和各自的加密私钥来商定一个只有他们知道的秘密密钥（会话密钥）。设用户 A 和用户 B 协商获取的会话密钥长度为 klen 比特，用户 A 为发起方，用户 B 为响应方，SM9 密钥交换协议机制如下。

1）参数设置：KGC 选择椭圆曲线标识符 cid，基域 F_q 的参数 N，椭圆曲线方程参数 a、b，扭曲线参数 β，曲线阶的素因子 N 及相对于 N 的余因子 cf，曲线 $E(F_q)$ 相对于 N 的嵌入次数 k，$E(F_{q^{d_1}})$（d_1 整除 k）的 N 阶循环子群 G_1 的生成元 P_1，$E(F_{q^{d_2}})$（d_2 整除 k）的 N 阶循环子群 G_2 的生成元 P_2，双线性对 e 的标识符 eid，G_2 到 G_1 的同态映射 ψ，密码杂凑函数 H_v（H_v 的输出长度为 v 比特）。

2）KGC 主密钥：KGC 产生随机数 $ke \in [1, N-1]$ 作为加密主私钥，计算 G_1 中的元素 $P_{pub-e} = [ke]P_1$ 作为加密主公钥。KGC 秘密保存 ke，公开 P_{pub-e}。

3）用户 A、B 的身份标识分别为 ID_A、ID_B，并根据标识信息分别向 KGC 申请对应的私钥：KGC 计算 $t_1 = H_1(ID_A \| hid, N) + ke$，$t_2 = ke \cdot t_1^{-1}$，$de_A = [t_2]P_2$，若 $t_1 = 0$，则重新生成主私钥与主公钥，将 de_A 安全地发送给用户 A；KGC 计算 $t_3 = H_1(ID_B \| hid, N) + ke$，$t_4 = ke \cdot t_3^{-1}$，$de_B = [t_4]P_2$，若 $t_3 = 0$，则重新生成主私钥与主公钥，并更新已有用户的私钥，将 de_B 安全地发送给用户 B。

4）A 计算群 G_1 中的元素 $Q_B = [H_1(ID_B \| hid, N)]P_1 + P_{pub-e}$。

5）A 产生随机数 $r_A \in [1, N-1]$，计算群 G_1 中的元素 $R_A = [r_A]Q_B$，并将 R_A 发送给 B。

6）B 计算群 G_1 中的元素 $Q_A = [H_1(ID_A \| hid, N)]P_1 + P_{pub-e}$。

7）B 产生随机数 $r_B \in [1, N-1]$，计算群 G_1 中的元素 $R_B = [r_B]Q_A$，并将 R_B 发送给 A。

8）B 验证 $R_A \in G_1$ 是否成立，若不成立，则密钥协商失败；否则，计算群 G_T 中的元素 $g_1 = e(R_A, de_B)$，$g_2 = e(P_{pub-e}, P_2)^{r_B}$，$g_3 = g_1^{r_B}$。

9）B 计算 $SK_B = KDF(ID_A \| ID_B \| R_A \| R_B \| g_1 \| g_2 \| g_3, klen)$。

10）（可选）B 计算 $S_B = Hash(0x82 \| g_1 \| Hash(g_2 \| g_3 \| ID_A \| ID_B \| R_A \| R_B)$。

11）B 将 R_B、（可选）S_B 发送给用户 A。

12）A 验证 $R_B \in G_1$ 是否成立，若不成立，则密钥协商失败；否则，计算群 G_T 中的元素 $g'_1 = e(P_{pub-e}, P_2)^{r_A}$，$g'_2 = e(R_B, de_A)$，$g'_3 = g'_2{}^{r_A}$。

13）（可选）A 计算 $S_1 = Hash(0x82 \| g'_1 \| Hash(g'_2 \| g'_3 \| ID_A \| ID_B \| R_A \| R_B)$，检验 $S_1 = S_B$ 是否成立，若不成立，则从 B 到 A 的密钥确认失败。

14）A 计算 $SK_A = KDF(ID_A \| ID_B \| R_A \| R_B \| g'_1 \| g'_2 \| g'_3, klen)$。

15）（可选）A 计算 $S_A = Hash(0x83 \| g'_1 \| Hash(g'_2 \| g'_3 \| ID_A \| ID_B \| R_A \| R_B)$，并将 S_A 发送给用户 B。

16）（可选）B 计算 $S_2 = Hash(0x83 \| g_1 \| Hash(g_2 \| g_3 \| ID_A \| ID_B \| R_A \| R_B)$，并检验 $S_2 = S_A$ 是否成立，若等式不成立，则从 A 到 B 的密钥确认失败。

应用 SM9 密钥交换协议时，A 与 B 的共享密钥为 $SK = SK_A = SK_B = KDF(ID_A \| ID_B \| R_A \| R_B \| e(P_1, P_2)^{r_A ke} \| e(P_1, P_2)^{r_B ke} \| e(P_1, P_2)^{r_A r_B ke}, klen)$。

3.3.5 基于口令的密钥交换协议

在实际应用中，人们总是倾向于使用便于记忆的密钥。口令是一种被广泛应用的密钥形式，通常具有长度短、随机性差、便于记忆和使用等特点。基于口令的密钥交换协议允许通过共享的口令实现两个实体之间的鉴别，并建立一个会话密钥。

1992 年，Steven M. Bellovin 与 Michael Merritt 提出第一个严格意义上的基于口令的加密密钥交换（EKE，Encryption Key Exchange）协议。该协议机制如下。

1）参数设置：系统选择并公布一个大素数 p，以及 Z_p 的一个乘法生成元 g，安全参数 L，用户 A 和用户 B 共享口令 pw，加密算法 E 及对应的解密算法 D。

2）A 生成随机数 $a \in [1, p-2]$，计算 $x_1 = g^a \bmod p$，$x_2 = E_{pw}(x_1)$，并将 x_2 发送给 B。

3）B 生成随机数 $b \in [1, p-2]$，计算 $y_1 = g^b \bmod p$，$y_2 = E_{pw}(y_1)$，并将 y_2 发送给 A。

4）B 使用口令 pw 解密 x_2 得 x_1，计算会话密钥 $K = x_1^b$。

5）B 选择随机数 $r_B \in [1, 2^L]$，计算 $y_3 = E_K(r_B)$，将 y_3 发送给 A。

6）A 使用口令 pw 解密 y_2 得 y_1，计算会话密钥 $K = y_1^a$，使用 K 解密 y_3 得 r_B。

7）A 选择随机数 $r_A \in [1, 2^L]$，计算 $x_3 = E_K(r_A, r_B)$，将 x_3 发送给 B。

8）B 使用会话密钥 K 解密 x_3 得 r_A、r_B，并检验 r_B 与之前所选择的随机数是否一致，若一致则使用会话密钥 K 加密 r_A [即 $y_4 = E_K(r_A)$]，并将 y_4 发送给 A。

9）A 使用会话密钥 K 解密 y_4 得 r_A，并检验 r_A 与之前所选择的随机数是否一致。

2000 年，Victor Boyko 等在 EKE 协议基础上提出口令认证密钥交换（PAKE，Password-Authenticated Key Exchange）协议，并给出了所构造的 PAKE 协议的安全性证明。Boyko 等提出的 PAKE 协议机制如下。

1）参数设置：系统选择并公布一个大素数 p，且 $p-1$ 的因子中有一个足够大的素数 q，q^2 不是 $p-1$ 的因子；Z_p 的一个 q 阶乘法生成元 g；四个杂凑函数 H_1、H_2、H_3、H_4；用户 A 拥有口令 pw，用户 B 拥有口令 pw 的凭据 $s = (H_1(A, B, pw))^{(p-1)/q}$。

2）A 生成随机数 $a \in [1, q-1]$，计算 $x_1 = g^a \bmod p$，$x_2 = (H_1(A, B, pw))^{(p-1)/q} x_1$，并将 x_2 发送给 B。

3）B 验证 $x_2 \bmod p$ 是否为 0，如果不为 0，则计算 $x_1 = m/s$。

4）B 生成随机数 $b \in [1, q-1]$，计算 $y_1 = g^b \bmod p$，$K_0 = x_1^b$，$y_2 = H_2(A, B, x_2, y_1, K_0, s)$，并将 y_1、y_2 发送给 A。

5）A 计算 $K_0 = y_1^a$，$x_3 = H_2(A, B, x_2, y_1, K_0, H_1(A, B, pw))$，并验证 x_3 与 y_2 的值是否一致，若一致，则计算会话密钥 $K = H_4(A, B, x_2, y_1, K_0, H_1(A, B, pw))$，$x_4 = H_3(A, B, x_2, y_1, K_0, H_1(A, B, pw))$，并将 x_4 发送给 B。

6）B 计算 $y_3 = H_3(A, B, x_2, y_1, K_0, s)$，并验证 y_3 与 x_4 的值是否一致，若一致，则计算会话密钥 $K = H_4(A, B, x_2, y_1, K_0, s)$。

应国际互联网工程任务组（IETF，Internet Engineering Task Force）的要求，密码学论坛研究小组（CFRG）在 2018 年和 2019 年进行了 PAKE 方案征集活动，最终从中选出两个推荐给 IETF 的协议：CPACE 和 OPAQUE。其中，CPACE 应用于平衡场景，即协议双方（如客户端与服务器端）共享口令，协商生成密钥；OPAQUE 是一种增强型 PAKE，

应用于客户端 / 服务器端场景时，服务器端不存储与口令等效的数据，使得即使窃取服务器端数据的攻击者也无法伪装成客户端。

CPACE 协议基于 DH 密钥交换协议，不同之处在于 DH 协议中的生成元 g 由预先选定，CPACE 协议中的由双方分别根据口令以某种安全的方式生成（即 $g \leftarrow Gen(pw)$），使得生成元 g 尽可能少地泄露关于口令的信息。1996 年，Jablon 等人首次提出此类方案：SPEKE 协议。SPEKE 协议使用杂凑函数将口令 pw 直接映射到群的生成元，即 $g \leftarrow H_G(pw)$。之后，人们构造了许多关于 SPEKE 协议的变种，以应对安全问题，特别是 PACE 协议通过交互式 Map2Pt 协议及密钥来计算生成元，从而绕过对口令的直接杂凑。CPACE 协议是结合 PACE 和 SPEKE 协议的最佳特性，在没有交互的情况下计算生成元，同时避免直接对口令进行杂凑，即 CPACE 协议根据以下方式计算生成元：$g \leftarrow Map2Pt(H(pw))$。

OPAQUE 是一种非对称（或增强）密码认证密钥交换（aPAKE）协议，是一种不需要 PKI 的安全 aPAKE 协议。OPAQUE 在口令泄露方面提供了前向保密性，即使在口令注册期间也不向服务器端泄露口令。OPAQUE 协议允许应用通过迭代杂凑或其他密钥扩展方案增加离线字典攻击的难度。OPAQUE 涉及 3 个组件：不经意伪随机函数（OPRF）、密钥恢复机制、认证密钥交换（AKE）协议。

3.4　秘密共享协议

3.4.1　秘密共享协议介绍

秘密共享（Secret Sharing）的概念可以追溯到 20 世纪 70 年代 Adi Shamir 的开创性工作——Shamir 秘密共享方案。秘密共享的基本原理是将秘密（例如密码、加密密钥或任何机密信息）分割成多个份额，分发给不同的参与方，并定义一个阈值，只有当足够数量（大于或等于定义的阈值）的参与者合作并组合他们的份额时，才能重构秘密。

秘密共享在安全多方计算、分布式密钥生成、安全云计算、访问控制、隐私保护、数据共享等众多领域被广泛应用，在需要多个参与方合作的同时保持共享信息的机密性和完整性的场景中发挥着至关重要的作用。下面将介绍目前被广泛使用的基本秘密共享协议，以及可验证秘密共享、无可信中心的秘密共享协议等。

3.4.2 基本秘密共享协议

本节介绍 Shamir 秘密共享协议和 Asmuth-Bloom 秘密共享协议。这两个协议是其他秘密共享协议的基础，是构建其他安全协议或方案的基本工具。

Shamir 秘密共享协议是 Adi Shamir 于 1979 年基于拉格朗日插值多项式提出的。Shamir 秘密共享协议机制如下。

1）参数设置：素数 p，共享的秘密 $k \in Z_p$，参与者 $P_1, P_2, \cdots, P_n$，可信中心 TA，门限 t（即大于或等于 t 个参与者可恢复秘密）。

2）TA 向参与者分配秘密份额的过程如下。

① TA 随机选择 $t-1$ 次多项式 $h(x) = a_0 + a_1 x + \cdots + a_{t-1} x^{t-1} \in Z_p[x]$，其中 $a_0 = k$，$a_1, \cdots, a_{t-1} \in Z_p$。

② TA 在 Z_p 中选择 n 个非零且互不相同的数 $x_1, \cdots, x_n$，计算 $y_i = h(x_i), i = 1, \cdots, n$，并依次将 (x_i, y_i) 分配给参与者 P_i。

3）t 个参与者 $P_{i_1}, \cdots, P_{i_t}$ 使用各自掌握的份额 $(x_{i_1}, y_{i_1}), \cdots, (x_{i_t}, y_{i_t})$ 恢复秘密 k 的过程如下。

① 由拉格朗日插值公式重构多项式 $h(x) = \sum_{s=1}^{t} y_{i_s} \Pi_{j=1, j \neq s}^{t} (x - x_{i_j}) / (x_{i_s} - x_{i_j})$。

② 计算 $k = h(0)$。

Asmuth-Bloom 秘密共享协议基于中国剩余定理。在该协议中，分享给每个参与方的是与共享秘密 k 关联的同余类，具体机制如下。

1）参数设置：共享的秘密 S；参与者 $P_1, P_2, \cdots, P_n$；可信中心 TA；门限 t（即大于或等于 t 个参与者可恢复秘密）；两两互素的整数 $m_0 < m_1 < m_2 < \cdots < m_n$，且满足 $m_0 > S, m_0 m_{n-k+2} \cdots m_n < m_1 m_2 \cdots m_k$，公开 $m_0, \cdots, m_n$。

2）TA 向参与者分配秘密份额的过程如下。

① TA 生成随机数 α，且 α 满足 $y = S + \alpha \cdot m_0 < m_1 \cdots m_k$。

② TA 依次计算 $s_i = y \bmod m_i, i = 1, \cdots, n$，并依次将 (s_i, m_i) 分配给参与者 P_i。

3）t 个参与者 $P_{i_1}, \cdots, P_{i_t}$ 使用各自掌握的份额 $(s_{i_1}, m_{i_1}), \cdots, (s_{i_t}, m_{i_t})$ 恢复秘密 k 的过程如下。

① 由中国剩余定理求解同余方程组：$x \equiv s_{i_j} \bmod m_{i_j}, j = 1, \cdots, t$，得 $x = \sum_{k=1}^{t} s_{i_k} \cdot M_k \bmod \Pi_{j=1}^{t} m_{i_j}$，其中 $M_k = N_k \cdot \Pi_{j=1, j \neq k}^{t} m_{i_j}$，$N_k = (\Pi_{j=1, j \neq k}^{t} m_{i_j})^{-1} \bmod m_{i_k}$。

② 计算 $S = x \bmod m_0$。

3.4.3　可验证秘密共享协议

可验证秘密共享（VSS，Verifiable Secret Sharing）协议最初由 Benny Chor、Shafi Goldwasser、Silvio Micali 与 Baruch Awerbuch 于 1985 年提出。VSS 协议是对秘密共享协议的扩展，旨在解决秘密共享方案中的可验证性和完整性问题，用于确保分发的秘密是正确的，并且可以验证每个参与者所拥有的份额的正确性。VSS 协议的核心思想是通过引入交互式的验证机制，使得每个参与者都能够验证其他参与者所提供的份额的正确性，而不需要泄露秘密本身。VSS 协议可以解决以下问题：不诚实的参与方提供错误份额导致最后所恢复的秘密是错误的，不诚实的分发者使参与方无法确认所收到的份额的正确性。

VSS 协议由秘密共享生成算法、秘密重建算法与验证算法构成。1987 年，Feldman 基于 Shamir 秘密共享协议，结合同态加密协议构造了可以抵抗包括可信中心在内的任意恶意敌手，其中不诚实参与者不超过 $(n-1)/2$。Feldman 秘密共享协议机制如下。

1）参数设置：循环群 G，生成元 g，阶为 q，共享的秘密 $s \in Z_q$，参与者 $P_1, P_2, \cdots, P_n$，可信中心 TA，门限 t（即大于或等于 t 个参与者可恢复秘密）。

2）TA 向参与者分配秘密份额的过程如下。

① TA 随机选择 $t-1$ 次多项式 $h(x) = a_0 + a_1 x + \cdots + a_{t-1} x^{t-1} \in Z_q[x]$，其中 $a_0 = s$，$a_1, \cdots, a_{t-1} \in Z_p$。

② TA 计算 $y_i = h(i), i = 1, \cdots, n$，并依次将 (i, y_i) 分配给参与者 P_i。

③ TA 计算 $c_i = g^{a_i}, i = 0, \cdots, t$，并公开 $c_0, c_1, \cdots, c_t$。

3）t 个参与者 $P_{i_1}, \cdots, P_{i_t}$ 使用各自掌握的份额 $(i_1, y_{i_1}), \cdots, (i_t, y_{i_t})$ 恢复秘密 k 的过程如下。

① 由拉格朗日插值公式重构多项式 $h(x) = \sum_{s=1}^{t} y_{i_s} \Pi_{j=1, \ j \neq s}^{t} (x - i_j) / (i_s - i_j)$。

② 计算 $k = h(0)$。

4）验证：若参与方所得份额为 (i, y_i)，则计算 $X = g^{y_i}$，$Y = c_0 c_1^{i} c_2^{i^2} \cdots c_{t-1}^{i^{t-1}}$；若 $X = Y$，则 $y_i = h(i)$，即所得份额正确。

3.4.4　无可信中心的秘密共享协议

一些应用场景中不存在可信中心，无法由可信中心向参与者分配秘密份额。针对此种应用场景，研究者提出了无可信中心的秘密共享协议。其基本思想为：每个参与者分别运行一个相同参数下的秘密共享协议，如都执行 Shamir 秘密共享协议，对应的秘密由每个参与者自行选取，即每个参与者将自己作为可信中心，然后与其他参与者执行秘密共享协议，最终共享的秘密就是每个参与者所选秘密之和。下面简要介绍以 Shamir 秘密共享协议为基础构造无可信中心的秘密共享协议。

1）参数设置：素数 p，参与者 $P_1, P_2, \cdots, P_n$，门限 t（即大于或等于 t 个参与者可恢复秘密）。

2）每个参与者 P_i 随机选取秘密 s_i，生成 $t-1$ 次多项式 $h_i(x)$，其中 $h_i(x)$ 的常数项为 s_i。

3）每个参与者 P_i 分别计算 $y_{i,j} = h_i(j)$，并将 $(j, y_{i,j})$ 分享给用户 P_j，因此每个用户 P_i 掌握的分享信息为 (i, y_i)，其中 $y_i = \sum_{j=1}^{n} y_{i,j}$。

4）秘密恢复：任意 t 个用户可根据其掌握的份额使用 Shamir 秘密共享协议中的方法恢复秘密 $s = \sum_{i=1}^{n} s_i$。

同样的，对可验证秘密共享协议等进行改造，可以构造满足不同需求的无可信中心的秘密共享协议。

3.5 不经意传输协议

3.5.1 不经意传输协议介绍

不经意传输（OT，Oblivious Transfer）协议用于在保护隐私和数据机密性的同时实现消息的传输和交换。OT 协议允许参与方在发送方和接收方之间进行受限的消息传递，而不会泄露发送方选择的选项（消息）给接收方，同时接收方也无法获取发送方未选择的选项。简而言之，OT 协议使发送方能够将多个选项发送给接收方，而接收方只能选择其中一个选项，并且双方无法获知彼此的选择和未选择的选项。

OT 协议通常涉及两个角色：发送方和接收方。OT 协议的目标是确保发送方的选择对接收方是保密的，同时保证接收方的选择对发送方是保密的。OT 协议提供了一种安全的方法来实现双方之间的消息安全传递，同时保障消息的隐私性和机密性。

OT 的概念最早由 Rabin 于 1981 年提出，已经成为安全多方计算和隐私保护的基础技术之一。OT 协议在隐私保护、安全计算、安全投票、私有消息检索等领域有广泛的应用。随着密码学和安全通信技术的发展，OT 协议在保护个人隐私和实现安全通信方面发挥着越来越重要的作用。

3.5.2 基本 OT 协议

在 Rabin 提出的 OT 协议模型中（见图 3-21），发送方 S 以 50% 的概率向接收方 R 传送秘密 s，接收方 R 有 50% 的机会收到秘密 s 和 50% 的机会收不到秘密（记为 #），且接收方 R 能确认自己是否收到秘密，而发送方 S 不知道自己是否发送了秘密，因此，OT 协议也被称为"健忘传输协议"。

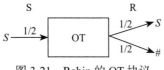

图 3-21 Rabin 的 OT 协议

1985 年，Even、Goldenreich 和 Lempel 提出二选一 OT 协议，记为 OT_1^2。在该协议模型中（见图 3-22），发送方 S 拥有两个消息 m_0、m_1，接收方拥有输入 $b \in \{0,1\}$。协议运行结束后，接收方获得消息 m_b，而不能获得关于消息 m_{1-b} 的任何信息，而发送方无法获得关于 b 的信息。OT_1^2 协议与 Rabin 的 OT 协议形式上完全不同，但实质上等价。因 OT_1^2 协议形式更简洁并容易扩展，后续研究主要基于此协议展开。

图 3-22 OT_1^2 协议模型

Even 等人提出的 OT_1^2 基于公钥密码构造，具体输入和输出如下。

- 发送方 S 输入：两个消息 x_0、$x_1 \in \{0,1\}^l$。
- 发送发 S 输出：none。
- 接收方 R 输入：$r \in \{0,1\}$。
- 接收方 R 输出：x_r。

协议如下。

1）S 随机生成一对公私钥对 (sk, Pub_k)，生成两个随机数 m_0、$m_1 \in \{0,1\}^l$，将 Pub_k 与 m_0、m_1 发送给接收方。

2）接收方 R 生成随机数 $K \in \{0,1\}^l$，计算 $C = E_{Pub_k}(K) \oplus m_r$，并将 C 发送给 S。

3）S 计算 $K_i = D_{sk}(C \oplus m_i), i = 0,1$，然后 $C_i = K_i \oplus x_i, i = 0,1$，并将 C_0、C_1 发送给 R。

4）R 计算 $x_r = C_r \oplus K$。

Bellare 等人基于计算性 Diffie-Hellman 假设提升了 OT_1^2 协议的效率，具体输入和输出如下。

- 公共参数：安全参数 λ，乘法群 $Z_p^* = \langle g \rangle$，生成元 g，阶 p，随机数 $C \in Z_p^*$，R 与 S 均不知 C 的离散对数值。

- 发送方 S 与接收方 R 的输入和输出同上。

协议如下。

1）R 生成随机数 $s \in [0, p-1]$，计算 $\beta_r = g^s, \beta_{1-r} = C \cdot g^{-s}$，并公开 β_0、β_1。

2）S 生成随机数 γ_0、$\gamma_1 \in [0, p-2]$，计算 $\alpha_0 = g^{\gamma_0}, \alpha_1 = g^{\gamma_1}, y_0 = \beta_0^{\gamma_0}, y_1 = \beta_1^{\gamma_1}, s_0 = x_0 \oplus y_0$，$s_1 = x_1 \oplus y_1$，并将 α_0、α_1、s_0、s_1 发送给 R。

3）R 计算 $x_r = \alpha_r^s \oplus s_r$。

Naor 等人基于计算性 Diffie-Hellman 假设减少了 Bellare 等人提出的 OT 协议的通信量与计算量，具体输入输出如下。

- 公共参数：安全参数 λ，乘法群 $Z_p^* = \langle g \rangle$，生成元 g，阶 p，随机 Oracle $H : \{0,1\}^* \to \{0,1\}^l$，随机数 $C \in Z_p^*$，R 与 S 均不知 C 的离散对数值。

- 发送方 S 与接收方 R 的输入和输出同上。

协议如下。

1）R 生成随机数 $s \in [0, p-1]$，计算 $\beta_r = g^s, \beta_{1-r} = C \cdot g^{-s}$，并将 β_0 发送给 S，公开 β_0、β_1。

2）S 计算 $\beta_1 = C / \beta_0$，并根据 $C = \beta_0 \beta_1$ 确认 R 公开的 β_0 和 β_1 是否一致。

3）S 生成随机数 γ_0、$\gamma_1 \in [0, p-2]$，计算 $\alpha_0 = g^{\gamma_0}, \alpha_0' = H(\beta_0^{\gamma_0}) \oplus x_0, \alpha_1 = g^{\gamma_1}, \alpha_1' = H(\beta_1^{\gamma_1}) \oplus x_1$，并将 α_0、α_0'、α_1、α_1' 发送给 R。

4）R 计算 $x_r = H(\alpha_r^s) \oplus \alpha_r'$。

Naor 等人进一步将上述步骤 3）改进为：S 生成随机数 $\gamma \in [0, p-2]$，计算 $\alpha = g^\gamma, \alpha_0' = H(\beta_0^\gamma, 0) \oplus x_0, \alpha_1' = H(\beta_1^\gamma, 1) \oplus x_1$，并将 α、α_0'、α_1' 发送给 R。对应的，R 提取消息的计算为：$x_r = H(\alpha^s, r) \oplus \alpha_r'$。

由于上述 OT 协议需要发送方与接收方预先安全共享 C 的值，并且需要使用随机

Oracle H，Naor 等人给出了基于判定性 Diffie-Hellman 假设的另一个 OT 协议，具体输入和输出如下。

- 公共参数：安全参数 λ，乘法群 $Z_p^* = \langle g \rangle$，生成元 g，阶 p。
- 发送方 S 与接收方 R 的输入和输出同上。

协议如下。

1）R 生成随机数 a、b、$\beta_{1-r} \in Z_p^*$，计算 $\beta_r = ab$，$x = g^a$，$y = g^b$，$z_0 = g^{\beta_0}$，$z_1 = g^{\beta_1}$，并将 x、y、z_0、z_1 发送给 S。

2）S 计算 z_0、z_1 是否满足 $z_0 \neq z_1$，若不满足，则中止协议。S 生成随机数 m_0、n_0、m_1、n_1，并计算 $\omega_0 = x^{n_0} g^{m_0}$，$k_0 = z_0^{n_0} y^{m_0}$，$\omega_1 = x^{n_1} g^{m_1}$，$k_1 = z_1^{n_1} y^{m_1}$，$e_0 = k_0 x_0$，$e_1 = k_1 x_1$，将 (e_0, ω_0)、(e_1, ω_1) 发送给 R。

3）R 计算 $x_r = e_r \omega_r^{-b}$。

除了上述协议外，人们基于不同的安全假设与底层技术构造了许多其他协议，以满足不同的需求和应用场景。这些协议包括但不限于基于离散对数问题的 OT 协议、基于特定密码学假设的 OT 协议，如基于 Diffie-Hellman 假设、CDH 假设、DDH 假设等。此外，还有基于零知识证明、同态加密、多线性映射等技术构建的 OT 协议。除了二选一 OT 协议外，还有更一般化的 OT 协议，如 n 选 1 OT 协议 OT_1^n 和 n 选 k OT 协议 OT_k^n。OT_1^n 协议允许接收方从 n 个选项中选择一个，并且发送方不知道接收方的选择。OT_k^n 协议允许接收方从 n 个选项中选择 k 个，并且发送方不知道接收方的选择。下面简要介绍几个 OT_1^n 与 OT_k^n 协议示例。

Naor 等人基于随机 Oracle 构造了 OT_1^n 协议，具体输入和输出如下。

- 公共参数：安全参数 λ，乘法群 $Z_p^* = \langle g \rangle$，生成元 g，阶 p，随机 Oracle $H : \{0,1\}^* \to \{0,1\}^l$。
- 发送方 S 输入：n 个消息 $x_0, x_1, \cdots, x_{n-1} \in \{0,1\}^l$。
- 发送发 S 输出：none。
- 接收方 R 输入：$r \in [0, n-1]$。
- 接收方 R 输出：x_r。

协议如下。

1）S 生成 n 个随机数 $\gamma, C_1, \cdots, C_{n-1} \in Z_p^*$，并计算 $C_0 = g^\gamma$，将 $C_0, C_1, \cdots, C_{n-1}$ 发送给接收方。

2）接收方 R 生成随机数 $s \in [0, p-1]$，计算 $\beta_r = g^s$，若 $s \neq 0$，则计算 $\beta_0 = C_r / \beta_r$，并

将 β_0 发送给 S。

3）S 生成随机数 X，计算 $\beta_i^\gamma = C_i^\gamma / \beta_0^\gamma, i = 0,1,\cdots,n-1$，$e_i = H(\beta_i^\gamma, X, i) \oplus x_i$, $i = 0,1,\cdots,$ $n-1$，并将 $e_0, e_1, \cdots, e_{n-1}$ 与 X 发送给 R。

4）R 计算 $x_r = H(C_0^s, X, r) \oplus e_r$。

Tzeng 等人基于 DDH 假设构造了 OT_1^n 协议，具体输入和输出如下。

- 公共参数：g_q 的两个生成元 g, h。
- 发送方 S 输入：n 个消息 $x_0, x_1, \cdots, x_{n-1} \in g_q$，$g_q$ 为阶为 q 的乘法群。
- 发送发 S 输出：none。
- 接收方 R 输入：$r \in [1, n]$。
- 接收方 R 输出：x_r。

协议如下。

1）R 生成随机数 $s \in [0, q-1]$，且 $s \neq r$，计算 $\beta = g^s h^r$，将 β 发送给 S。

2）S 对每个 $1 \leq i \leq n$ 生成随机数 $k_i \in [1, q-1]$，计算 $a_i = g^{k_i}, b_i = x_i(\beta / h^i)^{k_i}$，将 $a_1, b_1, \cdots, a_n, b_n$ 发送给 R。

3）R 计算 $x_r = b_r / a_r^s$。

Tzeng 等在同一论文中，除了构造上述 OT_1^n 协议外，还构造了一个 OT_k^n 协议，具体输入和输出如下。

- 公共参数：g_q 的两个生成元 g, h。
- 发送方 S 输入：n 个消息 $x_0, x_1, \cdots, x_{n-1} \in g_q$，$g_q$ 为阶为 q 的乘法群。
- 发送发 S 输出：none。
- 接收方 R 输入：$r_1, r_2, \cdots, r_k \in [1, n]$。
- 接收方 R 输出：$x_{r_1}, \cdots, x_{r_k}$。

协议如下。

1）R 生成 k 个随机数 $s_1, \cdots, s_k \in [0, q-1]$，计算 $\beta_i = g^{s_i} h^{r_i}$, $i = 1, \cdots, k$，将 $\beta_1, \cdots, \beta_k$ 发送给 S。

2）S 对每个 $1 \leq i \leq n, 1 \leq j \leq k$ 生成随机数 $k_{i,j} \in [1, q-1]$，计算 $a_{i,j} = g^{k_{i,j}}$, $b_{i,j} = x_i (\beta_j / h^i)^{k_{i,j}}$、将 $a_{i,j}$、$b_{i,j}$ 发送给 R。

3）R 对每个 $1 \leq j \leq k$ 计算 $x_{r_j} = b_{r_j, j} / a_{r_j, j}^{s_j}$。

3.5.3 OT 扩展协议

OT 扩展协议是一种基于基本 OT 协议的扩展方案，旨在提高 OT 协议的效率。基本 OT 协议在应用于大规模数据时可能面临通信和计算成本高的问题，OT 扩展协议可通过执行少量的基本 OT 协议来获取大量 OT 实例，特别是通过辅助计算与对称密码技术来降低计算和通信成本。

OT 扩展协议在许多应用中具有重要的作用，特别是在需要大规模数据传输和隐私保护的场景中。例如，在受隐私保护的数据分析中，OT 扩展协议可以用于安全地传输敏感数据，同时确保数据的保密性和完整性。在受隐私保护的机器学习中，OT 扩展协议可以用于安全地传输训练数据和模型参数，从而实现协作式学习和联邦学习等技术。

Ishai 等人基于伪随机函数构造了 OT 扩展协议（被称为 "IKNP 协议"），具体输入和输出如下。

- 公共参数：随机 Oracle $H:[m]\times\{0,1\}^k \to \{0,1\}^l$，安全参数 k，一个理想安全 OT_m^k 协议。
- 发送方 S 输入：m 个消息对 $(x_0^j,x_1^j),x_0^j,x_1^j \in \{0,1\}^l, 1\leqslant j\leqslant m$。
- 发送方 S 输出：none。
- 接收方 R 输入：$r = (r_1,r_2,\cdots,r_m)\in\{0,1\}^{m\times 1}$。
- 接收方 R 输出：$x_{r_1}^j,\cdots,x_{r_m}^j$。

协议如下。

1）S 生成 k 比特随机向量 $s = (s_1,s_2,\cdots,s_k)\in\{0,1\}^k$。

2）R 生成 $m\times k$ 随机矩阵 $T\in\{0,1\}^{m\times k}$，及随机向量 $r\in\{0,1\}^k$，并计算 $U = T\oplus[r,r,\cdots,r]$，即矩阵 U 的每一列为矩阵的 T 的每一列分别异或向量 r。

3）以 S 作为接收者，输入为 s，R 作为发送者，输入为 T 与 U，执行 OT_m^k 协议，协议执行结束后，记 S 所得信息为 $Q\in\{0,1\}^{m\times k}$，易知 $q^i = (s_ir)\oplus t^i, q_j = (r_js)\oplus t_j$，其中 q^i、q_j 分别为矩阵 Q 的第 i 列、第 j 行。

4）S 计算 $y_0^j = x_0^j\oplus H(j,q_j), y_1^j = x_0^j\oplus H(j,q_j\oplus s), 1\leqslant j\leqslant m$，并将 $(y_0^j,y_1^j), 1\leqslant j\leqslant m$ 发送给 R。

5）R 对每个 $1\leqslant j\leqslant m$ 计算 $x_{r_j}^j = y_{r_j}^j\oplus H(j,t_j)$。

3.6 比特承诺协议

3.6.1 比特承诺协议介绍

比特承诺是一种密码学原语，用于实现隐私保护和数据验证的融合。它是一种承诺机制，可以让一个参与者在不透露实际值的情况下，承诺某个数值的存在和取值，并且在未来需要时能够证明该数值的正确性。

比特承诺协议的核心思想是将数值承诺为一个杂凑值或密码学构造，并在需要时提供相应的证明来验证该承诺。具体来说，比特承诺协议包括以下要素。

1）承诺生成：参与者使用杂凑函数或其他密码学构造对数值进行承诺，生成一个杂凑值或密文，并将其公开。

2）承诺隐藏性：承诺的数值在未公开前是不可获取的，无法被其他参与者获知。

3）承诺绑定性：一旦承诺生成后，不能通过其他方式改变承诺的数值，保证承诺的一致性和不可篡改性。

4）承诺开放性：在需要验证承诺数值的时候，承诺生成者可以提供相应的证明，以证明其所承诺的数值的正确性。

比特承诺协议在隐私保护和数据验证方面具有广泛的应用，具体如下。

- 隐私保护：比特承诺协议可用于匿名交易、身份验证和匿名通信等场景，保护个人隐私和敏感数据。
- 保护数据完整性与验证数据：比特承诺协议可用于确保数据的完整性，防止数据被篡改，同时提供可验证性功能，使其他参与者能够验证数据的真实性和完整性。
- 投票系统与在线拍卖：比特承诺协议可用于实现安全投票系统和在线拍卖，确保投票和拍卖的公正性和匿名性。

3.6.2 基于单向函数的方案

在承诺者 P 向验证者 V 承诺一个比特 b 时，我们可利用单向函数构造如下方案。

承诺阶段如下。

1）承诺者 P 和验证者 V 共同选定一个单向函数 h。

2）承诺者 P 随机产生两个比特串 R_1 和 R_2，并选定要承诺的比特 b（可以是一个比特或比特串）。

3）承诺者 P 计算单向函数 $h(R_1, R_2, b)$，并将结果及其中一个随机串（如 R_1）一起发送给验证者 V。

打开阶段如下。

1）承诺者 P 将 (R_1, R_2, b) 和单向函数 h 一起发送给验证者 V。

2）验证者 V 计算 (R_1, R_2, b) 的单向函数值，并将该值与承诺阶段第 2 步收到的单向函数值进行比较（同时，比较收到的 (R_1, R_2, b) 和承诺阶段第 2 步收到的 R_1），以验证比特的有效性。

在上述方案中，$h(R_1, R_2, b)$ 和 R_1 是承诺者 P 向验证者 V 提供的承诺证据。承诺者 P 利用单向函数和随机数阻止验证者 V 对函数进行逆向求解，以确定承诺的比特。同时，由于单向函数 h 的抗碰撞性，承诺者 P 无法找到另一个随机串 R_2'，使得 $h(R_1, R_2, b) = h(R_1, R_2', b')$，从而无法欺骗验证者 V。

需要注意的是，如果承诺者 P 不保障随机串 R_2 的秘密性，验证者 V 可以计算 $h(R_1, R_2, 1)$ 以及 $h(R_1, R_2, 0)$，并通过比较从承诺者 P 接收到的值 $h(R_1, R_2, b)$ 来推断出 b 的取值。

该方案利用单向函数和随机数的特性实现了比特承诺，以确保验证者能够验证承诺的比特的有效性，同时防止承诺者欺骗验证者。

3.6.3　基于对称密码的方案

承诺阶段如下。

1）承诺者 P 和验证者 V 共同选定一种对称加密算法 E。

2）验证者 V 产生一个随机比特串 R，并将其发送给承诺者 P。

3）承诺者 P 生成要承诺的比特 b（也可以是比特串，即承诺一个消息），然后利用对称加密算法 E 对 (R, b) 进行加密运算，最后得到密文 $c = E(R, b)$，并将其发送给验证者 V。

打开阶段如下。

1）承诺者 P 将密钥 k 和 b 发送给验证者 V。

2）验证者 V 利用密钥 k 解密密文 c，并利用随机串 R 进行比特 b 的有效性检验。

在上述协议中，密文 $c = E(R, b)$ 是承诺者 P 的证据，因为验证者 V 没有密钥，无法得知承诺的比特值。如果承诺的密文 c 中不包含验证者给出的随机串 R，那么承诺者 P

可以在承诺之后通过使用不同的密钥 k 来解密密文 c，这样容易找到不同的比特 b，从而欺骗验证者 V。然而，由于承诺的密文 $c = E(R,b)$ 中包括了随机串 R，承诺者 P 要想找到一个新的比特 b，并使加密后的结果为 c 的概率是非常小的。

与基于单向函数的方案相比，基于对称密码的方案的优势在于不需要验证者发送任何消息。验证者只需接收承诺者发送的密文和密钥，并进行解密和比特有效性检验即可。然而，基于单向函数的方案更加简洁，不涉及密钥的交换，只需要通过单向函数的计算和比较来实现比特的承诺。选择哪种方案取决于具体的应用需求和安全要求。

需要注意的是，无论基于单向函数的方案，还是对称密码的方案，都需要保障密钥和随机串的机密性，以防承诺者利用这些信息来欺骗验证者。

3.6.4 基于离散对数问题的方案

基于离散对数问题的方案如下。

1）选定承诺函数：设 p 为一个大素数，g_0 和 h_0 为 Z_p^* 中的两个不同生成元。承诺者希望承诺的秘密是 v。

2）承诺阶段：承诺者随机选择一个整数 $r \in Z_p$，并计算承诺值 $c = g_0^v h_0^r \bmod p$。承诺者将 c 发送给接收者作为对数据 v 的承诺。

3）打开阶段：承诺者将 v 和 r 发送给接收者。接收者验证等式 $g_0^v h_0^r \equiv c \pmod{p}$ 是否成立，如果等式成立，则接受承诺值 v，否则拒绝。

4）屏蔽性分析：需要证明对于 v 和 v' 的两种承诺（即 $g_0^v h_0^r \bmod p$ 和 $g_0^{v'} h_0^r \bmod p$）是不可区分的。假设 $v = v' + b$，则需要证明 $g_0^v h_0^r \bmod p$ 和 $g_0^{v+b} h_0^r \bmod p$ 不可区分。根据生成元的性质，存在一个整数 s 使得 $h_0^s = g_0^b \bmod p$，因此需要证明的实际上是 $g_0^v h_0^r \bmod p$ 和 $g_0^v h_0^{r+s} \bmod p$ 是不可区分的。由于 r 是随机选择的，所以这两者是不可区分的。

5）绑定性分析：需要证明不能找到 v' 使得 $g_0^{v'} h_0^{r'} = c = g_0^v h_0^r \bmod p$。假设敌手可以找到 v'、r' 使得等式成立，则敌手可以计算离散对数 $\log_{h_0} g_0 \bmod p$：

$$g_0^{v'-v} \equiv h_0^{r-r'} \bmod p$$

$$g_0 \equiv h_0^{\frac{r-r'}{v'-v}}$$

$$\log_{h_0} g_0 = \frac{r-r'}{v'-v}$$

这违背了离散对数是困难的假设。

3.7 带隐私保护的签名协议

3.7.1 带隐私保护的签名协议介绍

带隐私保护的数字签名协议旨在保护签名者的身份和签名信息的隐私。它允许签名保持一定的匿名性，对签名结果不可追溯到具体的个体。这种协议通过引入密码学技术和隐私保护机制来实现签名者身份的保护，同时确保签名的有效性和抗抵赖性。带隐私保护的签名协议通常具有以下特点。

1）匿名性：协议使得签名保持一定的匿名性，使得外部观察者无法确定具体的签名者身份。

2）不可追溯性：签名结果不可被追溯到具体的签名者，保护签名者的身份和签名信息的隐私。

3）可验证性：验证者可以验证签名的有效性，确保签名的真实性和完整性。

4）抗抵赖性：签名者无法否认其所完成的签名操作。

带隐私保护的签名协议在保护个体隐私和实现可信交互方面具有重要意义。它们被广泛应用于电子投票、匿名认证、受隐私保护的交易和合同签署等场景中，为个体提供了一种有效的方式来保护其身份和隐私，同时确保签名操作的可验证性和抗抵赖性。

3.7.2 群签名协议

群签名协议是一种允许群体成员之一代表整个群体对消息进行签名的协议。任何知道群公钥的人都可以验证签名的正确性，但无法确定是群中的哪个成员进行了签名。在群签名协议中存在一个可信任的第三方机构，它被称为"群管理员"，可以在签名争议时确定签名者的身份。群签名协议的特点如下。

1）匿名性：群签名协议实现了签名者的匿名性，即验证者只能确定签名来自群中的某个成员，无法确定具体是哪个成员进行了签名。这保护了签名者的隐私。

2）可验证性：任何人都可以使用群公钥验证签名的正确性，确保签名的有效性和完整性。

群签名协议在管理、军事、政治和经济等领域具有广泛的应用。例如，在公共资源管理、重要军事命令签发、重要领导人选举、电子商务、重要新闻发布和金融合同签署等方面，群签名都可以发挥重要的作用。它允许群体以集体的身份进行签名操作，提高了签名的可信度，同时保护了群成员的隐私。

群签名协议机制包括以下 4 个过程。

1）建立：建立一个概率交互协议，包括指定群管理员和群成员之间的交互。协议的结果包括群公钥 v、群成员的秘密密钥 x 和群管理员的秘密管理密钥。

2）签名：输入为消息和群成员的秘密密钥 x，输出为对消息的签名。

3）验证：输入为消息、消息签名和群公钥 v，输出为签名是否正确。

4）打开：输入为签名和群管理员的秘密管理密钥，输出为发出签名的群成员的身份和相应的证明。

假设群成员和群管理员之间的所有交流都是秘密进行的，群签名协议必须满足以下性质。

1）不可伪造性：只有群成员才能产生正确的消息签名。

2）匿名性：无法确定哪个群成员对消息进行了签名。

3）不可连接性：无法确定两个签名是否由同一个群成员签署。

4）陷害攻击安全性：群成员不能打开签名，也不能代表其他成员签名，群管理员也是如此。这表明群管理员不能知道群成员的秘密密钥。

群签名协议的有效性取决于以下几个因素。

1）群公钥 v 的大小。

2）签名的长度。

3）签名和验证算法的有效性。

4）加入和打开协议的有效性。

下面介绍 Chaum 等人 1991 年提出的群签名协议的基本思想。假设存在一个由 n 个人组成的群体 G，以及一个可信中心 T，可信中心 T 向每个群成员分发一张秘密密钥表（这些表是互不相交的），并将该群体中所有成员的秘密密钥对应的公钥以随机的次序排列成一张公开的表。这样，每个成员就可以使用自己秘密密钥表中的秘密密钥对消息进行签名，而接收者可以使用公开表中的公钥来验证签名。每个密钥只能使用一次，否则接收者可以将这些签名联系在一起。由于是可信中心 T 生成秘密密钥表，T 知道公钥和签名成员之间的对应关系，一旦发生争议，T 可以解决该争议。在这个方案中，每个成员得到一张固定的表，公钥的总数是群成员人数 n 的线性函数，但是每个成员所能签名的次数是固定的。

假设 p 是一个使得在 Z_p 上计算离散对数不可行的大素数，g 是 Z_p 的一个生成元，群中共有 n 个成员，每个成员只有一个基本的秘密密钥 $s(1 \leq i \leq n)$，对应的公钥是 $g^{s_i} \bmod p(1 \leq i \leq n)$。可信中心 T 有一张这些公钥和群成员的名字相对应的表。对于每个群成员 i，可信中心 T 随机选择一个数 $r_i \in Z_p^*$（这里的 r_i 也被称为"盲因子"），并将表中的公钥 $(g^{s_i})^{r_i}$（这种公钥也被称为"盲公钥"）公开。每个群成员 i 可以使用 $s_i r_i \bmod (p-1)$ 作为秘密密钥，并使用 ElGamal 数字签名算法、不可否认的数字签名协议等对消息 x 进行签名。可信中心 T 可以定期更换群成员的盲因子 $r_i (1 \leq i \leq n)$。

该协议的签名过程和验证过程取决于所选择的数字签名协议。当接收者收到一个消息的签名时，他尝试使用公开的公钥表中的每一个公钥进行验证，只要有一个公钥使签名通过验证，就说明这个签名是该群的一个合法签名。如果发生争议，接收者可以将通过验证的公钥和签名一起提交给可信中心 T，T 可以利用这些信息及存储的公钥与群成员名字的表找出对应的签名者。

3.7.3 盲签名协议

盲签名协议是用于确保参与者匿名性的一种基本密码协议。盲签名协议涉及两个实体——消息发送者和签名者，它允许发送者让签名者对给定的消息进行签名，同时不泄露关于消息和消息签名的任何信息。1982 年，Chaum 首次提出了盲签名的概念，并利用盲签名技术提出了第一个电子现金方案。盲签名技术可以完全保护用户的隐私，在许多电子现金方案中被广泛应用。

盲签名的基本原理是应用两个可互换的加密算法。第一个加密算法用于隐藏信息，被称为"盲变换"。第二个加密算法是真正的签名算法。通过这种方式，盲签名保障了发送者的匿名性和签名的有效性。盲签名的过程如图 3-23 所示。

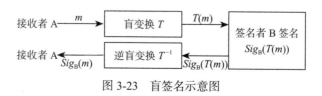

图 3-23　盲签名示意图

盲签名具有以下特点。

1）签名者无法知道他正在签名的具体消息内容。

2）签名者无法将所签的文件 $T(v)$ 和实际要签名的文件联系起来，即使签名者保存了所有已签名的文件，也无法确定所签文件的真实内容。

下面介绍几种盲签名算法。

1. 基于 RSA 数字签名体制的盲签名

签名者 B 选两个大素数 p、q，计算 $n = pq$，随机选择 e，满足 $gcd(e,\varphi(n))=1$，计算 $d \equiv e^{-1} \bmod \varphi(n)$，选择一个单向函数 f，公开 (n,e) 和 f。

若接收者 A 要求签名者 B 对消息 x 进行盲签名，则 A 和 B 可执行如下协议。

1）A 选择随机数 $k \in Z_p^*$（称 k 为"盲因子"），计算 $x' = f(x)k \bmod n$，并将 x' 发送给 B。

2）签名者 B 收到 x' 后，用私钥 d 对 x' 进行签名得 $y' = Sig_B(x') = x'^d \bmod n$，并将 y' 发送给 A。

3）A 收到 y'，计算 $y = \dfrac{y'}{k} = f(x)^d \bmod n$，则 A 得到了 B 对 x 的一个盲签名 y。

易验证 y 是 x 的一个合法签名。在这个过程中，B 从来没看到过 x 和 y，且无法将两个签名 (x,y) 与 (x',y') 联系起来。

2. 基于离散对数签名体制的盲签名

签名者 B 选两个大素数 p、q，使得 Z_p 上的离散对数是困难的，并且 $q\,|\,(p-1)$。选一个阶为 q 的数 $\alpha \in Z_p^*$，选择随机数 x，计算 $y = \alpha^x \bmod p$，公开 p、q、α、y。

若接收者 A 要求签名者 B 对消息 m 进行盲签名，则 A 和 B 可执行如下协议。

1）B 生成随机数 $k' \in Z_q^*$，计算 $r' = \alpha^{k'} \bmod p$，并将 r' 发送给 A。

2）A 生成随机数 a、$b \in Z_q$，计算 $r = r'^a \alpha^b \bmod p, m' = amr'r^{-1} \bmod q$，并将 m' 发送给 B。

3）B 计算 $s' = (xr' + k'm') \bmod q$，并将 s' 发送给 A。

4）A 计算 $s = (s'rr'^{-1} + bm) \bmod q$，则 B 对消息 m 的盲签名为 (r,s)。

3.7.4 环签名协议

Rivest、Shamir 和 Tauman 在 2001 年提出了"环签名"的概念。该概念的基本思想是允许特定群体中的任何一方代表整个群体进行签名，但无法追踪到具体的签名方。Kudla 在此基础上进一步得出以下结论：指定验证方的签名协议与特殊类型的双方环签名协议是等价的，并提供了系统的分析设计方法。需要注意的是，环签名与群签名有许多相似之处，但在本质上仍存在差异，例如没有管理员。

下面介绍一个代表性的环签名协议，许多现有的环签名协议都吸取了其基本设计思想。我们将该环签名协议记为 RSS，其可以通过以下一组算法进行定义。

1）参数建立：给定安全参数 l，设大素数 p 和 q 满足 $q|(p-1)$，G 为 Z_p^* 的 q 阶乘法群，g 是 G 的生成元，H 是一个从 $\{0,1\}^*$ 映射到 Z 的安全杂凑函数。公开参数为 $params = (p,q,g,H)$。

2）密钥生成：该算法以 $params$ 为输入，输出用户的私钥 $x \in Z$ 和公钥 $X = g^x \bmod p$。

3）环签名：输入消息 m、公钥列表 $R = (X_1, X_2, \cdots, X_n)$ 和签名私钥 sk（对应公钥 X_i 是公钥列表 R 的第 sig 个公钥），随机选择 $h_i \in Z$，对于 $i = 1,2,\cdots,n$ 且 $i \neq sig$，计算

$$z = g^k \prod_{i=1,i\neq sig}^n X_i^h \bmod p$$

$$h = H(X_1, X_2, \cdots, X_n, m, z)$$

$$h_{sig} = \left(h - \sum_{i=1,i\neq sig}^n h_i \right) \bmod q$$

$$s = (k - x_{sig} h_{sig}) \bmod q$$

输出环签名 $\sigma = (s, h_1, h_2, ..., h_n)$。

4）环签名验证：以收到的消息 m、公钥列表 $R = (X_1, X_2, \cdots, X_n)$ 和环签名 $\sigma = (s, h_1, h_2, \cdots, h_n)$ 为输入，计算

$$h = H(X_1, X_2, \cdots, X_n, m, g^s X_1^{h_1} \cdots X_n^{h_n}) \bmod p$$

检查等式 $h_1 + h_2 + \cdots + h_n = h$ 是否成立。如果等式成立，则接受该签名；否则，拒绝。

可以看出，上述环签名协议 RSS 实质上是从 Schnorr 签名演变而来的。在离散对数问题难解的前提下，Schnorr 签名是不可伪造的（抗适应性选择消息攻击）。由于上述环签名的不可伪造性实际上可以归约为离散对数问题，即如果 Schnorr 签名是不可伪造的，则上述环签名 RSS 也是不可伪造的。

3.7.5 门限签名协议

门限签名协议通过秘密共享技术将加密或签名所需的密钥分散到多个系统部件中。只有足够数量的部件联合起来，才能完成加密和签名功能。换句话说，只要有足够门限

数量的部件正常工作，系统就可以正常工作，并且可以采取措施恢复到最初的安全状态。下面简要介绍 Gennaro 等人提出的门限签名协议的介绍。

该协议基于联合 Shamir 随机秘密共享（Joint_Shamir_RSS）协议、分布式计算两个共享秘密乘积的分享协议和分布式计算模逆的分享协议。

（1）Joint_Shamir_RSS 协议

该协议用于在无可信中心参与的情况下，生成参与者之间的随机秘密共享信息，具体如下。

1）每个参与者 P_i 在 Z_q 上随机选择一个 t 次多项式 $f_i(x)(t+1<n)$，其中 $s_i=f_i(0)$ 为 P_i 的秘密信息，P_i 将秘密分享信息 $\sigma_{ij}=f_i(j)$ 分发给每个参与者 P_j。

2）每个参与者 P_j 计算他的秘密分享信息 $\sigma_j=\sum_{i=1}^{n}\sigma_{ij}$，如果 P_j 没有收到来自 P_i 的信息，则令 $\sigma_{ij}=0$，得到 $(\sigma_1,\cdots,\sigma_n)\equiv\sigma \bmod q$，其中 $(\sigma_1,\cdots,\sigma_n)$ 表示由 Joint_Shamir_RSS 协议生成的分享序列 $\{\sigma_i\}_{i=1}^{n}$，秘密共享信息为 $\sigma=\sum_{i=1}^{n}f_i(0)$，该序列构成一个 $(t+1,n)$ 门限序列。

（2）分布式计算两个共享秘密乘积的分享协议

该协议用于在不揭示 u 和 v 的任何信息的情况下计算出秘密信息 $u\cdot v$ 的秘密分享，具体如下。

1）采用 $2t$ 次的多项式，利用 Joint_Shamir_RSS 协议生成零秘密的分享序列，即对所有的 $i=1,2,\cdots,n, f(x)$ 的次数为 $2t$ 且 $f(0)=0$。

2）将 u 和 v 的秘密分享相乘，并与上述生成的零秘密的分享相加。通过将零秘密的分享相加到实际秘密的分享上，实现只是随机化了分享而没有改变实际秘密。

（3）分布式计算模逆的分享协议

该协议用于在不揭示 k 和 k^{-1} 的情况下计算出 $k^{-1} \bmod q$ 的秘密分享，具体如下。

1）利用 Joint_Shamir_RSS 协议生成 $(b_1,\cdots,b_n)\equiv b \bmod q$，其中 b_i 是 P_i 保存的秘密分享信息。

2）利用分布式计算两个共享秘密乘积的分享协议，计算出 $b\cdot k$ 的秘密分享。

3）公开 $b\cdot k$ 的秘密分享。

4）每个参与者 P_i 通过计算 $u_i=(b\cdot k)^{-1}b_i \bmod q$ 来计算 k^{-1} 的秘密分享。

门限 DSA 签名协议需要计算 $(\alpha^{k^{-1}} \bmod p) \bmod q$ 的秘密分享而不是 k^{-1} 的秘密分享，具体过程如下。

1）计算出 $b \cdot k$ 的秘密分享。

2）每个参与者 P_i 广播 $\alpha^{b_i} \bmod p$。

3）利用拉格朗日插值公式对指数进行计算，得到 $\alpha^b \bmod p$。

4）计算 $\gamma = (\alpha^b)^{(bk)^{-1}} = \alpha^{k^{-1}} \bmod p \bmod q$。

具体的门限 DSA 签名协议如下。

1）采用 t 次多项式，利用 Joint_Shamir_RSS 协议生成 $(k_1, \cdots, k_n) \equiv k \bmod q$，其中 k_i 是 P_i 保存的秘密分享信息，k 是生成的共享随机秘密。

2）计算 $\gamma = \alpha^{k^{-1}} \bmod p \bmod q$。

3）按以下方式计算 $\delta = k(x + a\gamma) \bmod q$（其中，a 是秘密分享的签名私钥）：

　　①通过相乘两个共享秘密 a 和 k 来计算 δ 的秘密分享并公开。

　　②从秘密分享中重构 δ。

4）输出 x 的 DSA 签名 (r, δ)。

验证签名比较简单，只需要检查 $\gamma = \alpha^{x\delta^{-1}} \beta^{\gamma\delta^{-1}} \bmod p$ 是否成立。

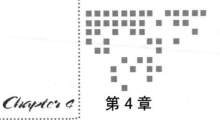

Chapter 4 第 4 章

密 钥 管 理

密钥管理作为密码学中的核心组成部分，是确保加密和解密过程有效性的关键。本章将全面探讨密钥管理的各个方面，从基本的框架和模型到具体的密钥传递和协商机制。每种密钥传递机制都有独特的特点和应用场景，公钥传递为我们提供了一个确保公钥真实性和完整性的方法。此外，随机数发生器作为密码学的重要工具，在很多密码协议和算法中都有重要应用。本章还将深入探讨随机数发生器的工作原理、分类和实际应用，特别是在软件和硬件环境中的实现。通过本章的学习，希望读者能够对密钥管理有一个更加清晰和深入的认识，并能够在实际环境中妥善地管理和使用密钥。

4.1 密钥管理概述

密钥管理对于保障密钥全生命周期安全是至关重要的，可以保障密钥（除公钥外）不被非授权地访问、使用、泄露、修改和替换，可以保障公钥不被非授权地修改和替换。信息系统的应用与数据层面的密钥体系由业务系统根据密码应用需求在密码应用方案中明确，并在密码应用实施中落实。密钥管理包括密钥的产生、分发、存储、使用、更新、归档、撤销、备份、恢复和销毁等环节。

4.2 密钥管理框架

4.2.1 密钥管理的一般模型

密钥管理的目标是安全地管理和使用密钥服务。密钥管理过程取决于基本的密码机制、密钥的预期用途,以及使用的安全策略。密钥管理还包括在密码设备中执行的功能。凡涉及采用密码技术解决机密性、完整性、真实性、抗抵赖需求的应遵循密码相关国家和行业标准。

密钥在所有依赖于密码技术的安全系统中都是关键的部分。对密钥的适当保护取决于许多因素,如密钥的应用类型、面临的威胁、密钥可能出现的不同状态等,实现密钥不被泄露、修改、销毁和重用。密钥的有效性保障可在时间和使用次数上进行限制,用于派生密钥的原始密钥比生成密钥需要更多的保护,同时应避免密钥乱用,如使用加密密钥去加密数据等。密钥可以通过密码技术来保护,也可以通过物理手段或组织手段来保护。本节主要关注使用密码技术来保护密钥。

密钥保护是指对密钥整个生存周期进行保护。密钥的生存周期是指密钥经历的一系列状态,具体如下。

1)待激活:在待激活状态,密钥已生成,但尚未激活使用。

2)激活:在激活状态,密钥用于加密、解密或验证数据。

3)挂起:在挂起状态,密钥仅用于解密或验证数据。

若明确某个密钥已受到威胁,则应立即将密钥状态变为挂起状态,之后该密钥仅可用于解密或验证状态变化前收到的数据,不可用于其他场景。需要注意的是,确定受到威胁的密钥不能被再次激活。当密钥确定受到未授权访问或控制时,我们可认为该密钥受到威胁。密钥生存周期如图 4-1 所示。

密钥从一个状态迁移到另一个状态时,需经历下列转换。

1)生成:密钥生成应依据指定的密钥生成规则。该

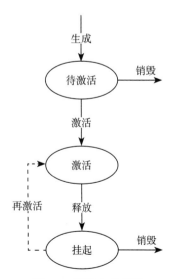

图 4-1　密钥生存周期

过程可能包括测试程序，以验证其是否遵循这些规则。需要注意的是，在密钥生成过程中使用不可预测的随机数是极其重要的，否则，即使使用最强的密码算法也不能提供足够的保护。密钥生成过程中使用的随机数发生器应遵循相关标准。

2）激活：使密钥有效，可用于密码运算。

3）释放：限制密钥的使用，密钥过期或被撤销都会发生这种情况。

4）再激活：允许挂起的密钥重新用于密码运算。

5）销毁：终止密钥的生存周期，包括对密钥的逻辑销毁、物理销毁。

密钥状态转换可由下列事件触发，包括需要新密钥、密钥受威胁、密钥过期、密钥生存周期结束等。所有这些转换都涉及一系列密钥管理服务。

用于特定密码技术的密钥在它的生存周期内将涉及不同的状态转换与管理服务。

1）对于对称加密技术：密钥生成后，从待激活状态到激活状态的转换包括密钥安装、注册和分发。在某些情况下，安装可能涉及派生一个特殊的密钥。密钥的生存周期应限制在一个固定的期限内。当密钥到期时，终止其激活状态。如果发现处于激活状态的密钥受到威胁，撤销该密钥可使它进入挂起状态。一个处于挂起状态的密钥可被归档。如果在某些条件下需再次使用已归档的密钥，它将被再激活，在它完全激活前，可能需再次安装和分发；否则，释放后，它可能会被销毁。

2）对于非对称加密技术：一对密钥（公钥和私钥）生成后，这对密钥都会进入待激活状态。注意：这对密钥的生存周期有关联但不相同。在私钥进入激活状态之前，注册和分发给用户是可选的，但安装则是必需的。私钥在激活状态和挂起状态间的转换，包括释放、再激活和销毁，与上述对称密钥的情形类似。当签发公钥时，通常由 CA 生成一个包含公钥的证书，以确保公钥的有效性和所有权。该公钥证书可放在目录或其他类似服务中用于分发，或传回给所有者进行分发。所有者发送用其私钥签名的数据时，也可附上其证书。一旦公钥被验证，该密钥对就进入激活状态。当密钥对用于数字签名时，在私钥释放或销毁后，其相应的公钥可能不定期地处于激活状态或挂起状态，以便不定期地进行验证。当采用非对称密码技术实现保密，且用于加密的密钥已被释放或销毁时，对应的私钥仍可能处于激活或挂起状态，以便用于后续的解密。

对于签名密钥，其对应的公开密钥将处于激活或挂起状态；对于加密密钥，其对应的私有密钥将处于激活或挂起状态。

密钥的使用可决定与它相关的服务。例如，系统可决定不注册会话密钥，因为注册的时间可能比其生存周期还长。

4.2.2 密钥管理的基本内容

密钥管理是对密钥生成、注册、认证、注销、分发、安装、存储、归档、撤销、派生以及销毁等服务的管理。

这些服务可以是密钥管理系统提供，也可以由其他服务提供者提供。根据服务种类，服务提供者应满足所有相关实体信任的最小安全要求。例如，服务提供者可以是一个可信第三方（TTP）。密钥管理服务位于同一层，并可供各种用户（人或进程）使用，如图 4-2 所示。

图 4-2　密钥管理服务

在不同的应用中，用户可以利用不同的密钥管理设备，以满足需求。密钥管理服务如下。

1）密钥生成：为特定密码算法以安全的方式生成密钥的服务。

2）密钥注册：将密钥和实体联系起来。它由一个注册机构提供，通常在使用对称密码技术时应用。如果实体需要注册密钥，它应与注册机构联系。密钥注册包括注册请求和注册确认。注册机构以适当的安全方式保存密钥及其相关信息的记录。由密钥注册机构提供的操作包括注册和注销。

3）密钥证书生成：由证书认证机构提供的密钥证书生成服务保证公钥和实体的联系。证书认证机构接收密钥的认证请求后，就生成公钥证书。

4）密钥分发：安全地为已授权实体提供密钥管理信息对象的一组过程。密钥分发的一种特殊情形是密钥交换，需要利用密钥交换中心在实体间建立密钥材料。

5）密钥安装：在使用密钥之前需要密钥安装。密钥安装服务是指以保护密钥不被泄露的方式在密钥管理设备内建立密钥。在极少的情况下，密钥安装服务只将密钥状态标记为"使用中"。

6）密钥存储：为当前或近期使用的密钥或备份密钥提供安全存储服务。物理上隔离的密钥存储服务通常具有优越性。例如，它确保密钥材料的保密性和完整性，以及公钥的完整性。密钥存储可能发生在密钥生存周期的各种密钥状态（即待激活、激活和挂起）。

7）密钥派生：使用一个秘密的原始密钥（称为"派生密钥"）、非秘密的可变数据和一个变换过程（不需要保密）来生成大量的密钥。该过程的结果就是派生出的密钥。派生密钥需要特别的保护。派生过程应该是不可逆和不可预测的，这样才能保证泄露一个派生密钥不会导致泄露其他派生出的密钥。

8）密钥归档：在密钥正常使用之后提供安全且长期的存储服务。密钥归档可以使用密钥存储服务，但允许不同的实现方式，例如脱机存储。在正常使用被中断后，为了证明或反驳某些声明，很久之后可能需要恢复已归档的密钥。

9）密钥撤销：如果怀疑或已知某个密钥被泄露，密钥撤销服务能保证安全地将密钥释放。这项服务对于已经到期的密钥是必需的。密钥拥有者发生变化时，也会撤销密钥。当密钥因泄露被撤销后，只有在泄露前处理的数据才可被解密或验证。

10）密钥注销：密钥注册机构提供的密钥注销服务解除密钥与实体的关系，它是销毁过程的一部分。

11）密钥销毁：将不再需要的密钥安全销毁。密钥销毁服务删除该密钥管理对象的所有记录，在密钥销毁之后将不再有任何信息可以用来恢复。销毁密钥还包括删除所有已归档的备份。然而，在销毁已归档的密钥之前，应进行检查，以确保由这些密钥保护的已归档材料不再需要。某些密钥可能存储于电子设备或系统之外，销毁这些密钥需要增加其他的管理措施。

密钥管理服务可利用其他与安全有关的服务，具体如下。

1）访问控制：用于保证密钥管理系统的资源只能由已授权的实体访问。

2）审计：用于对密钥管理系统中有关安全的行为进行跟踪，有助于分析安全风险和安全泄露。

3）鉴别：用于确定实体为某一安全域的授权成员。

4）密码服务：应当由密钥管理服务使用，以提供数据完整性、数据保密性、数据抗抵赖服务。

5）时间服务：生成时变参数（如有效期）所必需的。

6）面向用户的服务：提供一些必要的服务，例如用户注册服务。

4.2.3 两实体间密钥分发的概念模型

实体间分发密钥相当复杂，受通信链路的特性、涉及的可信关系和所用的密码技术的影响。实体间可能直接通信也可能间接通信，可能属于同一安全域也可能属于不同安全域，可能使用或不使用可信机构的服务。

实体 A 与实体 B 之间存在一种连接，它们希望使用密码技术交换信息。这种通信链路如图 4-3 所示。通信实体间密钥分发涉及密钥协商、密钥控制和密钥确认。

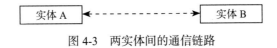

图 4-3　两实体间的通信链路

（1）单域密钥分发模型

对于单域密钥分发，实体使用非对称密码技术进行信息的安全交换时会遇到以下情形。

1）对于数据完整性保障和数据原发鉴别，接收方需要发送方相应的公钥证书。

2）对于数据保密性保障，发送方需要接收方有效的公钥证书。

3）对于身份鉴别、数据保密性和完整性保障，每一方都需要对方的公钥证书。每个实体可能需要与其安全机构联系，以获得合适的公钥证书。如果通信双方彼此信任并可以相互鉴别公钥证书，则不需要安全机构。

有些密码应用不涉及安全机构。在这种情况下，通信双方可能只需要安全地交换特定的公开信息，而不交换公钥证书。

实体双方使用对称密码技术时，使用下列两种方式之一启动密钥生成。

1）由一个实体生成密钥，并将其传给密钥交换中心（KTC）。

2）一个实体请求密钥分发中心（KDC）生成用于后续分发的密钥。

如果由实体生成密钥，那么密钥的安全分发就由密钥交换中心完成，如图 4-4 所示。图 4-4 中数字代表交换的步骤。KTC 接收来自实体 A 的已加密密钥（1），将它解密后用与实体 B 的共享密钥重新加密，然后将已加密密钥转发实体 B（2），或将已加密密钥传给实体 A（3），实体 A 将其转发给实体 B（4）。

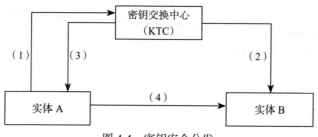

图 4-4　密钥安全分发

如果由可信第三方（TTP）生成密钥，则有两种方法对通信双方进行后续的密钥分发，如图 4-5 所示的密钥分发中心（KDC）的密钥分发和图 4-6 所示的实体 A 将密钥转发给实体 B 的密钥分发。图 4-5 描述了 KDC 与两个实体均能进行安全通信的情形。在这种情形下，一旦 KDC 应一个实体的请求生成密钥，就应负责为两个实体安全地分发密钥。实体 A 向 KDC 请求与实体 B 的共享密钥（1），KDC 将密钥分发给实体 A（2a）和实体 B（2b）。

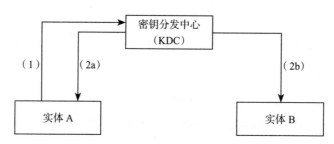

图 4-5　密钥分发中心的密钥分发

如果只有实体 A 请求与实体 B 共享密钥，则 KDC 可以采取以下两种方式。如果 KDC 与两个实体都能进行安全通信，就如上所述将密钥分发给两个实体。如果 KDC 只能与实体 A 通信，那么实体 A 就负责把密钥传给实体 B。图 4-6 展示了另一种分发方式。实体 A 向 KDC 请求与实体 B 的共享密钥（1），KDC 将密钥分发给实体 A（2），由实体 A 将密钥转发给实体 B（3）。

（2）域间密钥分发模型

域间密钥分发模型包括归属不同安全域的实体 A 和实体 B，这两个安全域共用至少一种密码技术（即对称或者非对称密码技术）。图 4-7 展示了使用非对称密码技术情形，

图 4-8 展示了使用对称密码技术情形。每个安全域都有自己的安全机构：一个被实体 A 信任，一个被实体 B 信任。如果实体 A 和实体 B 彼此信任或是信任对方的安全机构，那么依照上述通信实体密钥分发或单域密钥分发。

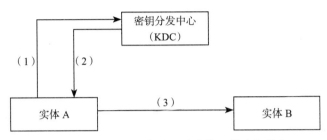

图 4-6　实体 A 将密钥转发给实体 B 的密钥分发

实体 A 与实体 B 之间建立密钥可分为以下两种情况。

1）获取实体 B 的公钥证书（当适用时）。

2）在实体 A 与实体 B 之间建立一个共享的秘密密钥。

如果实体使用非对称密码技术进行信息交换，每一方需要取得对方的证书。如图 4-7 所示，当实体 A 的安全机构根据实体 A 的请求（1）颁发证书给实体 A（2）时，该证书通常由实体 A（3）或实体 A 的安全机构（3'）发布在一个目录中。当实体 B 的安全机构根据实体 B 的请求（4）颁发证书给实体 B（5）时，该证书通常由实体 B（6）或实体 B 的安全机构（6'）发布在一个目录中。目录可以是开放的。在这种情况下，实体 B 可以直接从实体 A 的目录获取实体 A 的证书（7）。如果实体 A 和实体 B 的安全机构有一个交叉发布协议（8），那么实体 B 可以通过实体 B 的安全机构（9）或在它自己的目录中找到实体 A 的证书（10）。如果没有找到，实体 A 将通过交换方式或作为密钥建立协议的一部分（11）将其证书发送给实体 B。

如图 4-8 所示，当实体间使用对称密码技术进行通信时，每个实体同样也应与各自的安全机构安全地联系（1），以获得使其能通信的一个秘密密钥。安全机构间协商一个供两个实体使用的共享秘密密钥（2）。如果把一个安全机构当作分发中心，另一个安全机构就可以向两个实体分发该秘密密钥。当作分发中心的安全机构也可以提供密钥交换服务（2）和（3）。这样，实体 A 和实体 B 就可以安全地直接通信（4）。

当只有实体 A 请求与实体 B 通信的秘密密钥时，安全机构可以采用以下两种方式：

如果它能与双方通信，那么可采用上述方法，将秘密密钥分发给双方；如果它只能与一个实体通信，那么接收密钥的实体负责将密钥转发给另一个实体。

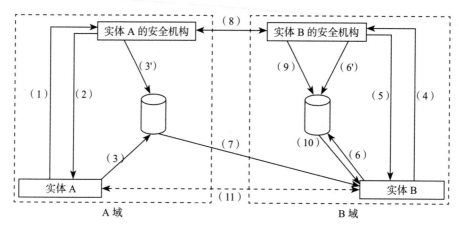

图 4-7 通过非对称密码技术在两个域之间进行密钥分发

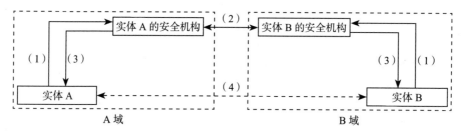

图 4-8 通过对称密码技术在两个域之间进行密钥分发

有时，实体 A 和实体 B 的安全机构既没有相互信任的关系也没有直接通信路径，那么就要借助双方都信任的机构 X，如图 4-9（2a）和（2b）所示。安全机构 X 可以生成密钥，将它分发给实体 A 和实体 B 的安全机构（3a）和（3b），或者安全机构 X 可以将从实体 A 的安全机构接收到的秘密密钥或公钥证书（2a）转发给实体 B 的安全机构（3b）。这些安全机构应将接收到的密钥转发给各自的实体（4a）和（4b），这样可以安全地交换信息（5）。此种场景可能需要寻找一系列相关的安全机构，直至建立起共同信任根。

密钥管理系统需要的某些服务可由外部服务提供者提供，可能的服务实体如下。

1）密钥注册机构或者密钥认证机构。

2）KDC（用于为实体生成并分发密钥）。

3）KTC（不产生密钥，仅用于为实体提供密钥交换服务）。

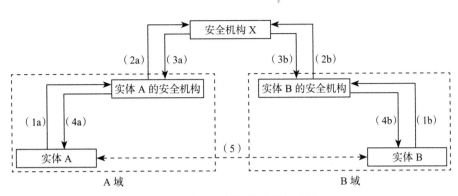

图 4-9　安全机构间的信任关系链

4.3　密钥传递

4.3.1　密钥传递机制 1

该机制适用于参与密钥传递的两个实体中仅有一方知道对方身份，且只需在线交互一次的场景。该机制通过实体 B 到实体 A 的隐式密钥鉴别，经一次交互，实体 A 将一个秘密密钥传给实体 B。该机制应满足以下几个要求。

1）实体 B 有一个非对称加密系统（E_B, D_B）。

2）实体 A 能访问实体 B 已鉴别的公开加密变换 E_B 副本。

3）可选的时变参数 TVP 可为一时间戳或一序列号，如果使用时间戳，那么实体 A 和实体 B 必须保持时钟同步；如果使用序列号，那么实体 A 和实体 B 必须维护双边计数器。

密钥传递机制 1 如图 4-10 所示，具体过程如下。

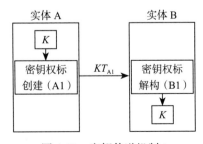

图 4-10　密钥传递机制 1

1）密钥权标创建（A1）：假设 K 是实体 A 希望安全传递给实体 B 的一个秘密密钥，实体 A 创建一个密钥数据块，该数据块包含其可区分标识符（可选）、密钥 K、一个可选的 TVP 和一个可选的数据域 $Text_1$。实体 A 使用接收方的公开加密变换 E_B 对该密钥数据块加密，然后将密钥权标 $KT_{A1}=E_B(A\|K\|TVP\|Text_1)\|Text_2$ 发送给实体 B。

2）密钥权标解构（B1）：实体 B 使用自己的私有解密变换 D_B 将接收到的密钥权标加密部分进行解密，恢复密钥 K，检查可选的 TVP，将恢复的密钥 K 与声称是发送方的实体 A 相关联。

密钥传递机制 1 具有以下特点。

1）交互次数为 1。

2）由于只有实体 B 才能恢复密钥 K，该机制提供从实体 B 到实体 A 的隐式密钥鉴别。

3）该机制不提供密钥确认。

4）实体 A 可选择密钥。

5）由于实体 B 从未经鉴别的实体 A 接收到密钥 K，实体 B 对密钥 K 的安全使用限于不需对实体 A 做鉴别的场景，例如，可执行解密和产生消息鉴别码，但不执行加密和验证消息鉴别码。

4.3.2 密钥传递机制 2

该密钥传递机制适用于参与密钥传递的两个实体只需在线交互一次的场景。该机制通过实体 A 到实体 B 的显式密钥鉴别，实体 B 到实体 A 的隐式密钥鉴别，从实体 A 传递一个经加密和签名的秘密密钥给实体 B。该机制应满足以下条件。

1）实体 A 有一个非对称签名系统 (S_A, V_A)。

2）实体 B 有一个非对称加密系统 (E_B, D_B)。

3）实体 A 能够访问实体 B 已鉴别的公开加密变换 E_B 副本。

4）实体 B 能够访问实体 A 已鉴别的公开验证变换 V_A 副本。

5）可选的 TVP 是一时间戳或一序列号。如果使用时间戳，那么实体 A 和实体 B 必须保持时钟同步，或使用一可信第三方时间戳机构；如使用序列号，那么实体 A 和实体 B 必须维护双边计数器。

密钥传递机制 2 如图 4-11 所示，具体过程如下。

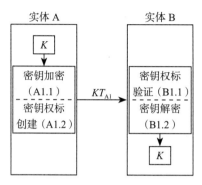

图 4-11　密钥传递机制 2

1）密钥加密（A1.1）：假设 K 是实体 A 希望安全传递给实体 B 的一个密钥，实体 A 生成一个密钥数据块，该数据块包含发送方可区分识别符、密钥 K、一个可选的数据域 $Text_1$。实体 A 用实体 B 的公开加密变换 E_B 对密钥数据块进行加密，生成加密块 $BE=E_B(A\|K\|Text_1)$。

2）密钥权标创建（A1.2）：实体 A 创建权标数据块。该数据块包含接收方的可区分识别符、可选的 TVP（时间戳或序列号）、经加密的数据块 BE 和可选的数据域 $Text_2$。实体 A 用其私有签名变换 S_A 来签署数据，附上可选的 $Text_3$，然后生成密钥权标 $KT_{A1}=S_A(B\|TVP\|BE\|Text_2)\|Text_3$，并发送给实体 B。

3）密钥权标验证（B1.1）：实体 B 用发送方的公开验证变换 V_A 来验证接收的密钥权标中的数字签名，然后实体 B 检查 KT_{A1} 中的识别符和可选的 TVP。

4）密钥解密（B1.2）：实体 B 用其私有解密变换 D_B 来解密加密块 BE，然后将包含在块 BE 中的实体 A 的识别符和签名实体的身份进行比较，如果所有的检查成功，那么实体 B 将接收密钥 K。

密钥传递机制 2 具有以下特点。

1）交互次数为 1。

2）该机制提供了实体 A 到实体 B 的鉴别功能，还提供了从实体 B 到实体 A 的隐式密钥鉴别功能。

3）该机制提供了实体 A 到实体 B 的密钥确认功能。实体 B 确信它与实体 A 分享正确的密钥，但实体 A 在收到实体 B 用密钥 K 加密答复之后，才能确信实体 B 已经收到该密钥。

4）可选的 *TVP* 提供实体 A 到实体 B 的鉴别功能，并防止密钥权标重放。为了防止密钥数据块 *BE* 的重放，需在 *Text₁* 中增加一个 *TVP*。

5）实体 A 可选择密钥 K_A，因为它是发起实体。类似地，实体 B 也能选择密钥 K_B。联合密钥控制可以通过将实体 A 和实体 B 的密钥 K_A 和 K_B 结合起来，形成一个共享秘密密钥 K_{AB}。联合密钥控制需额外的一次交互。这种结合应是单向的，否则实体 A 就能够选择共享秘密密钥。这被称为"密钥协商"。

6）实体 A 的标识符包括在被加密的块 *BE* 中，以防实体 A 的加密块被另一实体盗用。抵抗该攻击的方法是要求实体 B 比较实体 A 的标识符和实体 A 对权标的签名。

7）数据域 *Text₃* 可用来传递实体 A 的公钥证书。在这种情况下，条件 4 可放宽为实体 B 拥有 CA 一个已鉴别的公开验证密钥副本。

4.3.3 密钥传递机制 3

在该密钥传递机制中，实体 A 采用单边密钥来确认通过一次交互将经签名及加密的秘密密钥传给实体 B。该机制应满足以下要求。

1）实体 A 有一个非对称的签名系统 (S_A, V_A)。

2）实体 B 有一个非对称的加密系统 (E_B, D_B)。

3）实体 A 得到实体 B 已鉴别的公开加密变换 E_B 副本。

4）实体 B 得到实体 A 已鉴别的公开鉴别变换 V_A 副本。

5）可选的 *TVP* 是一时间戳或一序列号，如果使用时间戳，那么实体 A 和实体 B 必须保持同步时钟；如果使用序列号，那么实体 A 和实体 B 必须维护双边计数器。

密钥传递机制 3 如图 4-12 所示，具体过程如下。

1）密钥块签名（A1.1）：假设实体 A 希望将一个秘密密钥 *K* 安全传递给实体 B，实体 A 生成一个密钥数据块，该数据块包含接收方的可区分识别符、密钥 *K*、可选的 *TVP*（序列号或时间戳）和可选数据。实体 A 用其私有签名变换 S_A 来对密钥块进行签名，生成签名后的数据块 $BS = S_A(B\|K\|TVP\|Text_1)$。

2）密钥权标创建（A1.2）：实体 A 创建权标数据块，该数据块包含已签名的块 *BS* 和可选项 *Text₂*。实体 A 用接收方的公开加密变换 E_B 来加密权标数据块，附上可选的 *Text₃*，

然后生成密钥权标 $KT_{A1}=E_B(BS\|Text_2)\|Text_3$，并发送给实体 B。

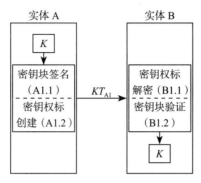

图 4-12　密钥传递机制 3

3）密钥权标解密（B1.1）：实体 B 使用其私有解密变换 D_B 来解密接收到的密钥权标加密部分。

4）密钥块验证（B1.2）：实体 B 使用发送方的公开验证变换 V_A 来验证 BS 的完整性和来源，确认它确实是权标的接收方（通过检查 BS 中的标识符），并可选择地确认 TVP 在可接受的范围内（验证权标的时间性）。如果所有的验证都成功，实体 B 将接收该密钥 K。

密钥传递机制 3 具有以下特点。

1）交互次数为 1。

2）该机制提供实体 A 到实体 B 的鉴别和从实体 B 到实体 A 的隐式密钥鉴别功能。

3）该机制提供实体 A 到实体 B 的密钥确认功能。实体 B 确信它与实体 A 分享正确的密钥，但实体 A 在收到实体 B 用密钥 K 加密答复之后，才能确信实体 B 已经收到该密钥。

4）实体 A 可选择密钥。

5）实体 B 的标识符包括在被签名的密钥块 BS 中，以明确表明密钥的接收者，从而防止由实体 B 签名的块 BS 被滥用。

6）数据域 $Text_3$ 可用来传递实体 A 的公钥证书。在这种情况下，条件 4 可被放宽为实体 B 拥有 CA 已鉴别的公开验证密钥副本。

7）如果将该密钥传递机制的两种实施方法（从实体 A 到实体 B，从实体 B 到实体 A）结合起来，那么就可以提供相互实体鉴别和联合密钥控制功能（取决于可选项 *TVP* 的使用）。

4.3.4 密钥传递机制 4

该机制适用于参与密钥传递的两个实体彼此鉴别对方身份，且在线交互两次的场景，实现将密钥从实体 B 传递到实体 A。该机制应满足以下要求。

1）实体 A 有一个非对称加密系统（E_A, D_A）。

2）实体 B 有一个非对称签名系统（S_B, V_B）。

3）实体 A 可得到实体 B 已鉴别的公钥验证变换 V_B 副本。

4）实体 B 可得到实体 A 已鉴别的公钥加密变换 E_A 副本。

密钥传递机制 4 如图 4-13 所示，具体过程如下。

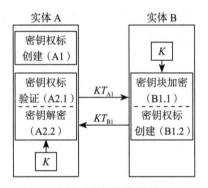

图 4-13　密钥传递机制 4

1）密钥权标创建（A1）：实体 A 产生一个随机数 r_A，将 r_A 和可选的数据域 $Text_1$ 组成密钥权标 $KT_{A1}=r_A\|Text_1$，并发送给实体 B。

2）密钥块加密（B1.1）：假设实体 B 希望将一个秘密密钥 K 安全传递到实体 A，实体 B 构建一个由发送方的标识符、密钥 K 和可选的数据域 $Text_2$ 组成的密钥数据块。实体 B 用实体 A 的公钥变换 E_A 来对密钥数据块加密，构成加密块 $BE=E_A(B\|K)$。

3）密钥权标创建（B1.2）：实体 B 可选地生成随机数 r_B，并生成权标数据块。该权标数据块由接收方的标识符、步骤 A1 中接收的随机数 r_A、新的随机数 r_B（可选）、加密

块 BE 和可选的数据域 $Text_3$ 组成。实体 B 用其私钥签名变换 S_B 生成签名，附上可选的 $Text_4$，生成密钥权标 $KT_{B1}=S_B(A||r_A||r_B||BE||Text_3)$，并发送给实体 A。

4）密钥权标验证（A2.1）：实体 A 使用发送方的公钥验证变换 V_B 来验证接收到的公钥权标 KT_{B1} 中的数字签名，然后检查 KT_{B1} 中的标识符，并检查接收到的值 r_A 与步骤 A1 发送的随机数是否一致。

5）密钥块解密（A2.2）：实体 A 用其私钥解密变换 D_A 来解密加密块 BE，然后验证 BE 中发送方的标识符。如果所有检查都成功，实体 A 接收该密钥 K。

密钥传递机制 4 具有以下特点。

1）交互次数为 2。

2）该机制提供从实体 A 到实体 B 的隐式密钥鉴别功能。

3）该机制提供实体 B 到实体 A 的密钥确认功能。实体 A 确信它与实体 B 分享正确的密钥，但实体 B 在收到实体 A 用密钥 K 加密答复之后，才能确信实体 A 已经收到该密钥。

4）实体 B 可选择密钥。

4.3.5　密钥传递机制 5

该机制适用于参与密钥传递的两个实体通过三次交互鉴别，彼此鉴别对方身份的场景。该机制通过相互实体鉴别和密钥确认功能传递两个共享密钥——一个共享密钥从实体 A 传给实体 B，另一个共享密钥从实体 B 传给实体 A。该机制应满足以下要求。

1）每个实体 X 有一个非对称的签名系统 (S_x, V_x)。

2）每个实体 X 有一个非对称的加密系统 (E_x, D_x)。

3）每个实体可得到其他实体已鉴别的公开验证变换副本。

4）每个实体可得到其他实体已鉴别的公开加密变换副本。

密钥传递机制 5 如图 4-14 所示，具体过程如下。

1）密钥权标创建（A1）：实体 A 随机生成 r_A，构建密钥权标 $KT_{A1}=r_A||Text_1$，并将其发送给实体 B。

2）密钥块加密（B1.1）：假设实体 B 希望将一个秘密密钥 K 安全传递到实体 A，实体 B 构建一个由它自己的标识符、密钥 K_B 和可选的 $Text_2$ 组成的数据块，然后用接收方

的公钥加密变换 E_A 来加密这个数据块 $BE_1=E_A(B||K_B||Text_2)$。

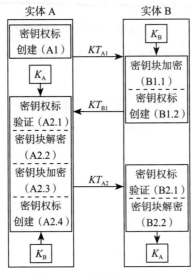

图 4-14 密钥传递机制 5

3）密钥权标创建（B1.2）：实体 B 随机生成 r_B，构建一个包含 r_B、r_A、接收方标识符、加密的密钥块 BE_1 和可选的 $Text_3$ 数据块。实体 B 用其私钥签名变换 S_B 来签名这个数据块，附上可选的 $Text_4$，然后生成密钥权标 $KT_{B1}=S_B(r_B||r_A||A||BE_1||Text_3)||Text_4$，并发给实体 A。

4）密钥权标确认（A2.1）：实体 A 使用实体 B 的公钥验证变换 V_B 来验证实体 B 对密钥权标 KT_{B1} 的签名，检查它在 KT_{B1} 中的标识符，并检查接收到的 r_A 是否与步骤 A1 发送的随机数一致。

5）密钥块解密（A2.2）：实体 A 使用其私钥解密变换 D_A 来解密加密块 BE_1，并验证实体 B 的标识符。如果所有的验证都成功，实体 A 接收密钥 K_B。

6）密钥块加密（A2.3）：实体 A 创建一个包含其标识符、私钥 K_A 及可选的 $Text_5$ 的数据块，并使用接收方的公开加密变换 E_B 来加密这个加密块 $BE_2=E_B(A||K_A||Text_5)$。

7）密钥权标创建（A2.4）：实体 A 创建一个包含随机数 r_A、随机数 r_B、接收方的标识符、加密的密钥块 BE_2 和可选的 $Text_6$ 数据块。实体 A 用其私钥签名变换 S_A 来签名这个数据块，附上可选的 $Text_7$，并发送这个密钥权标 $KT_{A2}=S_A(r_A||r_B||B||BE_2||Text_6||Text_7)$ 给实体 B。

8）密钥权标验证（B2.1）：实体 B 使用实体 A 的公钥验证变换 V_A 来验证实体 A 的签名，检查 KT_{A2} 中它自己的标识符，并检查接收到的 r_B 是否与步骤 B1.2 发送的随机数一致。此外，实体 B 还检查接收到的 r_A 是否与 KT_{A1} 中的数值一致。

9）密钥块解密（B2.2）：实体 B 用其私钥变换 D_B 来解密加密块 BE_2，验证实体 A 的标识符。如果所有的验证成功，那么实体 B 接收密钥 K_A；如果只是要求单方密钥传输，则构建 BE_1 或 BE_2 的步骤可省略。

密钥传递机制 5 具有以下特点。

1）交互次数为 3。

2）该机制提供相互实体鉴别功能，即实体 B 到实体 A 的 K_A 隐式密钥鉴别和实体 A 到实体 B 的 K_B 隐式密钥鉴别。

3）该机制对 K_A 和 K_B 都进行从发送端到接收端的密钥确认。此外，如果实体 A 在 K_B 中包含一个 MAC，那么就 K_B 而言，这种机制可以进行相互密钥确认。

4）由于实体 A 是发送实体，它可选择密钥 K_A。类似地，实体 B 也可选择密钥 K_B。联合密钥控制可通过将两个密钥 K_A 和 K_B 组合在一起构成一个共享秘密密钥 K_{AB} 来实现。组合函数应为单向的，否则实体 A 可选择共享秘密密钥。这被称为"密钥协商"。

5）如果数据域 $Text_1$、$Text_4$（或 $Text_7$、$Text_4$）包含实体 A 和实体 B 的公钥证书，那么第 3 和第 4 条要求可以放宽为两个实体都拥有 CA 经鉴别的公开验证密钥副本。

4.3.6　密钥传递机制 6

该机制适用于参与密钥传递的两个实体以零知识证明技术为基础，在线交互三次的场景。该机制经三次交互安全传递两个密钥——一个密钥从实体 A 到实体 B，另一个密钥从实体 B 到实体 A。此外，该机制还实现了相互实体鉴别及对两个密钥分别实现相互确认。该机制应满足以下要求。

1）每个实体 X 有一个非对称的加密系统（E_X，D_X）。

2）每个实体可得到其他实体已鉴别的公开加密变换副本。

密钥传递机制 6 如图 4-15 所示，具体过程如下。

1）密钥权标创建（A1）：实体 A 获得一个密钥 K_A，并希望把它安全地传送给实体 B。实体 A 选择一个随机数 r_A 并创建一个包含其标识符、密钥 K_A、随机数 r_A 和可选的

数据块 $Text_1$ 的密钥数据块，然后用实体 B 的公钥加密变换 E_B 来对密钥数据块加密，生成加密块 $BE_1=E_B(A||K_A||r_A||Text_1)$。

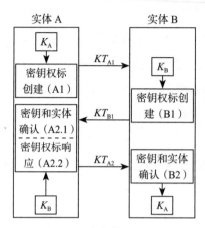

图 4-15 密钥传递机制 6

2）实体 A 创建一个密钥权标 $KT_{A1}=BE_1||Text_2$，并发送给实体 B。

3）密钥权标创建（B1）：实体 B 从接收到的密钥权标 KT_{A1} 中提取加密块 BE_1，并用其私钥解密变换 D_B 来对它解密，然后检查解密后的加密块 BE_1 中包含的实体 A 的标识符。

4）实体 B 获得一个密钥 K_B，并希望把它安全地传送给实体 A。实体 B 选择一个随机数 r_B，并创建一个包含其标识符、密钥 K_B、随机数 r_B、随机数 r_A（从解密块提取）及可选的数据域 $Text_3$ 的密钥数据块。实体 B 用实体 A 的公钥加密变换 E_A 来对密钥数据块加密，生成加密块 $BE_2=E_A(B||K_B||r_A||r_B||Text_3)$。

5）实体 B 创建一个密钥权标 $KT_{B1}=BE_2||Text_4$，并发送给实体 A。

6）密钥和实体确认（A2.1）：实体 A 从接收到的密钥权标 KT_{B1} 中提取加密块 BE_2，并使用其私钥解密变换 D_A 来对它解密。实体 A 通过比较随机数 r_A 与包含在加密块 BE_2 中的随机数 r_A 检查密钥权标的有效性。如果验证成功，那么实体 A 确认密钥 K_A 已安全到达实体 B。

7）密钥权标响应（A2.2）：实体 A 从解密的密钥数据块中提取随机数 r_B，并用随机数 r_B 和可选的数据域 $Text_5$ 创建密钥权标 $KT_{A2}=r_B||Text_5$，并发送给实体 B。

8）密钥和实体确认（B2）：实体 B 验证从 KT_{A2} 中提取的响应 r_B 与从 KT_{B1} 中提取的

随机数 r_B 是否一致。如果验证成功，那么实体 B 就实现了对实体 A 的鉴别，同时确认密钥 K_B 已安全到达实体 A。

密钥传递机制 6 具有以下特点。

1）交互次数是 3。

2）该机制提供从实体 B 到实体 A 的 K_A 隐式密钥鉴别功能，以及从实体 A 到实体 B 的 K_B 隐式密钥鉴别功能。

3）作为发送方，实体 A 可选择密钥 K_A。类似地，实体 B 也可选择密钥 K_B。通过将两个密钥 K_A 和 K_B 组合在一起，形成一个共享秘密密钥 K_{AB}。组合函数应为单向的，否则实体 B 可选择共享秘密密钥。这被称为"密钥协商"。

4）该机制使用非对称技术相互传递两个秘密密钥——K_A 从实体 A 传到实体 B，K_B 从实体 B 传到实体 A。该机制适用于如下密钥功能分离场景：实体 A 用密钥 K_A 加密传输给实体 B 的消息以及验证来自实体 B 的鉴别码；实体 B 使用得到的密钥 K_A 解密 A 传来的消息，并生成给实体 A 的鉴别码。密钥 K_B 的功能也采用类似的方式分离。

5）该机制以零知识证明技术为基础。通过使用该机制，双方实体除了了解到自己计算得到的信息之外，不会了解到任何其他信息。

4.4 公钥传递

4.4.1 公钥传递机制 1

如果实体 A 经一个受保护通道（例如提供数据源鉴别及保障数据完整性的通道）到达实体 B，那么实体 A 可将其公钥信息直接通过该受保护通道传递给实体 B。这是传递公钥最基本的形式。该机制应满足以下要求。

1）实体 A 的公钥信息 PKI_A 至少要包含实体 A 的标识符和实体 A 的公钥。此外，它还可以包含序列号、有效期、时间戳和其他数据元素。

2）由于公钥信息不包含任何秘密数据，所以通道不需提供保密功能。

公钥传递机制 1 如图 4-16 所示，具体过程如下。

1）密钥权标创建（A1）：实体 A 生成密钥权标 $KT_{A1}=PKI_A\|Text$（包含实体 A 的公钥信息和可选的数据字段 $Text$），并将其通过受保护的通道传给实体 B。

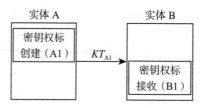

图 4-16 公钥传递机制 1

2）密钥权标接收（B1）：实体 B 得到从受保护通道传递的实体 A 的密钥权标，得到实体 A 的公钥 PKI_A，并将实体 A 的公钥保存在有效的公钥列表中（该列表需防止被篡改）。

公钥传递机制 1 具有以下特点。

1）该机制可用于传递公开验证密钥（对于非对称数字签名系统）、公开加密密钥（对于非对称加密系统）、公钥协商密钥。

2）鉴别包括数据完整性鉴别和数据源鉴别。

4.4.2 公钥传递机制 2

该传递机制通过不受保护的通道将实体 A 的公钥信息传递给实体 B。确认数据完整性以及接收到的公钥信息的来源，需使用另外一条鉴别通道。该机制可用于公钥信息 PKI 以电子形式通过高带宽通道传输，而公钥信息的鉴别经低带宽通道执行的场景。该机制应满足以下要求。

1）实体间共享通用的杂凑函数。

2）实体 A 的公钥信息 PKI_A 至少要包含实体 A 的标识符和实体 A 的公钥。此外，它还可包含序列号、有效期、时间戳和其他数据元素。

3）由于公钥信息不包含任何秘密数据，所以通道不需提供保密功能。

公钥传递机制 2 如图 4-17 所示，具体过程如下。

1）密钥权标创建（A1）：实体 A 生成密钥权标 $KT_{A1}=PKI_A\|Text$（包含实体 A 的公钥信息和可选的数据字段 $Text$），并将其通过受保护的通道传给实体 B。

2）密钥权标接收（B1）：实体 B 得到从受保护通道传递的实体 A 的密钥权标，得到实体 A 的公钥 PKI_A，并将实体 A 的公钥保存，以便接下来的鉴别和使用。

3）验证权标创建（A2）：实体 A 用其公钥计算、检验杂凑值 $hash()$，并将这个检验

值和可选的实体 A 和 B 的标识符通过第二条单独的已鉴别通道（如速递或注册邮件）传输给实体 B，其中 KT_{A2}=A||B||$hash(PKI_A)$||$Text_2$。

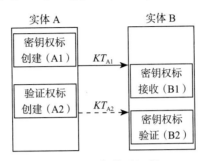

图 4-17　公钥传递机制 2

4）密钥权标验证（B2）：一旦收到验证权标 KT_{A2}，实体 B 选择性地检验实体 A 和 B 的标识符，根据实体 A 收到的 KT_{A1} 中的公钥信息计算出检验值，并与 KT_{A2} 中的检验值做比较。如果验证成功，实体 B 将实体 A 的公钥保存在有效的公钥列表中（该列表需防止被篡改）。

公钥传递机制 2 具有以下特点。

1）该机制可用于传递公开验证密钥（对于非对称数字签名系统）、公开加密密钥（对于非对称加密系统）、公钥协商密钥。

2）鉴别包括数据完整性鉴别和数据源鉴别。

3）如果传递的公钥用于非对称数字签名系统，而不是消息恢复，那么实体 A 可用相应的私有签名密钥对 KT_{A1} 签名。这样，步骤 B1 中使用接收到的公开验证密钥进行的实体 A 的签名验证可确保实体 A 知道对应的私有签名密钥，因此可以推测，实体 A 是在权标创建时知道相应的私有签名密钥的唯一实体。如果 PKI_A 中使用时间戳，那么验证可确保实体 A 在当前知道相应的私有签名密钥。

4）来自实体 A 的人工签名信可用于验证权标。

4.4.3　公钥传递机制 3

该机制通过可信第三方的身份鉴别方式从实体 A 传递一个公钥到实体 B。使用公钥证书进行公钥交换可确保证实体的公钥鉴别。实体 A 的公钥证书包括公钥信息以及可信第三方（证书认证机构）的数字签名。引入证书认证机构将用户公钥分发问题转为证书认证机构（CA）公钥分发问题。

该机制基于这样假设：一个带有实体 A 公钥信息 PKI_A 的有效公钥证书 $Cert_A$ 由某 CA 机构发布，且实体 B 可获取发布公钥证书的 CA 机构已鉴别的公开验证变换 V_{CA} 副本。

公钥传递机制 3 如图 4-18 所示，具体过程如下。

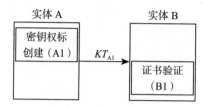

图 4-18　公钥传递机制 3

1）密钥权标创建（A1）：实体 A 生成密钥权标 KT_{A1}，它包含 A 的公钥证书，并将 $KT_{A1}=PKI_A\|Text$ 传递给实体 B。

2）密钥权标验证（B1）：实体 B 一旦接收到公钥证书，就通过 CA 的公开验证变换 V_{CA} 来验证公钥信息，并校验实体 A 公钥的有效性。

如果希望确认实体 A 的公钥证书最近是否被取消，那么实体 B 应通过某种可信途径咨询可信第三方（如 CA 机构）。

公钥传递机制 3 具有以下特点。

1）交互次数为 1，但实体 B 可以要求实体 A 传输公钥证书。这个额外的交互是可选的，这里不显示。实体 A 的公钥证书也可通过目录分发，在这种情况下，需在目录和实体 B 间执行公钥传输机制。

2）该机制不提供实体鉴别功能。

3）收到的公钥证书确认了公钥经 CA 鉴别。

4）实体 B 可通过鉴别得到 CA 机构的公开验证密钥 V_{CA}。

4.5　随机数发生器

4.5.1　概述

在密钥管理中，随机数的作用非常重要，至少在以下方面发挥着关键作用。

1）密钥生成：随机数用于生成密码学算法所需的密钥。无论对称密码系统还是公钥密码系统，生成强大的、随机的密钥都是保障数据安全性的基础。基于随机数生成的密钥能够提供高度保密性和不可预测性，从而提高密码算法性能。

2）密钥交换：在密钥交换协议中，随机数用于生成临时的会话密钥。例如，DH 密钥交换协议使用随机数来生成共享密钥，该密钥用于加密通信中的数据。随机数的使用确保了每个会话的密钥都是唯一的且不可预测的，从而提供了保密性和安全性保障。

3）密钥派生：有时候需要从主密钥派生出更多的子密钥用于不同的目的达成。随机数在密钥派生函数中的使用可以确保生成的子密钥是随机的、不可预测的，并且与主密钥之间没有明显的相关性。这种方法可以提高密钥的安全性保障，防止攻击者通过破解一个密钥来获取其他密钥。

4）密钥更新：定期更新密钥是保证系统安全的一项重要措施。随机数在密钥更新过程中的使用可以确保每次生成的新密钥都是随机的、不可预测的，并且与之前的密钥无关。这种随机性确保了即使一个密钥被泄露，新生成的密钥仍然可以保障数据的保密性和完整性。

强大的随机数发生器（RNG，Random Number Generator）是密钥管理的关键部分，对于保障数据机密性和完整性至关重要。

4.5.2 随机性检测

在密钥技术应用中，随机性检测的作用是验证和评估随机数发生器的随机性程度，用于确保生成的随机数具有高度的不可预测性和均匀性，以满足密码学应用的安全需求。如果随机数发生器存在缺陷或生成的随机数被攻击者所预测，可能导致密码系统的弱点和漏洞被攻击。常用的随机性检测方法如下。

1）单比特频数检测：最基本的检测，用来检测二元序列中 0 和 1 的个数是否相近。

2）块内频数检测：检测待检序列的 m 位子序列中 1 的个数是否接近 $m/2$。

3）扑克检测：检测长度为 m 的 2^m 类子序列的个数是否接近。

4）重叠子序列检测：将长为 n 的待检序列划分为 n 个长为 m 的子序列，检测这 n 个子序列中 2^m 类长为 m 的子序列中每一类出现的概率是否接近。

5）游程总数检测：检测序列中连续的 0 或 1 组成的子序列是否服从随机性要求。

6）游程分布监测：检测序列中相同长度的游程分布是否均匀，满足与其长度的关系。

7）块内最大游程检测：将待检序列划分为 N 个长度为 m 的子序列，检测各个子序列中最大 1 游程和最大 0 游程的长度，根据游程长度分布评价待检序列的随机性。

8）二元推导检测：判定第 k 次二元推导序列中 0 和 1 的个数是否接近。对于长度为 n 的二元序列，二元推导指依次将序列中相邻两个元素异或所得的新的长度为 $n-1$ 的序列，k 次二元推导指将二元推导过程依次执行 k 次。

9）自相关检测：检测待检序列与将其左移（逻辑左移）d 位后所得新序列的关联程度。

10）矩阵秩检测：检测待检序列中给定长度的子序列之间的线性独立性。

11）累加和检测：前向累加和、后向累加和检测。

12）近似熵检测：通过比较 m 位可重叠子序列模式的频数和 $m+1$ 位可重叠子序列模式的频数来评价其随机性。

13）线性复杂度检测：检测各等长子序列的线性复杂度分布是否符合随机性要求。

14）Maurer 通用统计监测：检测待检序列能否被无损压缩。

15）离散傅里叶检测：使用频谱方法检测序列的随机性。

随机性检测的具体方法与判定方法可参见 GM/T 0005—2021《随机性检测规范》等标准。

4.5.3 随机数发生器总体框架

随机数发生器设计框架如图 4-19 所示。随机数发生器通常包括熵源、后处理及检测。在设计阶段对熵源或随机源序列进行熵评估，在产品检测及使用阶段对随机源序列或随机数序列进行有效性检验或随机性检验。

随机数发生器各部分作用如下。

1）熵源是随机数发生器不确定性的源头。通过对不确定性进行采样量化，可得到随机源序列。原则上，任何能产生不确定性的方法都可以作为熵源。

2）对随机源序列的熵进行估计，预测得到熵值。

3）后处理是可选的。通过后处理可以对随机源序列存在的偏差进行调整，生成符合统计检验的随机数序列。对于软件随机数发生器，后处理包括初始化、种子更新、内部状态更新等。

4）检测是通过对随机源序列或随机数序列进行有效性检验或随机性检验，保证随机数发生器的功能正确性及质量安全性。

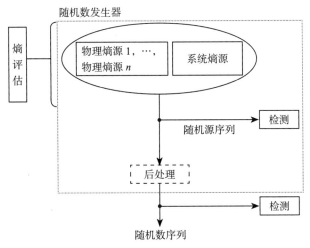

图 4-19 随机数发生器设计框架

常用的熵源设计原理包括相位抖动、热噪声直接放大、混沌振荡、量子随机过程和其他随机事件等。熵源分为物理熵源和非物理熵源。

1）物理熵源使用专用硬件来度量现实世界中不确定事件的物理特征，如测量热噪声电平值等。物理熵源的理论随机模型清晰合理，并能够通过采集的样本数据对声称随机模型的合理性进行验证。物理熵源输出的熵应当可以从理论上估计，并且估值要大于一定的阈值，以保证输出具有足够的熵。

2）非物理熵源是指不属于物理熵源的非确定性熵源，如采集鼠标或键盘的动作等。非物理熵源由随机数发生器所在的运行环境（如操作系统、外接设备）提供，因此应当采取一定的防范措施来降低敌手破解非物理熵源（如预测到输出）的可能性。我们可通过建模或实验等方法论证非物理熵源输出的熵具有充足性和稳定性。

熵源失效时，需要快速被随机数发生器内部检测到，并根据检测做出相应处理，如产生报警信号等。

熵评估是指通过理论建模分析、统计检测等方法对随机源序列进行预测评估，得到熵估值。根据熵源的不同设计原理，选用适用的熵评估方法。熵评估可不在随机数发生器内部实现。

后处理模块对随机源序列进行处理，通过后处理算法生成符合统计检验的随机数序列。后处理模块是可选的，实际中应根据随机源序列的统计特性决定是否选用。后处理算法有很多，如基于分组密码、基于杂凑函数、基于 m 序列等的密码函数后处理方法和冯·诺依曼校正器、异或链、奇偶分组、m-LSB 等轻量级后处理方法，实际中可根据熵源的特性进行选择。

检测模块对随机源序列或随机数序列进行失效检验或随机性检验，以保证随机数发生器的功能正确性及质量安全性。检测失败时，应根据检测输出做出相应处理，如产生报警信号等。实际应用中，我们应保证检测模块本身的安全性。

4.5.4 软件随机数发生器

软件随机数发生器的基本模型如图 4-20 所示，主要包含系统熵源、熵估计、熵池、确定性随机数发生器（DRNG）和健康测试等部分。其中，DRNG 主要由内部状态、初始化函数、重播种函数、输出函数、自测试等基本部件组成。

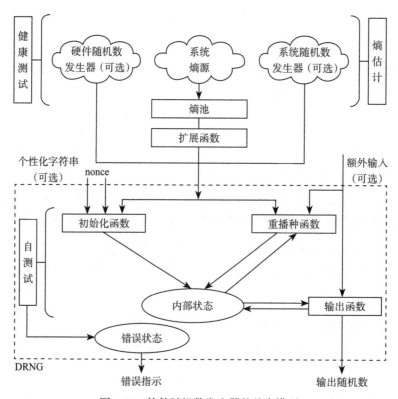

图 4-20 软件随机数发生器的基本模型

软件随机数发生器收集系统熵源的随机性作为其随机性的来源（随机性的来源也可以来自系统或硬件随机数发生器）。熵源的数据进入熵池进行熵累积，等待收集足够的熵源数据，并对熵池中的数据经扩展函数压缩后，系统或硬件随机数发生器的输出数据（可选）经拼接后一同作为 DRNG 的输入，以产生种子。经过初始化，DRNG 开始内部状态的迭代以及必要的重播种操作，以产生所需数量的随机数。除熵输入外，DRNG 输入还包括 nonce（必选）、个性化字符串（可选）和额外输入（可选）。

为保证软件随机数发生器的安全性，我们需要对熵源的熵进行估计，以及对熵源的状态进行必要的健康测试。对于一个关键安全参数，收集的最小熵值应符合 GB/T 37092—2018 的要求。下面以 256 比特的最小熵值为基准来给出软件随机数发生器的参数信息。

熵源是软件随机数发生器随机性的来源。由于密码软模块运行在通用操作系统上，因此其随机性一般来自操作系统，包括系统时间、特定的系统中断事件、磁盘状态、人机交互输入事件（如按键、鼠标移动等动作）等。为了保障软件随机数发生器的可靠性，建议随机性来源不少于 3 种。此外，在特定的软硬件平台上，熵源也可以是平台已有的随机数发生器，包括硬件随机数发生器和系统随机数发生器，如基于 CPU 抖动的随机数发生器、CPU 内置的硬件随机数发生器等。软件随机数发生器也可以用特定软 / 硬件平台上的熵源作为熵输入来增大随机性，但需要保证在没有这些熵源时，输入的熵仍然是充足的。不同的是，考虑到效率和安全性，图 4-20 中的系统熵源的输出数据需要在熵池中累积并经过扩展函数输出后再作为 DRNG 的熵输入。

熵池是软件随机数发生器中保证熵采集的重要部件。当空闲时，随机数发生器可以把熵源输出收集起来；当需要时，它可以及时从熵池中读取所需的数据，从而减小产生随机数的延迟。此外，为增加熵源数据混淆、节省熵池空间，熵池内可采用迭代压缩来增加熵率，如通过循环移位寄存器实现。如果熵池太小会导致累积的熵不足，如果熵池太大则浪费内存空间。出于以上考虑，熵池大小应大于或等于 512 字节，但不宜超过 4096 字节。同时，扩展函数压缩后的结果也反馈回熵池，以保证后向安全性。为保证熵池中的熵能够最大限度地保持，我们可使用密钥扩展函数作为压缩算法，因为仅使用密码杂凑算法无法保证压缩结果是满熵的。

熵估计是保证随机数发生器安全的关键。系统熵源一般属于非物理熵源，因此我们难以建立一个可靠的数学模型对熵源的随机行为进行刻画，也难以进一步通过理论建模的方法对熵源的熵进行估计。我们可以使用离线统计熵估计的方法，基于马尔可夫预测器的熵估计器对系统熵源的最小熵进行估计。此外，对于使用外部随机数发生器作为熵输入的情况（如系统随机数发生器或硬件随机数发生器），统计熵估计方法也适用于对这些随机数发生器输出的熵进行估计。

健康测试用于监测熵源的状态，以保证随机数发生器运行安全。健康测试包括上电健康测试、连续健康测试和按需健康测试。

1. 上电健康测试

- 在软件随机数发生器或其所在的密码模块上上电或重启（在首次使用熵源之前执行）。
- 上电健康测试可以确保熵源在正常运行条件下可以按预期工作，并且自上次上电健康测试以来没有发生任何故障。
- 上电健康测试需要对至少 1024 个连续样本执行连续健康测试。
- 在上电健康测试期间，熵源的输出不能用于其他操作。
- 在测试完成且没有发现任何故障或错误后，可以考虑使用测试期间熵源的输出。

2. 连续健康测试

- 连续健康测试需关注熵源的行为，在熵源工作时，持续检测从熵源得到的所有数字化的样本，目的是及时发现熵源潜在的故障。执行该测试时，无须禁止熵源的输出。
- 在熵源正常运行时，该测试的误警率应非常低。在许多系统中，一个合理的误警率策略可以保证即便在很长的使用时间内也几乎不会发生故障报警。
- 连续健康测试会受到资源限制。这个限制将影响检测到熵源故障的能力。因此，连续健康测试通常被设计成检测严重故障。

3. 按需健康测试

- 可以在任何时候执行。

- 在按需健康测试过程中，从熵源收集的数据在测试完成前不应使用，可以随时丢弃，也可以在测试完成后且未发生任何错误的情况下使用。

上述三种健康测试中，上电健康测试和连续健康测试是应做的。设计者也可以遵循如下两个要求，根据具体设计提出其他的连续健康测试方法。

1）如果一个样本在熵源采样序列中连续出现超过 $\lceil\frac{100}{H}\rceil$ 次（H 为估计的样本最小熵），那么连续健康测试方法应至少以 99% 的概率检测到该样本。

2）令 $P=2^{-H}$，如果熵源的行为发生了变化，使得观察到特定样本值的概率至少增加到 $P^*=2^{-H}/2$，那么当检查来自该熵源的 5 万个连续样本时，连续健康测试方法应至少以 50% 的概率检测到这种变化。

DRNG 架构见图 4-20。DRNG 对外接口包括初始化函数、重播种函数、输出函数。DRNG 还维持了内部状态，同时利用自测试模块对自身进行测试，确保在运行过程中能够及时检测到故障。

DRNG 的内部状态可视为软件随机数发生器的内部（临时）存储，由 DRNG 所使用或执行的所有参数、变量和其他存储的值组成。DRNG 的内部状态信息介绍如下。

1）敏感状态信息：DRNG 的熵输入数据直接决定了敏感状态信息的初始值。DRNG 根据敏感状态信息，借助伪随机数生成算法直接产生随机数，并在每次生成随机数时按照一定规则不断迭代敏感状态信息。由于敏感状态信息直接决定了当前以及下一次重播种之前的所有随机数，因此它应看作 GB/T 37092—2018 中的关键安全参数并受到保护，不能被非授权地访问、使用、修改和替换。

2）管理状态信息：与 DRNG 运行相关的管理状态信息，包括重播种计数器值、上次重播种时间值。管理状态信息应看作 GB/T 37092—2018 中的公开安全参数并受到保护，不能被非授权地修改和替换。

3）常量值：重播种计数器阈值和重播种时间阈值。该常量值与安全等级有关。对于不同安全等级的软件随机数发生器，重播种计数器阈值和重播种时间阈值有所不同。

初始化函数利用熵源数据、nonce 和个性化字符串对初始状态进行赋值。nonce 可以提供除熵源数据之外的安全保障，在软件随机数发生器的熵源存在故障时提供额外的安全防护，降低 DRNG 在多次实例化过程中可能存在的风险。例如，一个存在故障的系统每次开机后在熵池中总是累积相同的熵源数据，此时如果不使用 nonce 值，那么每次初始化后将会产生相同的随机数。个性化字符串的使用可以降低不同平台上同一个软件随机数发生器产生随机数过程中的安全风险。例如，存在故障的多个系统可能在熵池中累积了相同的熵源数据，如果没有使用个性化字符串，它们将会产生相同的随机数。

DRNG 自身的安全性应不依赖于 nonce 和个性化字符串的保密性。对 nonce 和个性化字符串的设计建议如下。

（1）nonce（必选输入）

- nonce 应至少具有 128 比特熵，或者预期重复概率不大于 2^{-128}。
- nonce 可以是随机值、时间戳、单调递增的计数器值或者它们的组合。

（2）个性化字符串（可选输入）

- 如果使用个性化字符串，则个性化字符串、熵源数据以及 nonce 一起生成 DRNG 的初始种子。
- 对于相同 DRNG 机制在不同平台的各个实例，个性化字符串需要具有唯一性。
- 个性化字符串可包含的内容包括但不限于设备序列号、公钥信息、用户标识、时间戳、网络地址、应用程序标识符、协议版本标识符。

重播种函数负责利用熵源数据、额外输入（可选）对内部状态进行更新。额外输入可以是秘密的，也可以是公开的，但 DRNG 自身的安全性应不依赖于额外输入的保密性。额外输入可以为 DRNG 提供更多熵。如果额外输入是非公开的并且有充足的熵，则可以为 DRNG 提供更多的安全保证。除了可以在调用重播种函数时注入额外输入外，我们也可以在每次调用输出函数时注入额外输入。

输出函数负责利用 DRNG 的内部状态和额外输入（可选），通过特定的密码算法计算产生随机数据，同时更新 DRNG 的内部状态。可选的额外输入要求与重播种函数中的额外输入要求一致。建议输出函数每次调用只能输出一组随机数据，其中基于 SM3 算法的 DRNG 输出随机数据的长度为 256 比特，基于 SM4 算法的 DRNG 输出随机数据的长度为 128 比特。

DRNG 自测试类似于密码模块的自测试。DRNG 必须执行自测试，以确保能够持续按照所设计的方式正确运行。当 DRNG 实例利用已知的输入调用初始化函数、重播种函数和输出函数时，确认输出与预期答案是否一致，如果一致，则通过自测试；否则，DRNG 需要进入错误状态，并返回错误指示信号。DRNG 的自测试可以作为其所在密码软模块自测试的一部分，也可以单独执行。但无论以何种形式进行，DRNG 的自测试需要满足与所在密码软模块的安全等级相对应的自测试要求。在执行自测试时，应禁止从 DRNG 边界内输出数据；在 DRNG 正常运行期间，采用已知答案测试的结果不能作为随机数据输出。

软件 RNG 相关部件的关键安全参数见表 4-1，包括熵源、熵池和 DRNG 所涉及的关键安全参数。

表 4-1　软件 RNG 相关部件的关键安全参数

软件 RNG 相关部件	关键安全参数
熵源	熵源产生的熵
熵池	循环移位寄存器的状态
DRNG	内部状态中的敏感状态信息
	熵输入
	输出的随机数

4.5.5　硬件随机数发生器

硬件随机数发生器有两个输出：一个是随机数序列输出，另一个是提供检测的随机源检测输出。硬件随机数发生器的一般模型如图 4-21 所示，主要包括物理随机源电路、物理随机源失效检测与后处理电路等。

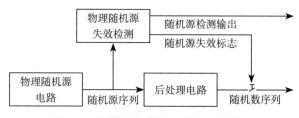

图 4-21　硬件随机数发生器的一般模型

1. 物理随机源电路

物理随机源电路利用电路中物理过程的不确定性，并对物理过程中的不确定性进行采样量化，得到随机源序列。物理随机源电路常用的设计原理包括混沌动力系统原理、相位抖动原理和热噪声直接放大原理。

物理随机源电路设计中的混沌动力系统原理是指利用混沌函数的特性设计混沌系统，

将随机噪声作为这个混沌系统的微小扰动，系统的输出受随机噪声的影响，从而产生随机序列。基于混沌动力系统原理实现物理随机源，主要考虑混沌函数的电路实现和随机噪声的实现。混沌系统包括离散混沌和连续混沌两种。从工程实现角度看，一种典型的基于离散混沌系统的物理随机源模型见图 4-22。

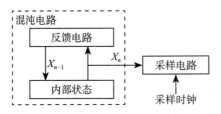

图 4-22　基于离散混沌系统的物理随机源模型

基于混沌系统实现物理随机源，要求电路的实现工艺参数准确。要想保证实际电路与参数仿真结果一致，需尽量避免工艺偏差和寄生效应对电路的影响。选择的函数参数要能保证混沌动力系统达到混沌状态，采样频率满足以下要求。

1）采样频率首先应当小于两次迭代间的最低频率，保证两次采样的状态不同。

2）采样频率需要足够慢，保证在两次采样之间，混沌电路又经过了足够多轮的迭代，使得从外界看来电路又重新进入了混沌状态。

利用相位抖动原理产生随机数的方法应用广泛，在数字电路和模拟电路中均能够方便地设计与实现。基于采样相位抖动原理实现物理随机源，主要考虑带抖动信号的产生和抖动采集电路的设计。典型的基于相位抖动原理的物理随机源模型见图 4-23，包括振荡源、采样时钟和触发器。基于相位抖动原理的物理随机源的实现主要包括两种方式：一种是慢速时钟信号采样带抖动快速振荡信号，该方式是根据采样时刻振荡信号相位的不确定性来产生随机比特序列；另一种是带抖动慢速的时钟信号采样快速振荡信号，该方式的物理随机源的随机性主要决定于慢速时钟信号抖动的范围和分布情况。

在基于相位抖动原理产生随机数的电路中，采样时钟是慢速采样时钟，采样时钟的采样频率决定了随机比特序列的生成速率。令慢速采样时钟的频率为 f_1，其抖动的标准差为 σ_1，快速振荡时钟的频率为 f_2，其抖动的标准差为 σ_2。通过对采样过程建立数学模型，随机比特序列每比特熵的下界可以近似用式（4-1）表示：

$$H_{\text{lower}} = 1 - \frac{4}{\pi^2 \ln 2} e^{-4\pi^2 Q} \tag{4-1}$$

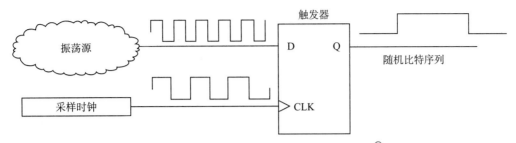

图 4-23　基于相位抖动原理的物理随机源模型[⊖]

式（4-1）中，Q 为质量因子，$Q=\rho^2 \times v + (\sigma_1 \times f_2)^2$，其中 $\rho=\sigma_2 \times f_2$，$v=f_2/f_1$。可以看出，当假设慢速采样信号不包含抖动时（即 $\sigma_1=0$），可以得出 $Q=\rho^2 \times v$；当假设快速振荡信号不包含抖动时（即 $\sigma_2=0$），可以得出 $Q=(\sigma_1 \times f_2)^2$。

在设计时，如果要求每比特熵必须高于某一阈值，那么根据振荡时钟的振荡频率和抖动参数，可以反解出安全的采样频率。需要说明的是，式（4-1）仅考虑了白噪声影响下的熵值估计。在设计时，如果采样频率较低，我们还需要考虑低频相关噪声的影响。

由于振荡时钟抖动通常对外界环境变化比较敏感，供电端引入的频率干扰会使抖动也具备不确定性，从而可能影响到输出随机比特的质量。因此，我们在设计时应当在物理随机源电路的供电端加入稳压或滤波电路，降低不确定性干扰的影响；或者改进振荡器的结构，使其具备抵抗不确定性干扰的能力。

物理随机源电路设计中的热噪声直接放大原理是指采用放大电路对电路中的热噪声直接进行放大，然后经过比较输出随机源序列。热噪声是一个连续时间的随机白噪声，在给定频率带宽范围内，具有均匀噪声谱密度的白噪声输出幅值呈正态分布（或高斯分布）。因此，在任意给定的时间内，噪声电压值高于或低于平均值（电压基准，Voltage Reference，VREF）的概率相同。若用一个理想的比较器来量化噪声，将白噪声输出与平均值做比较，获得的二进制输出序列随机性完美。典型的基于热噪声直接放大原理的物理随机源模型见图 4-24，主要包括噪声源、噪声放大器和比较器三部分。

⊖　此图来自 GM/T 0078—2020《密码随机数生成模块设计指南》，图中 D、Q、CLK 分别表示输入、输出、时钟。

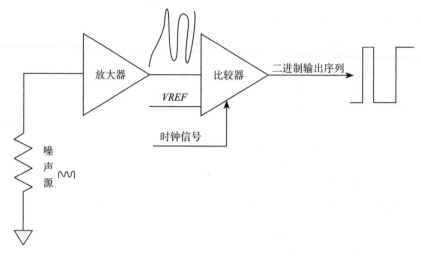

图 4-24 基于热噪声直接放大原理的物理随机源模型

电阻热噪声是设计噪声源的重要方式之一。电阻热噪声源产生的热噪声只与温度和阻值有关，它的单边谱密度为 $S(f)$ 为式（4-2），噪声功率 V_n^2 为式（4-3）：

$$S(f) = 4kRT \tag{4-2}$$

$$V_n^2 = 4kRT \times BW \tag{4-3}$$

其中，k 为玻尔兹曼常数（1.38×10^{-23} 焦/开），R 为电阻值，T 为绝对温度（℃ +273.15，以开尔文（K）计），BW 为有效带宽。电阻的热噪声越大，噪声的带宽越宽，在后续处理时越方便，产生的随机数质量越好。电阻产生的热噪声幅度需要满足该噪声经过放大器放大后能够被比较器所识别的要求。

噪声源产生的噪声量值通常比较小。一般情况下，通过放大器对噪声源产生的噪声进行放大。常见的放大器包括级联放大器、差分放大器。噪声放大器的设计要求高增益、高带宽，输出可以被比较器识别的信号。

噪声量化采用比较器实现，具体为比较器对两个模拟输入进行比较，根据比较结果在输出产生相应的逻辑电平，实现模拟信号到数字信号的转换。比较器参考电压的值应为输出噪声的平均值，二进制输出序列的采样可采用锁存器或触发器实现。比较器电路存在失调电压，失调电压设计要足够小。比较器的输入激励和输出转换之间的时延被称为"比较器的传输时延"。比较器的传输时延一般随输入幅值变化而变化，较大的输入对应的时延较短。比较器的传输时延设计要足够小。

基干热噪声直接放大原理的物理随机源的电路易受电源和衬底耦合噪声、工艺偏差及老化、温度漂移的影响。因此，电路应尽量屏蔽电源和衬底的噪声。

若设计中含有 2 路或 2 路以上物理随机源，可以将多路物理随机源的数据异或合成后作为最终物理随机源输出。多路物理随机源的合成要求如下。

1）每路物理随机源电路是独立的。

2）合成方式：异或。

3）合成的多路物理随机源可以采用相同实现原理，也可以采用不同实现原理。

2. 物理随机源失效检测

物理随机源的失效检测是在随机数生成模块工作时，对物理随机源电路部分的最终输出序列进行检测。物理随机源的失效检测采用全"0"全"1"检测方法。全"0"全"1"检测的样本长度是 32 比特，检测中出现全"0"全"1"样本，则判定该物理随机源电路失效。物理随机源电路失效时，应发出报警信号，并控制关闭随机数生成模块的结果输出。

物理随机源的随机性检测是在随机数生成模块工作时，对后处理之前的物理随机源输出信号进行检测。物理随机源的随机性检测项目按照 GM/T 0005 中的单比特频数检测、扑克检测、游程总数检测进行。对于检测 2×10^4 比特 1 组物理随机源输出序列，检测显著性水平为 a=0.0001。随机数生成模块的最终输出序列依据 GM/T 0005 进行随机性检测。

3. 后处理电路

后处理算法基本原则是不能降低每比特的平均熵，即后处理模块输入 n 比特，输出 m 比特，必须保证 $n > m$，其中 $n=m$ 的前提是物理随机源输出序列通过 GM/T 0005 检测。常用的后处理算法如下。

（1）密码函数方法

1）基于分组密码的后处理算法：需要采用经过认可的安全分组密码算法，可采用 CBC 和 OFB 模式，也可采用加密和解密运算方式。若使用分组密码算法作为后处理算法，输入包括密钥数据、初始向量和明文/密文数据。后处理算法启动运算时，密钥数据、初始向量应由物理随机源的输出序列进行设置，明文/密文数据应由物理随机源的输出序列提供。后处理算法的输出是对应算法的运算结果。

2）基于杂凑函数的后处理算法：需要采用经过认可的安全杂凑函数。若使用杂凑函数作为后处理算法，输入的消息数据由物理随机源的输出序列提供。后处理算法的输出是消息摘要。

3）基于 m 序列的后处理算法：利用长度为 K 的 m 序列实现后处理，通常采用线性反馈移位寄存器或者非线性反馈移位寄存器实现。物理随机源的输入与移位寄存器的循环移位同步，反馈位与数字化噪声信号当前位进行异或等运算后输出。

（2）轻量级后处理方法

1）冯·诺依曼校正器方法：对随机数生成模块输出的数字化噪声序列分组，每相邻的两位为一组，对每个分组进行判断，如果是 00 和 11 则丢弃，如果是 01 则输出 1，如果是 10 则输出 0。冯·诺依曼校正器适用于 1 出现概率固定，且输出的随机数序列是不相关的随机数生成模块。采用这种后处理方法需要保证随机数生成的速率。

2）异或链方法：通过将物理随机源的输出序列经过多级触发器组合，得到内部输出序列。设输入序列为 X_i，每次将相邻 n 比特异或值结果作为输出，即以 $r_i = X_{i-n+1} \oplus X_{i-n+2} \oplus \cdots \oplus X_{i-2} \oplus X_{i-1} \oplus X_i$ 作为后处理的输出。n 级异或链的 n 确定方法如下：当物理随机源输出序列的占空比为 P，即产生 1 的概率是 P，那么产生 0 的概率就是 $1-P$。若采用 n 级异或链，输出 1 的概率为 $0.5 - 2^{n-1}(P-0.5)^n$，输出 0 的概率为 $0.5 + 2^{n-1}(P-0.5)^n$。当 n 趋近无穷大时，输出 0 和 1 的概率都趋近于 0.5。该方法需要异或链的级数与物理随机源序列偏差大小正相关。异或链级数越多，则产生随机数的效率越低。实际应用中，我们需要至少 8 级的异或链，才能有效清除随机数序列中存在的偏差。

3）奇偶分组方法：将输入序列 X_i 以每 n 比特分为一组，其中 n 比特数据中 1 的个数为奇/偶数表示为 1，1 的个数为偶/奇数表示为 0，n 的大小由原始随机数生成模块输出 0、1 的概率偏差 e 和纠偏后允许的 0、1 概率偏差 e' 决定，$n > \log(2e')/\log(2e)$。

4）m-LSB 方法：将输入序列 X_i 以每 n 比特分为一组，对于 n 元组 $(X_{n \cdot i+1}, X_{n \cdot i+2}, \cdots, X_{n \cdot i+n})$，丢弃高（n-m）比特，低 m 比特作为后处理的输出。

第 5 章 *Chapter 5*

公钥基础设施

公钥基础设施（PKI，Public Key Infrastructure）是现代数字通信和电子商务中不可或缺的核心技术。本章将详细探讨 PKI 的各个组成部分和功能，从其基本概念、主要功能到具体的体系结构和相关标准等。PKI 的体系结构定义了公钥和私钥的管理方式，确保在通信中数据加密和数字签名的真实性和可靠性。通过详细探讨诸如证书认证系统、注册系统、密钥管理系统、密码服务系统，以及可信时间戳服务系统等组件，读者将了解如何建立和维护一个强大的 PKI 环境。此外，本章还将讨论如何高效地管理证书和处理证书的撤销。本章旨在为读者提供全面而深入的 PKI 知识体系，并指导读者在实际应用中构建和维护 PKI 体系。

5.1 公钥基础设施概述

公钥基础设施（PKI）是基于公钥密码理论和技术提供安全服务的基础设施，包括创建、分发、管理、撤销数字证书所涉及的所有软件、硬件、人员和策略等。PKI 遵循既定标准，为网络中的各类实体提供安全服务，包括身份鉴别，数据机密性、完整性保护及抗抵赖性，时间戳服务等。

PKI 在网络信息安全中扮演着关键角色，具有多种重要功能。

1）身份鉴别：PKI 用于实体的身份鉴别，通过数字证书验证实体的身份信息和公钥，确保通信双方的真实性和可信性。这种认证机制有助于防止身份欺骗和冒充。

2）数字签名：PKI 使用数字证书和私钥来创建和验证数字签名。数字签名能够验证信息的完整性、真实性和抗抵赖性，确保数据在传输过程中没有被篡改，并且签署者无法否认其签名。

3）数据加密：PKI 支持使用公钥进行数据加密，保护敏感信息在传输过程中的机密性。公钥用于加密数据，只能通过相应的私钥进行解密，确保只有授权方能够访问和解读加密数据。

4）密钥管理：PKI 提供密钥的生成、分发、存储、吊销等管理功能。它确保密钥的安全性和可信性，并及时吊销失效的密钥，保护系统免受未经授权的访问和攻击。

5）安全通信：通过 PKI 建立的加密通道和数字证书，保障了在公共网络上通信的安全。它确保敏感数据的保密性和完整性，防止敏感数据被窃听和篡改。

6）权限控制：PKI 可以用于实现对网络资源和数据的访问权限控制。通过数字证书和加密机制，PKI 可以限制只有经过授权的用户才能访问受保护的资源，确保数据的安全性和合规性。

7）合规性和法律依据：PKI 提供了数字证书的可追溯性和法律效力，为电子商务、电子签名、合同等的合规性提供了支持，并满足各国法律对于数字身份和电子交易的要求。

5.2 公钥基础设施的主要功能

PKI 由不同的功能模块组成，分别具有不同的功能。下面介绍 PKI 提供的主要功能。

1. 证书申请和审批

证书申请和审批功能是 PKI 最基本的功能。PKI 提供安全服务的各方能顺利得到所需要的证书，且证书申请和审批灵活、方便、高效可靠。证书的申请和审批功能直接由证书认证中心（CA）或面向终端用户的注册审核机构（RA）来完成。

在用户完成证书申请后，相关人员需进行相应的证书审批。用户提交的证书申请表需经过 RA 或本地注册审核机构（LRA）的审查人员进行审核。审核方式分在线审核和离线审核等。如果证书申请通过，相关人员将通过专用的应用程序在 PKI 系统中注册用户，完成证书审批。

2. 密钥管理

密钥管理是 PKI 的重要功能。PKI 可以产生 CA 根密钥，并通过密钥备份与恢复系统保障根密钥的安全，避免根密钥丢失导致无法解密的问题发生。PKI 也可以为用户生成、分发、备份公私钥对，对用户的密钥强度和持有者身份进行审核，并通过数字证书将用户的公钥与用户身份绑定，将用户密钥存放在 CA 的资料库中备份。PKI 具备密钥自动更新功能，以解决证书到期失效问题。对于加密密钥对和证书的更新，PKI 采取对管理员和用户透明的方式进行加密密钥和证书更新，提供全面的密钥、证书及生命周期的管理。签名密钥对的更新会在系统检测到证书过期时进行。PKI 提供密钥历史档案管理功能，以管理密钥更新产生的新旧密钥。

3. 证书签发和下载

证书签发是 PKI 中 CA 的核心功能，在完成了证书申请和审批后，由 CA 签发该请求的相应证书。

4. 证书获取

在验证消息的数字签名时，用户必须事先获取消息发送者的公钥证书，以对消息进行解密验证，同时还需要 CA 对消息发送者所发的证书进行验证，以确定发送者身份的有效性。发送者在发送数字证书的同时，可以发布证书链。这时，接收者拥有证书链上的每一个证书，从而验证发送者的证书。

5. 证书和目录查询

因为证书都存在有效期问题，所以身份验证时要保证当前证书是有效的。另外，对于密钥泄露，证书持有者身份、机构代码改变等问题，我们更新需要证书。因此在通过数字证书进行身份认证时，要保证证书的有效性。为了方便对证书有效性进行验证，PKI 提供对证书状态信息查询，以及对证书撤销列表查询机制。CA 提供证书实时在线查询服务，以帮助用户确认证书的状态。

6. 证书撤销

证书在使用过程中可能会因为各种问题而被废止，例如：密钥泄露，相关从属信息变更，密钥有效期中止或者 CA 本身的安全隐患等。因此，证书撤销也是 PKI 的一个必需功能。PKI 提供成熟、易用、标准的证书列表作废系统，供有关实体查询，对证书进行验证。

5.3 公钥基础设施相关标准

PKI 是遵循标准的公钥基础设施，国内外有很多标准化组织为 PKI 的实施和应用制定了一系列标准。PKI 标准规定了 PKI 的设计、实施和运营，以满足互通性要求。如果两个 PKI 应用程序之间想进行交互，需要相互理解对方的数据含义，标准提供了数据语法和语义的共同约定。下面简要介绍 X.509、PKCS、PKIX、X.500 等主要的 PKI 标准。

1. X.509

X.509 是重要的 PKI 标准之一，是国际电信联盟（ITU）和国际标准化组织（ISO）制定的数字证书格式标准，是定义公钥证书结构的基本标准。X.509 于 1988 年发布，后经过多次修订，目前被广泛应用于互联网协议中，包括 TLS 和 SSL 等，还被用于离线应用（如电子签名等）。

X.509 证书通过数字签名将身份与公钥绑定在一起。X.509 系统中有两种类型的证书：一种是 CA 证书，另一种是终端实体证书。CA 证书可以颁发其他证书，自签名的 CA 证书有时被称为"根 CA 证书"，其他 CA 证书被称为"中间 CA 证书"或"下级 CA 证书"。终端实体证书用于标识用户，如个人、组织或企业，它不能颁发其他证书，有时也被称为"叶子证书"。X.509 还规定了证书撤销列表的格式，以分发由签发机构认定为无效的证书的信息，以及规定了证书路径验证算法，使得证书可以通过中间 CA 证书的签名，逐级向上验证，最终达到信任锚点。

一个组织如果需要一个签名的证书，可以使用证书签名请求（CSR）、简单证书注册协议（SCEP）、证书管理协议（CMP）等向 CA 机构申请证书。组织首先生成一个密钥对，保持私钥保密，并使用私钥对 CSR 进行签名。CSR 包含识别申请者和申请者公钥的信息（以验证签名），还包含唯一标识个人、组织或企业的可分辨名称（DN）。CSR 可能附带其他证明身份的凭证或证明材料，这取决于证书认证机构的要求。CSR 将通过 RA 进行验证，然后 CA 机构颁发一份将公钥与特定可分辨名称绑定的证书。RA 和 CA 机构通常是分开的业务单元，以降低欺诈风险。

X.509 证书使用形式化语言 ASN.1 来表达。X.509 v3 数字证书的结构如下。

——证书

- 版本号

- 序列号

- 签名算法标识

- 颁发者名称

- 有效期

  - 起始日期

  - 截止日期

- 主体名称

- 主体公钥信息

- 公钥算法

- 主体公钥

- 颁发者唯一标识符（可选）

- 主体唯一标识符（可选）

- 扩展（可选）

  - ……

——证书签名算法

——证书签名

在 X.509 证书中，扩展字段（如果存在）是由一个或多个证书扩展组成的序列。每个证书扩展都有自己独特的 ID，即对象标识符（OID）。每个证书扩展标记为关键或非关键，如果证书使用系统遇到不识别的关键扩展或包含无法处理的信息的关键扩展，它必须拒绝该证书。如果非关键扩展不被识别，可以忽略；但如果被识别，必须进行处理。颁发者和主体唯一标识符的内部格式在 X.520《目录：选定的属性类型》中有详细规定。

2. PKCS

公钥密码标准（PKCS，Public Key Cryptography Standard）最初是为提升公钥密码系统的互操作性，由 RSA 公司与工业界、学术界和政府代表合作开发的。PKCS 是数据通信协议的主要标准，定义了如何恰当地格式化私钥或者公钥。随着时间的推移，PKCS 系列涵盖了 PKI 格式标准、算法和应用程序接口标准等。PKCS 提供了基本的数据格式定义和算法定义，成为现今所有 PKI 实现的基础。PKCS 系列包含以下标准。

1）PKCS #1：RSA 算法标准，定义了 RSA 公钥和私钥的数学属性和格式（以明文形式进行 ASN.1 编码），以及执行 RSA 加密、解密、生成和验证签名的基本算法和编码 / 填充方案。

2）PKCS #2：已撤销，自 2010 年起不再使用。它涵盖了对消息摘要进行 RSA 加密的内容，已并入 PKCS #1。

3）PKCS #3：Diffie-Hellman 密钥协商标准。

4）PKCS #4：已撤销，涵盖了 RSA 密钥语法，已并入 PKCS #1。

5）PKCS #5：基于口令的加密标准，用于基于口令的加密和密钥派生。

6）PKCS #6：扩展证书语法标准，定义了对旧版 X.509 证书规范的扩展，已被 X.509 V3 所取代。

7）PKCS #7：加密消息语法标准，用于在 PKI 下签署和 / 或加密消息，也用于证书分发（例如作为对使用 PKCS #10 处理消息的响应），是 S/MIME 的基础，通常用于单点登录。

8）PKCS #8：私钥信息语法标准，定义了私钥信息语法和加密私钥语法。

9）PKCS #9：可选属性类型，定义了在 PKCS #6 扩展证书、PKCS #7 数字签名消息、PKCS #8 私钥信息和 PKCS #10 证书签名请求中使用的可选属性类型。

10）PKCS #10：证书签名请求语法标准，定义了发送给认证机构以请求对公钥进行认证的消息的语法格式。

11）PKCS #11：密码令牌接口标准，也被称为"Cryptoki"，定义了与加密令牌通用的接口，通常用于单点登录、公钥加密和磁盘加密系统。

12）PKCS #12：个人信息交换语法标准，定义了个人身份信息的格式，用于存储带有相应公钥证书的私钥，并用对称密钥技术进行保护。

13）PKCS #13：椭圆曲线密码学标准。

14）PKCS #14：伪随机数生成标准。

15）PKCS #15：密码令牌信息格式标准，通过定义令牌上存储的密码对象的通用格式来提升密码令牌的互操作性。

3. X.500 系列标准

X.500 是一系列涵盖电子目录服务的计算机网络标准，由国际电信联盟电信标准化部门（ITU-T）主导开发，国际标准化组织（ISO）和国际电工委员会（IEC）参与了开发，已纳入开放系统互联（OSI）协议套件中。ISO/IEC 9594 是 X.509 系列标准相应的 ISO/IEC 标识。X.500 是层次性的，其中的管理域（机构、分支、部门和工作组）提供这些域内的用户和资源信息。在 PKI 体系中，X.500 被用来唯一标识一个实体。该实体可以是机构、组织、个人或服务器。X.500 被认为是实现目录服务的最佳途径，但 X.500 的实现投资较大，并且比其他方式速度慢，优势具有信息模型先进、多功能性和开放性。

ISO/ITU-T 中有关目录的标准族通常被称为"X.500 规范系列"。X.500 目录服务是一个高度复杂的信息存储机制，包括客户机 - 目录服务器访问协议、服务器 - 服务器通信协议、完全或部分的目录数据复制、服务器链对查询的响应、复杂搜寻的过滤等。

目录访问协议（DAP）控制着服务器和客户机之间的通信。目录系统代理（DSA，Directory System Agent）是指一种用于存储目录信息的数据库，采用分层格式提供快速而高效的搜索功能，并与目录信息树（DIT，Directory Information Tree）相连接。目录用户代理（DUA，Directory User Agent）是用于访问一个或多个 DSA 的用户接口程序。DUA 包括 Whois、查找器（Finger），以及提供图形用户界面的相关程序等。目录系统协议（DSP，Directory System Protocol）主要负责控制两个或多个 DSA、DUA 之间的交互操作，允许终端用户在不知道某特定信息具体位置的情况下，就可以访问目录中的信息。

X.500 系列标准主要包括以下功能。

1）分散维护：运行 X.500 的每个站点只负责其本地目录部分，所以可以立即执行更新和维护操作。

2）强大的搜索性能：X.500 提供强大的搜索功能，支持用户的任意复杂查询。

3）单一全局命名空间：类似于 DNS，X.500 为用户提供单一的相同命名空间。与DNS 相比，X.500 的命名空间更灵活且易于扩展。

4）信息结构：X.500 目录中定义了信息结构，允许本地扩展。

5）基于标准的目录服务：X.500 可以被用于构建基于标准的目录，那么在某种意义上，应用程序就能访问重要且有价值的目录信息（如电子邮件、资源自动分配器、特定目录工具）。

4. LDAP

X.500 的实施过于复杂而受到异议。为了解决这个问题，人们推出了一种较为简单的基于 TCP/IP 的 DAP 新版本，即轻量级目录访问协议（LDAP，Lightweight Directory Access Protocol）。LDAP（RFC 1487）简化了烦琐笨重的 X.500 目录访问协议，并且在功能性、数据表示、编码和传输方面都进行了相应的修改。目前，LDAP V3 在 PKI 体系中被广泛应用于证书信息发布、CRL 信息发布、CA 政策发布，以及与信息发布相关的各个方面。

LDAP 基于 X.500 标准，但是简单得多，并且可以根据需要定制。与 X.500 不同，LDAP 支持 TCP/IP，这对于访问互联网是必需的。LDAP 支持让几乎所有运行在计算机上的应用程序从 LDAP 目录中获取信息。LDAP 目录可以存储各种类型的数据，如电子邮件地址、邮件路由信息、人力资源数据、公用密钥、联系人列表等。通过把 LDAP 目录作为系统集成的一个重要环节，可以简化员工在企业内部查询信息的步骤，甚至可以将主要的数据源放在任何地方。

LDAP 目录以树状的层次结构来存储数据，与自顶向下的 DNS 树或 Unix 文件系统的目录树相似。LDAP 目录记录的标识名（DN，Distinguished Name）用于读取单个记录，以及回溯到树的顶部。在 LDAP 中，目录由条目组成，条目相当于关系数据库中表的记录；条目具有 DN 的属性，DN 相当于关系数据库表中的关键字；属性由类型和多个值组成，相当于关系数据库中的域由域名和数据类型组成。只是为了方便检索的需要，LDAP 中的类型可以有多个值，而不是关系数据库中为了降低数据冗余，要求各个域必须是不相关的。LDAP 中条目一般按照地理位置和组织关系进行组织，非常直观。LDAP 把数据存放在文件中，为了提高效率可以使用基于索引的文件数据库，而不是关系数据库。LDAP 还规定了 DN 的命名方法、存取控制方法、搜索格式、复制方法、URL 格式、开发接口等。LDAP 对于存储这样的信息最为有用，也就是数据需要从不同的地点读取，但是不需要经常更新。

LDAP 的主要特点如下。

1）支持在计算机上，用很容易获得的而且数目不断增加的基于 LDAP 的客户端程序访问 LDAP 目录，而且也很容易定制应用程序为它加上 LDAP 的支持。

2）LDAP 是跨平台且标准化的协议，适用于多种开源或商业 LDAP 目录服务器。大多数 LDAP 服务器安装很简单，也容易维护和优化。

3）LDAP 服务器可以用"推"或"拉"的方法复制部分或全部数据，例如，可以把数据"推"到远程的办公室或下级目录，以提升数据的安全性。复制技术内置在 LDAP 服务器中，而且很容易配置。

4）LDAP 允许根据需要使用 ACI（一般被称为"ACL"或者"访问控制列表"）控制对数据读和写的权限。

5.4 公钥基础设施体系结构

PKI 体系大致可分为安全支撑平台、应用支撑平台和应用层 3 部分。

1. 安全支撑平台

安全支撑平台为网络层、应用支撑层和应用层提供统一的、可靠的信息安全服务，包括证书业务服务系统、证书查询验证服务系统、密钥管理系统、密码服务系统、授权服务系统、物理隔离系统、可信时间戳服务系统、信息安全防御系统、故障恢复及容灾备份系统等。

安全支撑平台的基础是密码技术。安全支撑平台的建设必须选用有我国自主知识产权、通过国家密码主管部门安全审查的、有完整体系结构的信息安全技术和设备。安全支撑平台提供的安全服务如下。

1）提供基于数字证书的信任服务进行证书管理。

2）提供基于统一安全管理的密码服务。

3）以信任服务为基础，为电子政务系统提供资源访问控制和授权管理服务，支持权限管理。

4）基于国家权威时间源和公钥技术，为应用系统提供可信时间戳服务。

5）提供数字证书 / 证书撤销表的目录查询服务，支持数字证书 / 证书撤销表的目录管理，以及证书状态在线查询。

6）提供信息安全防御服务。

7）提供基于物理隔离的安全数据交换服务。

8）提供系统故障恢复及容灾备份服务。

9）提供网络可信接入及可信管理服务。

2. 应用支撑平台

应用支撑平台是在安全支撑平台基础上，承载 PKI 业务系统的软硬件综合平台。应用支撑平台基于灵活的目录服务系统和标准规范的信息交换格式构建安全 Web 门户系统、可信信息交换系统、可信应用传输系统、可信的共性服务系统（安全电子邮件系统、安全视频会议系统等），一方面对内提供文件处理、文件交换、决策支持、信息管理等应用服务，另一方面提供灵活方便的公众管理和应用服务。应用支撑平台具有统一性和安全性两个特点。

1）统一性。应用支撑平台通过统一的接入认证网关、安全 Web 门户系统、可信信息交换系统、可信应用传输系统，以及系统间的接口规范，实现 PKI 业务系统的互联互通，有效地实现信息共享。

2）安全性。应用支撑平台建立在安全支撑平台基础上，为业务应用提供安全服务和可信应用环境，有效地保证业务系统安全地互联互通和信息共享，并安全地开展业务。

3. 应用层

应用层用于向用户提供 PKI 各种服务。PKI 体系应用层主要包括以下技术构件，包括证书认证系统、注册系统、密钥管理系统、权限管理系统、安全策略管理系统、证书库管理系统、证书撤销表管理系统、证书 / 证书撤销表查询系统、密钥备份与恢复系统、应用程序接口系统、用户终端实体系统、密码算法系统、函数库、安全防护系统、交叉认证系统。

5.5 证书认证机构

证书认证机构（CA）指受用户信任，负责创建和分配证书，是数字证书认证体系的核心组成部分。广义的 CA 机构提供证书管理、证书撤销列表管理、密钥管理和安全管理等服务。

1）证书管理：证书生成、颁发、签名、更换、撤销、冻结 / 解冻、挂失 / 解挂、恢复、查询、更新、续期等。

2）证书撤销列表管理：证书撤销列表签名、保存、传送、发布、查询与响应，证书状态实时查询与响应等。

3）密钥管理：密钥生成、存储、传送、归档、作废、恢复等。

4）安全管理：网络安全、信息安全、密钥安全、软件系统安全、操作系统安全、人员管理安全、设备物理安全、安全审计和稳定运行等。

一个完整的 CA 机构一般采用 RCA（根 CA）-CA-SCA-RA-LA 等层次结构。根据应用系统的实际需求，我们可以灵活设计为 RCA-CA-RA-LA 四层结构或 RCA-CA-RA、RCA-CA-LA 等三层结构，其中：

1）RCA 为根认证机构，由国家主要管理部门主持设置。

2）CA 为证书认证系统的主体机构，包含行业 CA 和品牌 CA。

3）SCA 为子 CA，包括下级 CA 和地区 CA。

4）RA 为注册机构，分为远程注册机构与本地注册机构。

5）LA 为受理点，直接面向客户服务，LA 可以与远程 RA 结合在一起直接为客户服务。

完整的 CA 机构依赖的系统一般设置以下模块（实际应用中，根据需求，模块可做增减）：

1）证书 / 证书撤销表签名服务器。

2）证书管理服务器。

3）在用证书数据库。

4）历史证书数据库。

5）证书撤销表数据库。

6）证书目录服务器。

7）证书在线状态查询服务器。

8）时间戳服务系统。

9）证书审计系统。

10）交叉认证系统。

11）Web 服务器。

12）授权管理系统。

13）证书安全管理系统。

14）证书管理终端与统计计费系统。

CA 的逻辑模块分为核心层、管理层、服务层和基础层。各层构件如下。

1）核心层：证书 / 证书撤销表（黑名单）签名服务器及相应数据库、密钥管理服务器及相应数据库。

2）管理层：证书管理服务器、权限管理系统、审计系统、安全管理系统、管理终端与统计计费系统。

3）服务层：在线注册服务系统、证书 / 证书撤销表发布服务器、证书状态实时查询服务器、可信时间源。

4）基础层：远程注册系统、业务受理点。

大型 PKI 体系中包含的多个 CA 机构之间的连接关系可分为层次结构、网状结构和信任链结构等。

1）层次结构：在一个 PKI 系统中只有一个根 CA，用户可以通过根 CA 找到一条连接任意一个 CA 的信任路径。

2）网状结构：在 PKI 系统中的 CA 之间，采用两两 CA 双向交叉认证机制。用户通过交叉认证的证书实现对另一个 CA 机构的证书的验证。

3）信任链结构：在 PKI 系统中预装多个 CA 证书，公钥的应用的可信度决定于对某 CA 的信任度。

5.6 注册机构

注册机构是证书管理系统中用户进行注册的服务机构与审核管理机构。RA 由 CA 机构授权运作，并可下设代理点（LA）。RA 主要提供以下服务。

1）用户数字证书申请的注册受理。

2）用户真实身份的审核。

3）用户数字证书的申请与下载。

4）用户数字证书的撤销与恢复。

5）证书受理核发点的设立审核及管理。

RA 依赖的系统一般由以下模块组成。

1）本地注册管理系统、远程注册管理系统。

2）受理系统。

3）录入系统。

4）审核系统。

5）代理发放数字证书系统。

6）安全管理系统。

5.7　密钥管理系统

密钥管理（KM，Key Management）系统是 PKI 体系中密钥管理的基础设施，是信任服务系统的重要组成部分，为密码技术和产品的大规模应用提供支持。KM 系统提供加密密钥的产生、存储、认证、分发、查询、注销、归档、恢复等管理服务。KM 系统与 CA 按照"统一规划、同步建设、独立设置、分别管理、有机结合"的原则进行建设和管理。

KM 系统通过密钥管理中心实现以下功能。

1）策略与安全维护：制定密钥管理策略，维护系统安全。

2）密钥生成：通过专用密码设备生成所需密钥，包括生成非对称密钥对和对称密钥。

3）密钥分发：采用安全协议通过 CA，把密钥对传送给用户。用户包括 CA、下级 KMC、特定用户群或设备。

4）密钥存储：加密存储各类密钥。

5）密钥库管理：加密管理配置的各个密钥库。

6）密钥查询：个人查询，通过 RA-CA 向密钥管理中心访问查询；在法律授权下，直接到密钥管理中心查询。

7）密钥撤销：通过 RA-CA 访问密钥管理中心实现。

8）密钥恢复：个人要求密钥恢复时，通过 RA-CA 访问密钥管理中心实现；在法律授权下，直接到密钥管理中心恢复。

5.8　密码服务系统

密码服务系统是安全支撑平台的基础，主要提供包括加解密、签名及签名验证、数字信封等安全服务，以实现信息的机密性、完整性和抗抵赖性。在试点工程中，密码服务在客户端由实体鉴别密码器或客户端加密器提供，在服务器端则由加密服务器提供。所有密码算法都必须在经国家密码主管部门审批的密码设备上运行。

密码服务系统旨在构建一个相对独立的可信计算环境，以进行安全密码算法处理。它采用分布式计算技术，实现性能动态按需扩展；采用安全中间件，兼容各种密码设备，向上层应用提供统一稳定的服务接口。密码服务系统主要功能如下。

1）对称密钥生成。

2）非对称密钥生成。

3）密钥加密存储。

4）密钥安全传送。

5）密钥自动更新。

6）密钥历史档案管理。

7）密钥销毁。

8）密钥恢复。

9）KMC 自身的密钥管理。

10）KMC 审计。

11）KMC 安全管理。

密码服务系统的核心功能是为 PKI 提供基础加解密服务，具体如下。

1）数据加解密运算：提供对数据的加密和解密等运算功能。

2）数字签名运算：提供数据签名和签名验证等运算功能。

3）数字证书运算：提供数字证书签发和验证等基本的证书运算功能。

4）数字信封：提供对数据的数字信封封装和解封装等运算功能。

5）数据摘要和完整性验证：提供对数据进行摘要运算功能，并提供验证数据完整性功能。

6）会话密钥生成和存储：管理会话密钥的生命周期。

5.9　可信时间戳服务系统

可信时间戳服务系统基于国家权威时间源和公钥技术，为电子政务系统提供精确可信的时间戳，保证处理数据在某一时间（之前）的存在性及相关操作的相对时间顺序，为业务处理的抵赖性和可审计性提供有效支持。可信时间戳系统包括以下单元。

1）时间服务器：通过国家授时中心提供可信时间服务。

2）时间戳证据存储服务器：用来安全保存时间戳及相关信息。

3）时间戳服务器：用来签发可信时间戳。

4）密码服务器系统：提供加密服务，确保时间戳的安全性和不可篡改性。

可信时间戳系统功能如下。

1）从可信时间源（国家授时中心）获取时间，校准时间戳服务器的时间。

2）安全保存时间戳及相关信息，确保数据可审计，实现系统数据处理的抗抵赖性。

3）采用公钥技术，签发可信时间戳。

5.10　证书 / 证书撤销表管理系统

证书 / 证书撤销表管理系统是 PKI 安全架构的关键组成部分，提供证书和证书撤销表（CRL）的存储、管理和查询服务。该系统为业务应用系统提供全面的证书查询与验证服务，确保证书状态信息的准确性和及时性。证书查询与验证服务在密码服务的基础上，基于分布式计算技术进行构建，以支持系统灵活配置和性能动态按需扩展。它的主要业务单元包括 LDAP 服务单元和 OCSP 服务单元。

1）LDAP 服务单元基于 LDAP 提供证书撤销列表的目录发布服务，主要针对非实时的证书状态查询应用或服务器端应用。

2）OCSP 服务单元基于 OCSP 提供证书状态的在线智能查询服务，主要针对实时证书状态查询应用或客户端应用。

证书 / 证书撤销列表管理系统提供以下安全服务。

1）证书和证书撤销列表的发布。

2）证书和证书撤销列表的下载。

3）证书和证书撤销列表的更新。

4）证书和证书撤销列表的恢复。

5）基于 LDAP 的目录访问控制。

第二部分 *Part 2*

产品开发

在这部分中，我们将介绍密码学在实际产品开发中的应用。首先，我们将从商用密码产品的认证开始，深入探讨其背后的标准和流程。接着，我们将详细介绍身份认证系统、数据加解密系统、数字证书认证系统以及电子签章系统的开发过程，包括系统架构、工作原理、工作流程以及实际应用案例。

本部分不仅介绍了密码学在产品开发中的实际应用，还展示了如何利用复杂的密码技术打造用户友好、高效可靠的商业产品。这部分内容将为希望将密码学知识应用于实际开发的工程师和研究者提供宝贵的指导和参考。让我们一起探索密码学在现实世界中的无限可能，了解其在保护信息安全、保护数据隐私和构建信任数字世界方面的关键作用。

商用密码产品与认证

随着数字化和网络化的发展，商用密码产品在日常生活和商业活动中的应用越来越广泛，在确保数据和通信安全方面扮演着重要角色。然而，在广泛应用的同时，如何评估这些产品的安全性和可靠性，以及它们是否达到了既定的安全标准，成为一个关键问题。本章将探索商用密码产品的多个方面，包括其主要功能和不同的形态，并且将详细介绍商用密码产品的认证和检测流程，以确定密码产品是否达到了既定的安全标准。此外，本章提供了一个全面的视角，将为读者介绍与认证相关的各种机构，这些机构对于保障商用密码产品质量和安全起到了关键作用。通过本章的学习，读者不仅能够更好地理解商用密码产品的重要性，而且能够掌握如何评估和选择合适的密码产品，以满足具体的安全需求。

6.1　商用密码产品分类

商用密码产品是指实现密码运算、密钥管理等密码相关功能的硬件、软件、固件或其组合。商用密码产品提供的安全功能的正确、有效实现是保障重要网络与信息系统安全的基础。

6.1.1　功能类产品

根据功能划分，商用密码产品可分为密码算法类、数据加解密类、认证鉴别类、证书管理类、密钥管理类、密码防伪类和综合类 7 类，如图 6-1 所示。

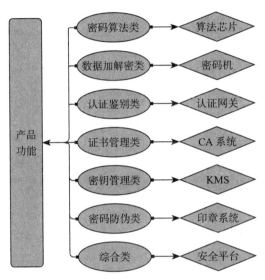

图 6-1　商用密码产品按功能分类

1. 密码算法类产品

密码算法类产品主要是指提供基础密码运算功能的产品，用于实现各类密码算法及相应的安全功能，包括椭圆曲线密码算法芯片、数字物理噪声源芯片、安全芯片。安全芯片自身具有较高的安全等级，能够保护内部存储的敏感数据不被非法读取和篡改，可作为板卡的主控芯片。密码芯片广泛应用于各类密码产品和安全产品，主要提供基础且安全的密码运算功能。密码芯片的安全能力对于保障整个系统的安全具有举足轻重的作用，应根据预期安全服务及应用环境安全要求，选择达到安全等级的密码芯片。

2. 数据加解密类产品

数据加解密类产品主要是指提供数据加解密功能的产品，包括服务器密码机、云服务器密码机、VPN 设备、加密硬盘等。作为典型代表的服务器密码机主要提供数据加解密、数字签名和验签、密钥管理等高性能密码服务。服务器密码机通常部署在应用服务器端，能够同时为多个应用服务器提供密码服务，为重要数据提供保密性、完整性、真实性保护，既可以提供高性能的数据加解密服务，又可以作为应用系统的主要密码设备和核心组件，广泛应用于银行、保险、证券、交通、电子商务、移动通信等行业的安全业务应用系统。VPN设备为远程访问提供安全接入手段，为网络通信提供机密性、完整性保护，以及数据源的身份鉴别和抗重放攻击等安全功能。

3. 认证鉴别类产品

认证鉴别类产品主要是指提供身份认证、密码鉴别功能的产品，包括认证网关、动态口令系统等。认证网关为网络应用提供基于数字证书的身份认证服务，是用户进入应用服务系统之前的访问控制设备，通常部署在用户和受保护的服务器之间。认证网关的外部网络端口与用户网络相连，内部网络端口与受保护的服务器相连，用户与服务器之间的连接被认证网关隔离。受保护的服务器不能直接访问服务，只能通过网关认证获得服务。动态口令系统是一种包含动态令牌和动态令牌认证的综合系统，可以为信息系统提供动态口令认证服务。动态令牌负责生成动态口令，认证系统负责验证动态口令的正确性，密钥管理系统负责动态令牌的密钥管理，信息系统负责将动态口令按照指定的协议发送至认证系统进行认证。

4. 证书管理类产品

证书管理类产品主要是指提供证书产生、分发、管理功能的产品，包括证书认证（CA）系统等。数字证书可看成网络环境下个人、机构、设备的身份证，是证书认证机构签名的包含公钥拥有者信息、公钥、签发者信息、有效期及扩展信息的一种结构化数据。对数字证书进行管理的系统通常被称为"证书认证系统"。证书认证系统对生命周期内的数字证书进行全过程管理，包括用户注册管理、证书/证书撤销列表（CRL，Certificate Revocation List）的生成与签发、证书/CRL的存储与发布、证书状态的查询及安全管理等。证书认证系统一般包括证书管理中心和用户注册中心两部分。其中，证书管理中心负责对证书进行管理，如证书/CRL的签发和更新、证书的作废、证书/CRL的查询和下载；用户注册中心负责为用户提供面对面的证书业务服务，如证书申请、身份审核。

5. 密钥管理类产品

密钥管理类产品主要是指提供密钥产生、分发、更新、归档和恢复等功能的产品，包括密钥管理系统（KMS）等。密钥管理类产品通常包括产生密钥的硬件（如密码机、密码卡），以及实现密钥存储、分发、备份、更新、销毁、归档、恢复、查询、统计等服务功能的软件。密钥管理类产品一般是密码系统的核心。密钥管理类产品的核心功能是确保密钥的安全性。密钥管理类产品有金融 IC 卡密钥管理系统、数字证书密钥管理系统、社会保障卡密钥管理系统、支付服务密钥管理系统等，但它们的核心功能基本一致。数字证书密钥管理系统主要由密钥生成、密钥库管理、密钥恢复、密码服务、密钥管理、安全审计、认证管理等功能模块组成。

6. 密码防伪类产品

密码防伪类产品主要是指提供密码防伪验证功能的产品，包括电子印章系统、支付密码器、数字水印系统等。电子印章系统通常将传统印章与数字签名技术结合起来，采用组件技术、图像处理技术及密码技术对电子文件进行数据签章保护。电子印章具有和物理印章同样的法律效力，在受保护文档中采用图形化的方式进行展现，具有和物理印章相同的视觉效果。盖章文档中所有内容全部被封装固定，不可篡改。电子印章系统包括电子印章制作系统与电子印章服务系统两部分。电子印章制作系统用于制作电子印章，印章数据通过离线的方式导入电子印章服务系统。电子印章服务系统用于电子印章的盖章、验章。用户安装客户端软件后，可以在线应用或离线应用。

7. 综合类产品

综合类产品主要是指那些集成了多种功能的产品，它们能够提供两种或更多上述提到的功能。典型的例子包括电子商务安全平台和综合安全保密系统等。这些产品通过整合不同的功能和服务，为用户提供了一个全面的安全解决方案。特别是，ATM 密码系统是金融领域的一个重要应用。这种系统提供了一系列金融服务，如账户查询、转账、存款 / 取款、圈存 / 圈提等。随着技术的发展，许多 ATM 密码系统已经支持商用密码算法。在物理安全方面，这些系统配备了多种安全措施，如防窥屏以及视频监控。此外，它们还具备密码键盘和在遭受强行破坏时自动销毁数据的功能，进一步增强了安全性。

6.1.2　形态类产品

根据形态划分，商用密码产品可以分为 6 类，如图 6-2 所示。

1）**芯片**：这类产品以芯片的形态呈现，例如算法芯片、SoC 芯片等。

2）**模块**：模块形态的密码产品由多个芯片组成，通常呈现为背板形态。它们提供专用的密码功能，包括加解密模块、安全控制模块等。

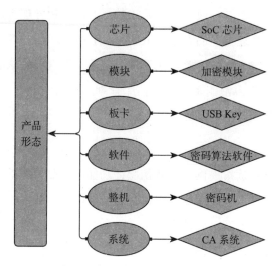

图 6-2　商用密码产品按形态分类

3）**板卡**：板卡形态的密码产品提供完整的密码功能，包括 IC 卡、USB Key、PCI 密码卡等。

4）**软件**：软件形态的密码产品包括信息保密软件、密码算法软件等。

5）**整机**：整机形态的密码产品也提供完整的密码功能，包括网络密码机（如 IPSec VPN）、服务器密码机等。

6）**系统**：系统形态的密码产品是由密码功能支撑的，包括安全认证系统、密钥管理系统等。

需要注意的是，GM/T 0028—2014《密码模块安全技术要求》中的"密码模块"是一个逻辑概念，应当视为一个专有名词，指实现了密码功能的硬件、软件和 / 或固件的集合，并且在一定的密码系统边界内实现，不再是仅仅以背板形态呈现且不提供完整密码功能的产品。

6.2　商用密码产品认证

6.2.1　商用密码产品认证制度简介

2020 年 1 月 1 日起实施的《中华人民共和国密码法》（以下简称《密码法》）第

二十五条对商用密码检测认证体系进行了描述："国家推进商用密码检测认证体系建设，制定商用密码检测认证技术规范、规则，鼓励商用密码从业单位自愿接受商用密码检测认证，提升市场竞争力。"同时，《密码法》第二十六条规定："涉及国家安全、国计民生、社会公共利益的商用密码产品，应当依法列入网络关键设备和网络安全专用产品目录，由具备资格的机构检测认证合格后，方可销售或者提供。"为贯彻落实"放管服"改革要求，充分激发商用密码市场活力，2019 年 12 月，国家密码管理局和市场监管总局发布《关于调整商用密码产品管理方式的公告》，取消了"商用密码产品品种和型号审批"。

2020 年 5 月，市场监管总局会同国家密码管理局建立国家统一推行的商用密码认证制度《商用密码产品认证规则》，规定了实施商用密码产品认证的基本原则和要求，规定了商用密码产品认证模式为"型式试验 + 初始工厂检查 + 获证后监督"。认证机构可对获证产品生产企业的扩项产品认证委托，减免初始工厂检查环节。

商用密码产品认证模式中的型式试验是指认证机构应根据认证委托资料（包括型式试验的样品要求和数量、检测标准项目、检测机构信息等）制定型式试验方案，并通知认证委托人。认证委托人应按型式试验方案提供样品至检测机构，并保证样品与实际生产的产品一致。必要时，认证机构也可采用生产现场抽样的方式获得样品。认证委托人可在认证结束后取回型式试验样品。检测机构应对型式试验全过程做完整记录，并妥善管理、保存、保密相关资料，确保在认证有效期内检测结果可追溯。型式试验结束后，检测机构应及时向认证机构和认证委托人出具型式试验报告。

商用密码产品认证模式中的初始工厂检查是指认证机构应根据产品认证通用要求，结合 GM/T 0065《商用密码产品生产和保障能力建设规范》、GM/T 0066《商用密码产品生产和保障能力建设实施指南》等标准对认证委托产品的生产企业实施初始工厂检查，检查内容包括其生产能力、质量保障能力、安全保障能力和产品一致性控制能力等。

商用密码产品认证模式中的获证后监督是指认证机构应对认证有效期内的获证产品和生产企业进行持续监督。获证后监督可不预先通知生产企业，一般采用工厂检查的方式实施，必要时可在生产现场或市场抽样检测。认证机构对获证后监督结论和相关资料信息进行综合评价，评价通过的，可继续保有认证证书、使用认证标志，不通过的，认证机构应当根据相应情形做出暂停或者撤销认证证书的处理。

市场监管总局和国家密码管理局先后于 2020 年 5 月和 2022 年 7 月分别发布了《商

用密码产品认证目录（第一批）》和《商用密码产品认证目录（第二批）》，其中，《商用密码产品认证目录（第一批）》发布了 22 类密码产品，《商用密码产品认证目录（第二批）》发布了 6 类密码产品，共计 28 类密码产品。这些密码产品的信息如表 6-1 所示。

表 6-1 《商用密码产品认证目录（第一批）》和《商用密码产品认证目录（第二批）》列出的密码产品

序号	产品种类	产品描述
1	智能密码钥匙	实现密码运算、密钥管理功能的终端密码设备，一般使用 USB 接口形态
2	智能 IC 卡	实现密码运算和密钥管理功能的含 CPU（中央处理器）的集成电路卡，包括应用于金融等行业领域的智能 IC 卡
3	POS 密码应用系统、ATM 密码应用系统、多功能密码应用、互联网终端	为金融终端设备提供密码服务的密码应用系统
4	PCI-E/PCI 密码卡	具有密码运算功能和自身安全保护功能的 PCI 硬件板卡设备
5	IPSec VPN 产品 / 安全网关	基于 IPSec 协议，在通信网络中构建安全通道的设备
6	SSL VPN 产品 / 安全网关	基于 SSL/TLS 协议，在通信网络中构建安全通道的设备
7	安全认证网关	采用数字证书为应用系统提供用户管理、身份鉴别、单点登录、传输加密、访问控制和安全审计服务的设备
8	密码键盘	用于保护 PIN 输入安全并对 PIN 进行加密的独立式密码模块，包括 POS 主机等设备的外接加密密码键盘和无人值守（自助）终端的加密 PIN 键盘
9	金融数据密码机	用于确保金融数据安全，并符合金融磁条卡、IC 卡业务特点的，主要实现 PIN 加密、PIN 转加密、MAC 产生和校验、数据加解密、签名验证以及密钥管理等密码服务功能的密码设备
10	服务器密码机	能独立或并行为多个应用实体提供密码运算、密钥管理等功能的设备
11	签名验签服务器	用于服务端的，为应用实体提供基于 PKI 体系和数字证书的数字签名、验证签名等运算功能的服务器
12	时间戳服务器	基于公钥密码基础设施应用技术体系框架内的时间戳服务相关设备
13	安全门禁系统	采用密码技术，确定用户身份和用户权限的门禁控制系统
14	动态令牌、动态令牌认证系统	动态令牌：生成并显示动态口令的载体 动态令牌认证系统：对动态口令进行认证，对动态令牌进行管理的系统
15	安全电子签章系统	提供电子印章管理、电子签章 / 验章等功能的密码应用系统
16	电子文件密码应用系统	在电子文件创建、修改、授权、阅读、签批、盖章、打印、添加水印、流转、存档和销毁等操作中提供密码运算、密钥管理等功能的应用系统
17	可信计算密码支撑平台	采取密码技术，为可信计算平台自身的完整性、身份可信性和数据安全性提供密码支持。其产品形态主要表现为可信密码模块和可信密码服务模块
18	证书认证系统、证书认证密钥管理系统	证书认证系统：对数字证书的签发、发布、更新、撤销等数字证书全生命周期进行管理的系统 证书认证密钥管理系统：对生命周期内的加密证书密钥对进行全过程管理的系统
19	对称密钥管理产品	为密码应用系统生产、分发和管理对称密钥的系统及设备

（续）

序号	产品种类	产品描述
20	安全芯片	含密码算法、安全功能，可实现密钥管理机制的集成电路芯片
21	电子标签芯片	采用密码技术，载有与预期应用相关的电子识别信息，用于射频识别的芯片
22	其他密码模块	实现密码运算、密钥管理等安全功能的软件、硬件、固件及其组合，包括软件密码模块、硬件密码模块等
23	可信密码模块	可信计算密码支撑平台的硬件模块，为可信计算平台提供密码运算功能，具有受保护的存储空间
24	智能 IC 卡密钥管理系统	针对智能 IC 卡应用所需的密钥生命周期统一管理系统，为使用密钥的智能 IC 卡相关业务系统提供密钥服务功能
25	云服务器密码机	在云计算环境下，采用虚拟化技术，以网络形式为多个租户的应用系统提供密码服务的服务器密码机
26	随机数发生器	软件随机数发生器：产生随机二元序列的程序 硬件随机数发生器：产生随机二元序列的器件
27	区块链密码模块	以区块链技术为核心，用于用户安全、共识安全、账本保护、对等网络安全、计算和存储安全、隐私保护、身份认证和管理等的密码模块
28	安全浏览器密码模块	由浏览器内核、浏览器界面、密码算法 / 传输层密码协议逻辑运算模块等组成的浏览器密码模块

6.2.2　商用密码产品认证流程简介

国家密码管理局商用密码检测中心（以下简称"检测中心"）对于《第一批》和《第二批》中的每一类产品制定了认证实施细则。认证实施细则中包含适用范围、认证依据、认证模式、认证单元划分、认证的基本环节、认证实施、认证时限、认证证书、认证标志、认证责任等内容，对认证依据、认证时限进行了要求。我们可以通过阅读认证实施细则了解商用密码产品认证委托、型式试验、初始工厂检查、认证评价与决定、获证后监督等过程。

检测机构为企业（委托人）提供商用密码产品认证服务，符合 28 类认证实施细则要求的商用密码产品均可以通过检测中心委托认证。认证具体流程如图 6-3 所示。

第 1 步：委托人在开始商用密码产品认证前前往商用密码认证业务网站（http://service.scctc.org.cn/）下载并填写资料。

第 2 步：按照格式规范进行填写资料的装订，装订后将 1 份纸质材料以及 1 份电子材料邮寄至检测中心。

第 3 步：检测中心认证部在收到邮寄材料后的 5 个工作日内完成材料的形式化审查

并通过邮件发送受理意见。收到材料补正意见后，委托人须在 20 个工作日内完成资料补正并按照补正要求重新提交，逾期未反馈视为自动放弃。委托方收到认证受理通过通知后，应在 20 个工作日内办理认证委托手续，提交密码认证服务合同，在认证过程中收到认证收费通知单后，应在 10 个工作日内完成认证费用缴纳。

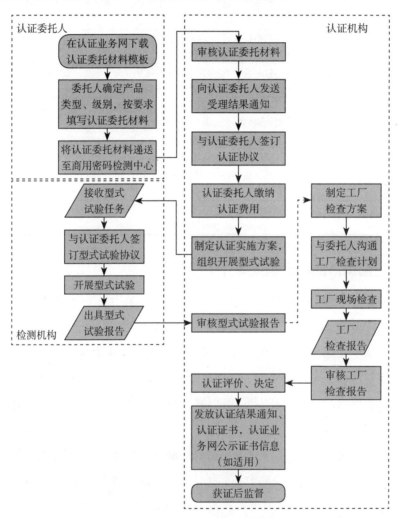

图 6-3　商用密码产品认证流程

第 4 步：委托人须在收到认证受理通知后的 5 个工作日内联系相应检测机构，配合其完成型式试验。型式试验结束后，检测机构向认证机构、委托人出具检测报告。

第 5 步：委托人在收到检查组的工厂检查通知后应及时与检查组确认工厂检查时间

和工作安排，并配合检查组完成初始工厂检查。

第 6 步：工厂检查结束后，委托人等待认证结果通知（一般不超过 20 个工作日），认证机构会对型式试验、初始工厂检查结论和相关资料信息进行综合评价，做出认证决定。对符合认证要求的，颁发认证证书并允许使用认证标志；对暂不符合认证要求的，可要求认证委托人限期（通常情况下不超过 3 个月）整改，整改后仍不符合的，则书面通知认证委托人终止认证。

商用密码产品认证委托材料包含 3 部分（见表 6-2），分别是商用密码产品认证委托书、商用密码产品认证委托材料（技术相关）、商用密码产品认证委托材料（其他）。

表 6-2　商用密码产品认证委托材料概要

序号	材料	材料说明
1	商用密码产品认证委托书	包含多项认证证书关键信息
2	商用密码产品认证委托材料（技术相关）	包含《技术工作总结报告》《安全性设计报告》《密码模块分级检测申请材料》《用户手册》，以上材料为认证产品技术相关材料，是型式试验环节的重要支撑材料，每份材料中均备注了编写要求
3	商用密码产品认证委托材料（其他）	包含具有独立法人资格的证明材料、《商用密码产品生产和保证能力自我评估表》《生产一致性证明文件》《产品实物图》

所有材料填写完成后，按照《商用密码产品认证委托材料编制说明》对纸质材料和电子材料进行排版与装订。纸质材料包括《商用密码产品认证委托书》和《认证委托材料一致性承诺书》。《商用密码产品认证委托书》加盖公章和骑缝章，《认证委托材料一致性承诺书》加盖公章。电子材料包括全套认证委托材料。其中，《商用密码产品认证委托书》《认证委托材料一致性承诺书》和《生产一致性证明文件》需提供盖章后的扫描件，商用密码产品认证委托材料（技术相关）、商用密码产品认证委托材料（其他）提供 Word 或 PDF 版本即可。

6.2.3　认证机构和检测机构简介

目前，国家密码管理局商用密码检测中心为取得相关资质的唯一一家商用密码产品认证机构。全国共有 5 家检测机构，分别为国家密码管理局商用密码检测中心、鼎铉商用密码测评技术（深圳）有限公司、智巡密码（上海）检测技术有限公司、豪符密码检测技术（成都）有限责任公司、招商局检测认证（重庆）有限公司（见表 6-3）。

表 6-3 认证机构和检测机构清单（2023 年 6 月商用密码认证业务网提供信息）

类型	机构名称	检测业务范围
认证机构、检测机构	国家密码管理局商用密码检测中心	《商用密码产品认证目录（第一批）》和《商用密码产品认证目录（第二批）》的 28 类商用密码产品
检测机构	鼎铉商用密码测评技术（深圳）有限公司	《商用密码产品认证目录（第一批）》的 22 类商用密码产品
检测机构	智巡密码（上海）检测技术有限公司	《商用密码产品认证目录（第一批）》的 22 类商用密码产品
检测机构	豪符密码检测技术（成都）有限责任公司	《商用密码产品认证目录（第一批）》的 22 类商用密码产品
检测机构	招商局检测认证（重庆）有限公司	智能密码钥匙、智能 IC 卡、PCI-E/PCI 密码卡、IPSec VPN 产品 / 安全网关、SSL VPN 产品 / 安全网关、安全电子签章系统

注：检测机构及其检测业务范围会存在调整更新，最新信息可查看商用密码认证业务网。

国家密码管理局商用密码检测中心是国内权威的商用密码检测机构，主要职责包括商用密码产品密码检测、信息安全产品认证密码检测、含有密码技术的产品密码检测、信息安全等级保护商用密码测评、商用密码行政执法密码鉴定、国家电子认证根 CA 建设和运行维护、密码技术服务、商用密码检测标准规范制定等。检测中心经过多年建设，配备了各类先进的专业检测设备和测试工具，先后获得中国合格评定国家认可委员会的实验室认可和中国国家认证认可监督管理委员会的计量认证认定，并由中国国家认证认可监督管理委员会指定为第一批信息安全产品认证检测实验室。

鼎铉商用密码测评技术（深圳）有限公司成立于 2017 年 3 月，是国家密码管理局授权、深圳市委市政府积极引进落地的全国首个第三方商用密码产品检测机构。其主要业务包括商用密码产品检测、商用密码应用安全性评估、密码应用验证、安全类测评与渗透业务（含渗透测试、漏洞扫描、代码审计、移动 App 安全检测、信息安全风险评估）、通用应用软件检测、信息安全培训等。其中，商用密码产品检测业务客户覆盖全国 19 个省、市。

智巡密码（上海）检测技术有限公司是国家密码管理局在 2017 年底正式批复成立的国家商用密码检测机构，是华东地区专业从事商用密码产品检测和应用安全性评估的创新型检测机构。其主要业务包括商用密码产品检测、密码应用安全性评估、密码渗透性测试，以及相关密码检测技术和设备的研究、开发和咨询服务。

豪符密码检测技术（成都）有限责任公司成立于 2019 年，坐落于成都高新区新川科技园，由国家密码管理局批复、四川商用密码产品检测机构筹建工作协调小组统筹、四川省密码管理局指导建设，是中西部首家商用密码产品检测机构、国家在中西部密码产业的核心布局，也是国家密码及信息安全产业发展的重要保障。其主要业务包括商用密码产品检测、密码验证测试、软件测试、信息安全风险评估、数据安全合规测评等。商用密码产品检测业务覆盖《商用密码产品认证目录（第一批）》的 22 类分项。

招商局检测认证（重庆）有限公司成立于 2020 年 10 月 30 日，于 2020 年 11 月 22 日在重庆市两江新区挂牌，由招商局集团以市场化方式改革重组原重庆检测认证（集团）有限公司设立，是贯彻落实"质量强国建设"的创新举措。

截至 2023 年 6 月，这五家机构有各自不同的检测业务范围。检测中心检测业务范围为《商用密码产品认证目录（第一批）》和《商用密码产品认证目录（第二批）》的 28 类商用密码产品。鼎铉商用密码测评技术（深圳）有限公司检测业务范围为《商用密码产品认证目录（第一批）》的 22 类商用密码产品。智巡密码（上海）检测技术有限公司检测业务范围为《商用密码产品认证目录（第一批）》的 22 类商用密码产品。豪符密码检测技术（成都）有限责任公司检测业务范围为《商用密码产品认证目录（第一批）》的 22 类商用密码产品。2023 年 6 月，商用密码认证业务网显示招商局检测认证（重庆）有限公司检测业务范围为智能密码钥匙、智能 IC 卡、PCI-E/PCI 密码卡、IPSec VPN 产品 / 安全网关、SSL VPN 产品 / 安全网关、安全电子签章系统。

6.3　商用密码产品检测

商用密码产品提供的安全功能的正确、有效实现是保障重要网络与信息系统安全的基础。商用密码产品检测是对商用密码产品提供的安全功能进行核验的有效手段，也是产品获得证书的前提。

6.3.1　概述

商用密码产品检测框架分为安全等级符合性检测和功能标准符合性检测两部分，如图 6-4 所示。

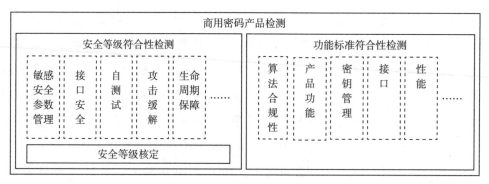

图 6-4 商用密码产品检测框架

安全等级符合性检测是结合密码产品申报的安全等级，对此安全等级的敏感安全参数管理、接口安全、自测试、攻击缓解、生命周期保障等方面要求进行符合性检测，也就是核定密码产品的安全等级。根据产品形态的不同，安全等级符合性检测分为对密码模块的检测和对安全芯片的检测。密码模块在 GM/T 0028—2014《密码模块安全技术要求》中被分为 4 个安全等级，安全芯片在 GM/T 0008—2012《安全芯片密码检测准则》中被分为 3 个安全等级。

功能标准符合性检测是对算法合规性、产品功能、密钥管理、接口、性能等具体产品标准要求的内容进行符合性检测。算法合规性检测需要对密码算法实现的正确性进行测试，还需要对随机数生成方式进行检测，如通过统计测试标准，如 GM/T 0005《随机性检测规范》，对生成随机数的统计特性进行测试。功能标准符合性检测是按照不同产品各自的标准分别开展，例如，智能 IC 卡按照 GM/T 0041—2015《智能 IC 卡密码检测规范》进行检测。

对于不同安全等级密码产品的选用，我们应考虑以下两方面。

1）运行环境提供的防护能力。密码产品及其运行的环境共同构成了密码安全防护系统。运行环境的防护能力越低，环境中存在的安全风险就越高；运行环境的防护能力越高，环境中存在的安全风险也会随之降低。因此，在低安全防护能力的运行环境中，我们需选用高安全等级的密码产品；而在高安全防护能力的运行环境中，我们可选用较低安全等级的密码产品。

2）所保护信息资产的重要程度。信息资产包括数据、系统提供的服务及相关的各类资源，其重要程度与所在的行业、业务场景及影响范围有很大关系。

选择合适的安全等级后，商用密码产品在部署时还应当按要求进行配置，以切实地发挥所能提供的安全防护能力。

6.3.2　密码算法合规性检测

密码算法合规性检测包含商用密码算法实现的合规性检测和随机数生成合规性检测。

1）商用密码算法实现的合规性是指商用密码算法应按照密码算法标准进行参数设置和代码实现，检测时多进行已知答案测试，即先对指定的输入数据进行相应密码计算而产生输出数据（该过程中的输入和输出作为测试数据），再将测试数据中的输入作为商用密码算法实现的合规性检测工具的输入，通过检测工具产生输出结果，如果送检产品的输出结果与检测工具的输出结果一致，则说明密码算法实现正确（即合规）。一般来说，我们需要准备多组不同长度的测试数据。商用密码算法实现的合规性检测项目包括 ZUC 算法（EEA3、EIA3）、SM2 和 SM9 算法（加解密、签名 / 验签、密钥协商）、SM3 算法（杂凑）、SM4 算法（ECB、CBC 等工作模式）。

2）随机数生成合规性检测是密码算法合规性检测中的另一项重要检测内容。对随机数质量的检测是保证密码产品安全的基础，几乎所有密码产品标准中都有对随机数质量的要求。目前，针对随机数检测已发布的标准有 GM/T 0005—2021《随机性检测规范》、GM/T 0062—2018《密码产品随机数检测要求》、GM/T 0078—2020《密码随机数生成模块设计指南》、GM/T 0105—2021《软件随机数发生器设计指南》GM/T 0103—2021《随机数发生器总体框架》等。

6.3.3　密码模块检测

GM/T 0028—2014《密码模块安全技术要求》定义的密码模块是硬件、软件、固件，或它们之间组合的集合，该集合至少使用一个经国家密码管理局核准的密码算法、安全功能或过程来实现密码服务，并且包含在定义的密码系统边界内。GM/T 0028—2014《密码模块安全技术要求》和 GM/T 0039—2015《密码模块安全检测要求》分别针对密码模块安全技术和安全检测提出了具体要求。

GM/T 0028—2014《密码模块安全技术要求》规定了从安全一级到安全四级 4 个安

全要求递增的安全等级，对密码模块规格、密码模块接口、角色/服务和鉴别、软件/固件安全、运行环境、物理安全、非入侵式安全、敏感安全参数管理、自测试、生命周期保障、对其他攻击的缓解 11 个安全域进行安全分级。这 11 个安全域中有些随着安全等级的递增，安全要求也相应增加。密码模块在这些域中获得的评级反映了在该域中所能达到的最高安全等级，即密码模块必须满足该域针对该等级的所有安全要求。另外，一些域的安全要求不分等级。除了在每个安全域中获得独立的评级之外，密码模块还将获得一个整体评级。整体评级设定为 11 个安全域所获得的最低评级。

GM/T 0039—2015《密码模块安全检测要求》描述了检测机构检测密码模块是否符合 GM/T 0028—2014《密码模块安全技术要求》规定的方法。这些方法保证了检测的客观性，确保各检测机构测试结果的一致性。该标准还给出了对送检单位提供给检测机构的材料的要求。

第 7 章

Chapter 7

身份认证系统开发

在数字化时代，身份认证系统的重要性不言而喻，不仅保证了用户的数据安全，还确保了整个网络环境的信任和可靠。身份认证作为信息安全领域的一个核心要素，关乎用户的隐私、企业的数据资产和整个社会的信任体系。本章将深入探讨身份认证系统的各个方面，从基本概念和应用场景到功能、原理与具体的实现。本章将详细解析系统的架构、工作原理，以及如何从零开始构建一个高效而安全的身份认证系统。此外，本章将通过真实的应用案例介绍，让读者可以进一步理解如何在实际环境中部署和优化身份认证系统。希望通过本章的学习，读者不仅可以全面地理解身份认证系统的核心概念和关键技术，还能掌握如何开发一个安全又易用的身份认证系统。

7.1 系统架构

身份认证系统是一种可以验证用户身份的密码产品。身份认证系统利用密码技术为业务系统提供基于 PKI 的数字证书的身份认证手段。身份认证系统由 RA 管理中心、CA 管理中心、KMC（密钥管理中心）、身份认证服务、日志管理及审计几部分组成，如图 7-1 所示。

身份认证系统中 KMC、CA 管理中心、RA 管理中心的关系如图 7-2 所示。

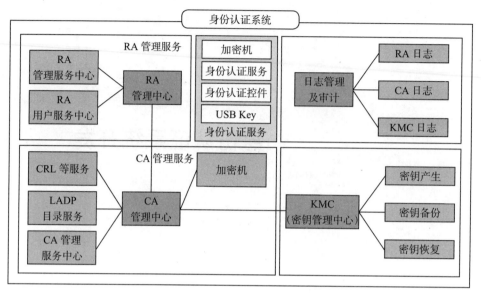

图 7-1 身份认证系统架构

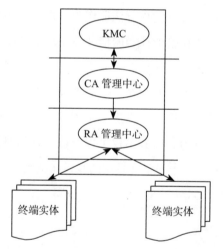

图 7-2 KMC、CA 管理中心、RA 管理中心连接关系

1. RA 管理中心

RA 管理中心主要是完成用户注册管理、证书 /CRL 的生成与签发、证书 /CRL 的存储与发布、证书状态的查询、密钥的生成与管理、安全管理等。此外，RA 管理中心也对用户资料进行管理和维护，提供定义灵活的证书申请、审核服务，具体功能如下。

1）进行用户身份信息的审核，确保其真实性。

2）本区域用户身份信息管理和维护。

3）数字证书的下载。

4）数字证书的发放和管理。

5）数字证书的冻结和解冻。

2. CA 管理中心

CA 管理中心主要是提供用户证书模板配置等功能，支持密钥管理，具体功能如下。

1）CA 密钥产生和存储（软件与硬件）。

2）CA 证书（包括根 CA 和子 CA）的产生和管理。

3）LDAP 发布器配置。

4）证书模板管理。

3. KMC

KMC 是 RKI 体系的一个重要组成部分，负责为 CA 管理中心提供密钥的生成、保存、备份、更新、恢复、查询等服务，以解决企业中大规模密码技术应用所带来的密钥管理问题。它的具体功能如下。

1）备用密钥对生成；

2）在用密钥对管理；

3）归档密钥对恢复；

4）历史密钥对信息管理；

5）密钥对恢复。

4. 身份认证服务

身份认证服务器运行于 Web 服务环境，以 Web Service 方式为业务系统提供身份认证服务。当收到业务系统的身份认证请求时，身份认证服务器按照认证协议与业务系统交互信息，并调用加密机接口进行认证过程中的密码运算。一般，我们可以使用身份认证控件（ActiveX 控件，该控件可以在浏览器中运行）为业务系统提供操作 USB Key 的接口。业务系统在使用身份认证系统进行用户身份认证时，需要在登录页面加入身份认证控件，调用控件接口读取 USB Key 中的用户证书并对数据进行签名。

5. 日志管理及审计

身份认证系统具有完善的日志与审计功能，可以查看和统计各种日志。它的具体功能如下。

1）统计各 CA、RA 账号证书颁发情况。

2）记录所有 RA 与 CA 管理中心的操作日志。

3）对所有操作人员的操作行为进行审计。

7.2 工作原理

身份认证系统为业务系统提供身份认证服务。当业务系统客户端需要访问业务系统服务端时，业务系统客户端先访问业务系统服务端的登录页面，该登录页面通过身份认证控件接口获得智能密码钥匙中的用户身份信息，并提交给业务系统服务端，然后业务系统服务端按照身份认证协议向身份认证服务器认证客户端身份，身份认证服务器将身份认证结果返回给业务系统服务端，最后业务系统服务端根据身份认证结果确定是否接受业务系统客户端的访问。

身份认证系统基于 PKI 实现数字证书管理。PKI 的基本原理在于利用公私钥进行非对称密码运算，在解决公私钥对的分离存放以及与身份绑定问题时使用数字证书。数字证书是包含用户私人信息及其公钥的电子文件。数字证书由 CA 签发后公开发布，证书中公钥对应的私钥由用户秘密保存。

在证书生成与签发时，用户自己生成签名密钥对，从注册系统中获取其他信息，向 KMC 申请加密密钥对，然后生成签名证书和加密证书，并将签名证书、加密证书以及从 KMC 获取的经过加密保护的加密私钥发送到证书载体，同时将签发完的证书发布到目录服务器，并将证书状态实时发布到 OCSP 服务器。

当证书需要注销时，证书撤销系统接收注销信息，验证注销信息中的签名，然后签发证书撤销列表，将签发后的证书撤销列表发布到目录服务器中，并将证书状态实时发布到 OCSP 服务器。

7.3　工作流程

身份认证系统的工作流程复杂。图 7-3 以证书申请为例，展示了身份认证系统的总体工作流程。该工作流程为身份认证系统中具有代表性的业务流程，涉及身份认证系统中的几乎全部模块。

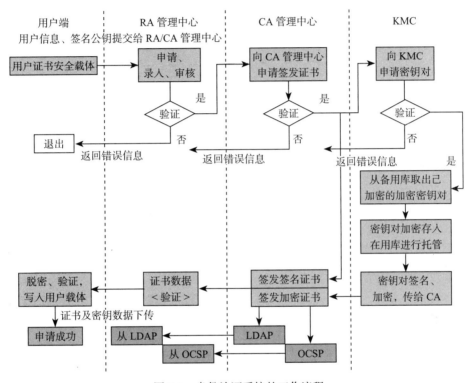

图 7-3　身份认证系统的工作流程

在开始申请证书前，管理员必须明确身份并授予相应权限的证书安全载体（例如 USB Key）插入 RA 终端接口才能登录 RA 管理中心。此过程涉及以下 3 个关键角色。

1）**录入员**：使用录入员 USB Key 登录 RA 管理中心，并录入用户的详细数据。

2）**审核员**：使用审核员 USB Key 登录 RA 管理中心，对录入员的录入数据进行审核。

3）**制证员**：一旦审核通过，制证员使用自己的 USB Key 登录 RA 管理中心，并向 CA 管理中心提交制作证书请求。

CA 管理中心收到制作证书请求后，首先检查相关签名，通过后则接受证书制作申请。证书制作流程如下。

1）CA 管理中心使用申请包中的用户数据和签名公钥为用户制作签名证书，同时向 KMC 发出申请加密密钥对请求。

2）KMC 从备用库中取出已加密的密钥对，一方面将密钥对加密转存到在用库中，另一方面将密钥对解密后使用用户签名公钥制作数字信封（重新加密、签名），然后将其和加密公钥转发给 CA 管理中心。

3）CA 管理中心使用申请包中的用户数据和加密公钥为用户制作加密证书，然后将用户签名证书、加密证书和 KMC 制作的数字信封发给 RA。

4）RA 用户端将收到的证书数据验证后写入用户证书载体（USB Key）。证书申请成功后，RA 管理中心发出证书申请确认包，并将确认包返回 CA。

5）CA 管理中心收到确认包后，向 KMC 发送密钥对确认的响应，并向数据库提交用户证书数据和相关信息的命令，然后向 OCSP 服务器发送证书相关信息，并且定时向 LDAP 传送证书信息。证书申请到此结束。

在证书制作过程中，RA 管理中心与 CA 管理中心之间、CA 管理中心与 KMC 之间通过签名和认证来保证数据通信安全，一旦某一步验证失败，立即退出系统操作。

系统数据流如图 7-4 所示，它展示了系统内数据的流转情况。RA 管理中心接收用户端提出证书制作、更新、作废、冻结、解冻等服务申请。OCSP 模块向用户提供证书状态查询服务，LDAP 模块提供用户下载证书和 CRL 服务。申请证书制作、更新等服务时，RA 管理中心将申请数据经 CMS 转发给 CSS，CSS 制作用户签名证书数据后经 CMS 转发给 RA 管理中心，同时 CSS 向 KMC 提交加密证书申请，KMC 经过验证、确认后发送加密密钥对数据给 CSS，再由 CSS 经 CMS 转发给 RA 管理中心，同时 CSS 将证书信息实时发送到 OCSP 模块，并定时发送到 LDAP 模块。在以上数据通信中，除了 CSS 向 OCSP 和 LDAP 的数据传输是单向的外，其他模块间数据通信都是双向的。双圈处理表示该处理模块为并发处理，模块可以同时接收多个业务处理请求。单圈处理表示该模块为单发处理，模块只能单次处理业务数据。双向箭头表示数据的请求/响应。单向箭头表示数据的分发。系统内业务数据流转视具体业务流程而定，不同的业务数据可以在系统内流转到不同层次的模块。

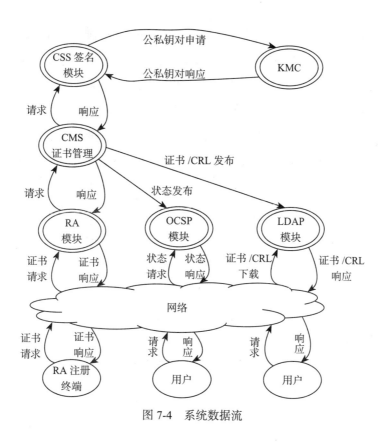

图 7-4　系统数据流

7.4 应用案例

身份认证系统保障应用系统登录用户的身份真实性，降低非法登录导致数据泄露风险，广泛应用于各种场景，包括在线银行、在线购物、政府机构等，以保证信息安全和防止欺诈。常见的身份认证包括单因素认证（如密码）、双因素认证（如"密码＋数字证书"）、多因素认证（如"密码＋数字证书＋指纹"）。

身份认证系统适用于国家级、省级或企业级安全应用系统，能为国家部委、金融行业和企事业单位等不同的用户按不同安全需求提供多种安全服务。通过签发数字证书，身份认证系统可以进行证书/CRL 的安全管理，保证电子政务、电子商务、银行业务、证券交易等的权威性、可信任性和公正性。以下是身份认证系统的一些应用案例。

1）银行身份认证：银行可以使用身份认证系统来确保客户在进行银行交易时的安全

性。用户在登录银行账户或进行重要交易时,需要通过身份认证系统进行验证。

2)电子商务平台身份认证:电子商务平台可以使用身份认证系统来确保在线交易的安全性和用户信任度。在注册账号或执行关键操作(如购买商品、更改账户信息等)时,用户需要通过身份认证系统来验证身份,防止欺诈和盗窃行为。

3)政府部门身份认证:政府部门可以使用身份认证系统来管理和控制参与各种政府业务的人员身份。例如,在申请和领取政府补贴、办理身份证或护照等业务时,身份认证系统可以用于确认申请人的真实身份和资格。

4)医疗保健身份认证:医疗保健机构可以使用身份认证系统来确保医疗记录和患者身份的安全性。通过身份认证系统,医生和患者可以在安全的环境中访问和共享医疗数据,确保医疗过程的准确性和隐私保护。

5)学校教务管理身份认证:学校可以使用身份认证系统来管理和保护学生和教师的个人信息。通过身份认证系统,学生和教师可以安全地访问和更新个人信息,进行选课、查看成绩和课程表等操作,提高教务工作的效率和安全性。

总的来说,身份认证系统可以广泛应用于各个领域,以验证用户身份和控制用户对系统和数据的访问权限,确保用户身份安全性、可靠性和数据隐私保护。

第 8 章　Chapter 8

数据加解密系统开发

在信息化快速发展的今天，数据的加密保护和安全传输成为一个日益显著的需求。数据加解密系统作为这一问题的核心解决方案，用于保障数据的机密性和完整性。本章将深入挖掘数据加解密系统的奥秘，从基础概念到各种应用场景，再到核心功能，以及这些系统背后的技术架构、工作原理等，让读者了解如何从理论到实践构建一个高效、安全的加解密系统。希望通过本章的学习，读者可以掌握数据加解密技术的精髓，并能够在实际应用中更好地保护数据。

8.1　系统架构

数据加解密系统是一种用于对数据进行加密和解密的系统。数据加解密系统可以用于保障敏感信息的机密性，确保数据在传输或存储过程中不被未授权的人访问、窃取或更改。数据加解密系统可以提供高可用、高性能的数据加解密、密钥管理等安全服务，能实现"一文一密，一数据一密"的安全机制，保障业务数据隐私安全。

数据加解密系统（见图 8-1）的功能主要包括数据加密、解密、密钥管理、安全存储、安全传输和访问控制等，以提供数据的安全性和隐私保护服务。

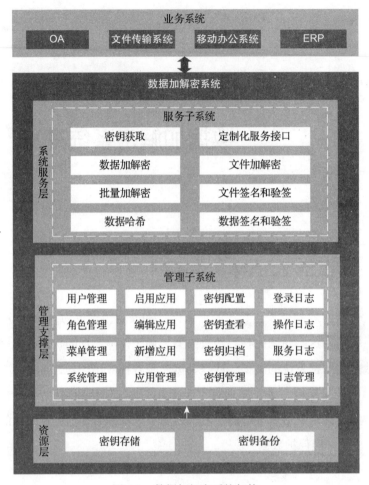

图 8-1 数据加解密系统架构

数据加解密系统的架构通常涉及以下组件和模块。

- **用户界面**：数据加解密系统需要提供一个用户界面（见图 8-2），使用户能够执行密钥生成、数据加密和解密等操作。用户界面可以是图形界面（GUI）或命令行界面（CLI），以便用户进行操作和管理。

- **加解密算法库**：数据加解密系统需要一个加解密算法库，用于实现各种常见的加解密算法，如 AES、RSA 和 DES 等。这个库提供加解密功能接口和功能实现，用于加密和解密数据。

- **密钥管理模块**：密钥管理模块负责生成、存储和管理加解密过程中所需的密钥。

它可以提供密钥生成器、密钥存储和密钥分发等功能，确保密钥的安全性和可
用性。

- **安全存储模块**：安全存储模块用于保护加密数据的存储安全性。它可以提供加密
  文件系统、加密数据库或加密云存储等解决方案，确保数据在存储介质上的安
  全性。

- **安全传输模块**：安全传输模块负责保护数据在网络传输中的安全性。它可以使用
  加密通信协议（如 TLS/SSL）来加密数据传输通道，防止数据在传输过程中被窃
  取或篡改。

- **访问控制模块**：访问控制模块用于实施访问控制策略，确保只有授权的用户能够
  解密和访问加密数据。它可以采用访问控制列表、角色授权和应用程序级别的身
  份验证等技术，确保数据的安全访问。

- **安全审计模块**：安全审计模块负责记录和监控数据加解密系统的活动和日志。它
  可以记录用户操作、密钥使用情况和数据访问情况等信息，以实施监管和审计
  需求。

数据加解密系统的技术架构需要综合考虑安全性、性能和可扩展性等因素，以满足
不同用户和应用的需求。

图 8-2 数据加解密系统用户界面

8.2　工作原理

数据加解密系统的工作原理如下。

1. 加密过程

1）用户选择明文数据，并选择适当的加密算法和密钥。

2）数据加密模块接收明文数据和密钥，通过加密算法将明文数据转换为密文数据。

3）密文数据可以基于不同的需求进行包装和转换，如添加签名、哈希值或其他加密认证信息。

4）密文数据可被传输、存储或传递给目标接收者，只有有正确密钥的接收者才能解密该数据。

2. 解密过程

1）接收者收到密文数据，并使用正确的密钥和解密算法将其转换回明文数据。

2）解密过程可能还包括验证签名、哈希值或其他加密认证信息，以确保数据的完整性和真实性。

3）明文数据可以进一步被处理和使用，如传输给其他系统、存储或显示给用户。

在数据加解密过程中，确保密钥的安全非常重要。密钥应该由安全的密钥管理模块生成、存储和分发。同时，加密算法的选择也很重要。我们应选择被广泛验证和认可的算法，并且密钥的长度应足够长，以提供高强度的加密保护。

数据加解密系统的工作原理可以通过密码学技术实现，包括对称加密算法 SM4、非对称加密算法 SM2 和杂凑算法 SM3。这些技术的应用可以确保加密数据的保密性、完整性和算法的合规性，以满足各种信息安全需求。

8.3　工作流程

实现一个数据加解密系统的过程如图 8-3 所示，具体过程如下。

1）确定加解密需求：首先需要明确具体的加解密需求，包括加解密算法的选择、数据传输方式、密钥管理等。

2）选择加解密算法：根据需求选择合适的加解密算法。常见的算法包括 SM2、

SM3、SM4 等。对称加密算法适用于大量数据的加解密，非对称加密算法适用于密钥的分发和交换。

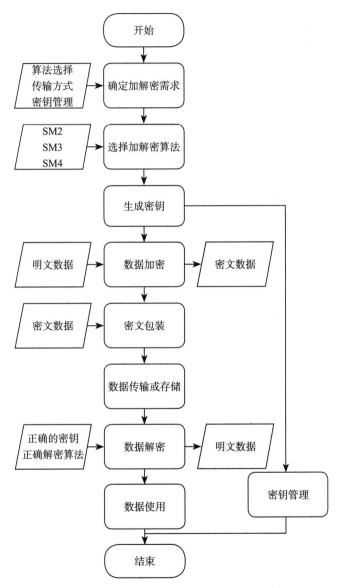

图 8-3 数据加解密系统实现过程示意图

3）生成密钥：根据选择的算法，生成相应的密钥。对称加密算法使用相同的密钥进行加解密，非对称算法使用公钥加密、私钥解密。

4）数据加密：将明文数据作为输入，结合选择的加密算法和生成的密钥进行数据加密。我们可以使用编程语言提供的密码库或第三方库来实现加密功能。

5）密文包装：根据需求对加密后的数据进行进一步包装（例如添加签名、数字证书或其他附加信息），以提高数据安全性和完整性。

6）数据传输或存储：将加密后的数据传输给目标接收者或存储在特定的位置。这可以通过网络传输、文件传输或数据库存储等方式实现。

7）数据解密：接收者使用正确的密钥和解密算法对收到的密文数据进行解密，还可以验证签名或其他认证信息，以保护数据的完整性。

8）数据使用：解密后的数据可以进一步被处理和使用，如传输给其他系统、存储或显示给用户。

9）密钥管理：为了确保密钥安全，我们需要建立安全的密钥管理机制，包括密钥的生成、存储和分发。我们可以使用密码学的最佳实践，如使用安全的算法、合适的密钥长度、加密密钥存储等措施来保护密钥。

以上是一个基本的加解密系统的实现过程，具体实现时需要根据实际情况进行调整和优化。同时，在实际应用中，我们还需要考虑密钥的周期性更换、密钥的权限管理、密钥的备份和恢复等问题，以进一步提升数据的安全性和可靠性。

8.4 应用案例

数据加解密系统在各个领域都有广泛应用，能够提供数据安全和隐私保护。以下是一些常见的应用场景。

1）安全通信：在网络通信中，数据加解密系统可以用于保护敏感信息的传输安全，防止数据被窃取或篡改。例如，在电子邮件、即时通信、远程登录等场景中使用数据加解密系统来保护通信内容的机密性和完整性。

2）数据存储：在存储中，数据加解密系统可以用于对敏感数据进行加密，确保即使存储介质被窃取，未经授权的人也无法读取数据内容。这在云存储、数据库、移动设备等场景中特别重要，可以有效防止数据泄露和隐私侵犯。

3）数字版权保护：在数字媒体传输和分发中，数据加解密系统可以用于保护版权内容的安全，防止盗版和非法传播。通过对音频、视频和文档文件等进行加密，实现只有授权用户才能解密和播放这些内容。

4）电子支付和金融交易：在电子支付和金融交易中，数据加解密系统可以用于保护用户的支付信息和交易数据的安全。通过对信用卡号、密码和交易详情等敏感信息进行加密，可以防止黑客攻击和身份盗窃。

5）物联网安全：在物联网领域，数据加解密系统可以用于保护传感器数据和设备通信的安全。通过对传感器数据进行加密，可以防止中间人攻击和数据篡改，确保物联网系统的可靠性和隐私保护。

6）文件加密保护：通过对文件进行加密，可以确保文件在传输和存储过程中的安全性。例如，公司可以对内部文件进行加密，防止机密信息被泄露。

7）身份验证：在身份验证过程中，数据加解密系统可以确保用户身份信息的安全性。例如，通过对用户密码进行加密存储，可以防止密码泄露后被第三方恢复。

8）数字货币交易：在加密货币交易中，数据加解密系统可以保护交易数据的安全性和隐私性。例如，加密货币钱包使用非对称加密算法来保护用户的私钥，以确保用户的资金安全。

9）电子邮件安全：通过对电子邮件进行加密，可以保护邮件内容在传输和存储过程中的安全性。例如，数据加解密系统可以确保电子邮件内容只能被发送方和接收方阅读。

第 9 章

数字证书认证系统开发

数字证书作为现代电子通信和交易中的核心信任锚点，为我们提供了一个强大的工具，确保交互的身份真实性和数据的完整性。本章将对数字证书认证系统进行深入的探索，揭示其背后的工作机制和实现方法。从基本的定义到复杂的技术架构，再到实际的应用案例，本章将为读者提供一个全面的视角，帮助读者理解并应用数字证书认证技术，了解如何开发和维护一个高效而安全的数字证书认证系统。此外，本章将通过实际应用案例进一步揭示数字证书认证系统在实际场景中的应用方法。随着数字化和网络化日益普及，数字证书认证系统的知识和应用技能对于任何从事信息安全工作的人员都是必不可少的。希望本章能让读者深刻认识到数字证书在保障数字世界安全中的关键角色，并掌握如何有效地开发和维护这些系统，帮助用户更好地应对现代数字世界的安全挑战。

9.1 系统架构

数字证书认证系统是一种安全机制，用于证明数字证书中包含的公钥是由可信的第三方证书认证（CA，Certificate Authority）机构签名并认证的，从而确保通信中的数据的机密性和完整性。数字证书认证系统架构如图 9-1 所示。

数字证书是一种由 CA 机构颁发的或经过签名的、包含用户公钥和其身份信息等元素的数字文件。在通信中，数字证书可以用来对数字签名进行来源认证和正确性验证。数字证书认证系统通过使用数字证书的方式来实现用户身份的认证和数字信息的安全传输，从而保障通信的安全性。

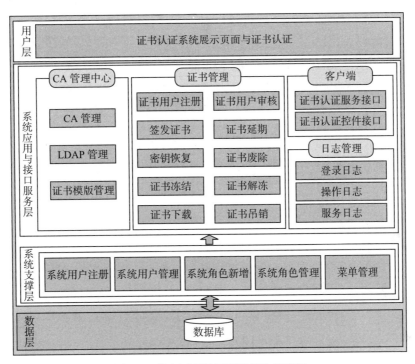

图 9-1　数字证书认证系统架构示意图

数字证书认证系统主要用于数据和系统的安全保护，保证用户的身份验证和信息的真实性，防止被恶意攻击和信息泄露。其主要功能见图9-2。

1）身份验证：数字证书认证系统可以验证用户的身份，防止冒充和欺诈。通过数字证书的签名和加密，可以证明用户的身份和信息的真实性。

2）授权管理：数字证书认证系统可以对用户进行授权管理，控制用户的访问权限和操作权限，确保数据和系统的安全性。

3）数字签名：数字证书认证系统可以对文档和数据进行数字签名，确保数据的完整性和真实性，防止篡改和伪造。

4）加密传输：数字证书认证系统可以对数据进行加密传输，防止数据泄露和窃取，确保数据的机密性。

5）安全存储：数字证书认证系统可以安全地存储数字证书和私钥，防止信息泄露和系统攻击。

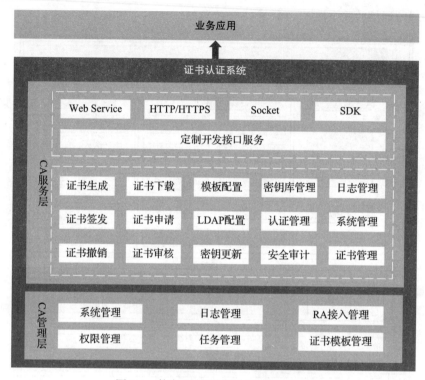

图 9-2　数字证书认证系统功能示意图

数字证书认证系统的技术架构一般分为客户端和服务器两个部分。客户端是用户使用数字证书认证系统的工具，通常是一款认证客户端软件或者浏览器插件等。服务器用于运行数字证书认证系统，负责提供用户的验证、授权、数字签名和加密传输等核心功能。数字证书认证系统的技术架构包括以下几个方面。

1）数字证书管理：数字证书认证系统需要管理数字证书的颁发、吊销和更新等工作，使用 PKI 等实现数字证书的管理和交换。

2）密钥管理：数字证书认证系统需要管理加密算法所需要的密钥（包括公钥和私钥），结合密钥管理系统实现密钥的安全存储和调度。

3）安全认证：数字证书认证系统需要对用户进行身份验证和授权管理，结合各种安全认证技术（如数字签名、数字证书、密码学算法等），确保用户的身份安全。

4）网络传输：数字证书认证系统需要实现加密传输和验证数据的完整性，结合各种网络协议和安全协议，实现数据传输的安全性和稳定性。

5）管理功能：数字证书认证系统需要提供管理和维护功能（包括数字证书管理、密钥管理、系统监控和日志记录等），保证运行稳定性和数据安全。

9.2　工作原理

数字证书认证的整个过程基于公钥加密技术和数字签名技术，通过数字证书认证系统颁发数字证书，实现对用户进行身份验证，保证数据传输安全，避免数据在传输过程中被窃取或篡改。数字证书认证系统工作原理如下。

1）数字证书颁发：数字证书认证系统首先需要颁发数字证书，数字证书中包含用户的公钥、姓名、电子邮件地址等信息。

2）数字证书验证：当用户进行身份认证时，客户端会向数字证书认证系统发起请求。数字证书认证系统向用户传输数字证书，客户端通过数字证书认证系统提供的公钥验证数字证书的有效性。

3）用户身份确认：通过验证数字证书的有效性，客户端可以确认用户的身份，数字证书认证系统向客户端传回确认信息。

4）数据加密与传输：在确认用户身份后，数字证书认证系统在客户端和服务器之间建立加密保护的通信链路，使用公钥加密技术对数据进行加密，并使用数字签名技术保障数据的完整性。

5）数据处理：服务器收到加密的数据，使用自己的私钥进行解密，并对结果进行数字签名，然后将结果使用公钥加密技术传回客户端。

9.3　工作流程

数字证书认证系统的实现包括 PKI 建设、数字证书和密钥管理、证书验证和认证、数据加密和签名、通信协议和安全保护策略、日志记录和审计等关键内容，所需实现的具体内容如下。

1）PKI 建立：PKI 是数字证书认证系统的基础，需要实现公钥的生成、分发、管理和吊销等功能。我们可以利用第三方 CA 机构或自建 CA 机构。

2）数字证书和密钥生成：数字证书需要包含一些用户信息，如姓名、电子邮件地址等，也需要包含公钥和私钥。

3）证书管理和吊销：实现数字证书的存储管理和吊销，以及密钥的保护和备份等功能。

4）证书验证和认证：验证用户身份，确定他们是否有合法访问系统的权限。在用户请求访问系统资源时，对数字证书进行验证和认证。

5）数据加密和签名：使用公钥加密技术对数据进行加密，使用数字签名技术加上数字签名，以保障数据传输的安全性和完整性。

6）通信协议和安全保护策略：实现网络通信协议（如 SSL/TLS、HTTPS、SSH 等）和安全保护策略。

7）日志记录和审计：记录系统运行日志，以便进行故障排除和安全审计。

数字证书认证系统保障用户身份的安全认证和数据的安全传输，其工作流程如图 9-3 所示，具体过程如下。

1）生成密钥对：用户向 CA 机构申请数字证书认证，首先需要生成一对公钥和私钥。私钥只能由用户持有并保密，公钥则可以公开分发。

2）提交证书签名请求（CSR）：用户向 CA 机构提交 CSR，签名中包含公钥和用户的身份信息，以便 CA 机构可以验证身份并生成数字证书。

3）验证用户身份：CA 机构需要对用户的身份进行验证，以确保用户有权使用本人名义申请数字证书。

4）签发数字证书：CA 机构签发数字证书。该数字证书包含用户身份信息和公钥，还包含 CA 机构颁发的数字签名。CA 机构颁发的数字签名用于验证数字证书的真实性和完整性，以及用户身份的真实性。

5）数字证书分发：CA 机构将数字证书分发给用户，以及将证书信息添加到 CRL 中，以确保无效的证书不会被使用。

6）数字签名：证书用户使用私钥对需要签名的数据进行签名，以确保数据不被篡改。其他用户使用公钥对数字签名进行验证，以确保数据的真实性和完整性。

7）数字证书更新：数字证书有有效期限，如果用户需要继续使用数字证书，则需要在到期前更新数字证书。CA 机构可以验证用户的身份，并签发新的数字证书。

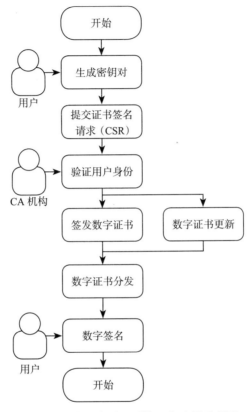

图 9-3　数字证书认证系统工作流程示意图

9.4　应用案例

数字证书认证系统可以保护数据的安全和用户的隐私，在数字化时代具有重要的意义，被广泛应用于各个领域。网上购物、网上银行、企业内网、VPN 以及电子邮件等场景均需要数字证书认证系统的支持。典型应用场景如下。

1）电子商务：数字证书认证系统可以用于交易双方的身份验证，确保交易安全和可信，防止恶意行为和诈骗。

2）金融服务：数字证书认证系统可以保证客户和银行之间通信的加密和身份验证，提高了交易的安全性；可以用于银行或其他金融服务机构的在线交易，确保客户身份和数据的安全。例如，客户可以使用数字证书认证系统对银行账户进行保护，确保只有授权人可以访问和操作其账户。

3）电子邮件：数字证书认证系统可以用于电子邮件的加密和签名，确保邮件的机密性和真实性。

4）远程办公和远程教育：数字证书认证系统可以用于用户的身份认证和授权，保障信息的安全和可信。

5）政务服务：数字证书认证系统可以用于政府机构与公民之间的身份验证和信息安全保护，提高了公共服务的效率和质量；也可用于政务电子投票和在线政务服务。通过数字证书认证系统对选民和政府工作人员进行身份验证和访问控制，可以确保政务服务公平、安全。

6）数字版权管理：数字证书认证系统可以用于版权持有人的身份验证、版权信息的管理和查询授权，保护知识产权和版权所有权。

7）企业内部网络：数字证书认证系统可以用于企业内部网络的身份验证和访问控制。通过数字证书认证的方式，可以允许只有经过授权的员工访问敏感信息，从而保护企业的商业机密和技术资产。

8）医疗保健领域：数字证书认证系统可以用于医疗保健领域的医疗记录和电子处方等敏感信息的保护。通过数字证书认证，系统可以确保只有经过授权和身份验证的用户访问这些信息，从而保护病人的隐私和敏感数据的安全。

第 10 章　Chapter 10

电子签章系统开发

随着数字化转型的加速，传统的手写签名已经无法满足现代商务和行政流程的需求，电子签章系统逐渐成为电子文档验证和授权的核心手段。电子签章不仅有与传统手写签名相似的法律效力，更因高效、安全的特性，受到了广泛欢迎。本章将为读者全方位介绍电子签章系统，从其基本概念、应用场景到技术架构和工作原理等，通过对电子签章系统的实现思路和主要工程流程的探讨，让读者了解如何从头开始建立一个高度安全和可靠的电子签章系统。另外，本章还将通过一些实际的应用案例，为读者展示电子签章系统在各种场景中的价值。希望通过本章的学习，读者能够深入理解电子签章系统的重要性，并掌握其开发和应用的关键技术。

10.1　系统架构

电子签章系统（见图 10-1）是一种基于计算机技术的印章认证系统，用数字签名和加密算法来保证签名的真实性、完整性和安全性。通过电子签章系统，我们可以摆脱传统的签章方式，以电子文件形式实现申请、审批、存档、存证。电子签章系统在办理公文、合同、协议等方面十分便利。电子签章系统的优势在于便捷、高效和可信。使用电子签章系统可以大大提高文件处理的效率，降低办公成本和时间成本，避免文件丢失或损坏等情况发生，同时提高文件处理的可信度，保障了法律效力。

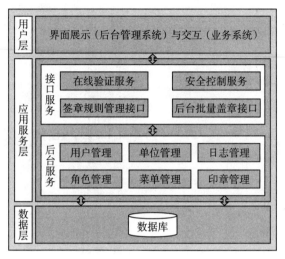

图 10-1　电子签章系统架构

电子签章系统主要由数字证书、签名工具和加密算法 3 部分组成。数字证书是电子签章系统关键的认证手段,采用公钥加密方法,为用户提供了一种更加安全的认证方式。签名工具是电子签章的核心,用于数字化签章,并保证签名的安全、完整、可靠。加密算法则是电子签章系统的重要保障,为用户提供了更强大的安全保障。电子签章系统主要提供以下功能。

1)电子签署:支持用户进行电子签署或印章盖章,将电子印章或手写签名嵌入文档,确保文档的真实性、完整性和法律效力。

2)文档管理:提供文档上传、下载、存储、归档等功能,方便用户进行文档管理和查看。

3)审批流程:支持用户设置文件审批流程和权限,控制文件的查看、修改、签署和审批等操作,提高文件审批的效率和安全性。

4)安全保障:提供用户身份认证、加密传输、数据备份等安全保障措施,确保用户信息和文档的安全性。

5)电子存证:提供电子存证功能,记录用户的签署行为,生成签署日志和证明材料,为后续的法律维权提供支持。

6)集成接口:提供接口,以支持与其他系统(如企业的 ERP、CRM 系统)进行集成,方便用户实现工作流程和业务处理自动化。

7）多平台支持：提供多种操作系统、移动设备平台的支持，满足不同用户的需求。

电子签章系统的技术架构主要包括以下模块。

1）客户端：负责生成数字签名、电子印章和加密等相关操作，提供文档预览、签署和验签等功能。客户端可以是 PC 端、移动设备和其他终端设备。

2）服务器端：负责存储签章证书、数字签名、电子印章等相关数据，还负责处理客户端和第三方系统的请求，提供签名、验签、印章管理等功能。服务器端需要具备高可用、高安全、高性能等特性，以保障电子签章系统的可靠性。

3）数据库：用于存储签署者信息、印章模板、签署记录、签章证书等数据。

4）CA 机构：负责颁发和管理数字证书，提供证书认证服务，确保签署者的身份真实可信。

5）安全模块：用于加密签名数据，确保签名数据的机密性和完整性。

6）第三方集成：电子签章系统需要能够集成到第三方系统中（包括电子合同管理系统、文档管理系统、ERP 系统、CRM 系统等），实现签名数据的共享。

以上是电子签章系统的基本技术架构，具体实现可以根据实际需求进行调整和优化。同时，为了保障电子签章系统的安全性，我们还需要考虑数据加密、网络通信安全、系统审计和监控等方面的问题。

10.2　工作原理

电子签章系统可以实现文档的数字签署，确保文档的安全和真实性。其原理涉及 3 个方面。

1）数字证书认证：数字证书是一种用于证明身份的安全文件，包含个人或组织的身份信息和公钥。电子签章系统首先要进行数字证书认证，确认签署者的身份信息。

2）数字签名算法：数字签名算法是一种用于保障文档真实性和完整性的技术。基于非对称加密技术，数字签名算法将源文件通过加密方式转化为密文，并附上数字签名，以确保文件的安全和完整。

3）电子印章：电子印章是指数字印章，是一种虚拟的印章，具有类似于实体印章的功能。电子签章系统需要使用数字证书认证和数字签名算法将用户的签名转换为电子印章,并将其嵌入文档。在文件传输和存储过程中,电子印章保障文档的真实性和完整性。同时,电子签章系统还提供了电子证书申请、认证、撤销和电子签名数据存储等相关服务。

10.3 工作流程

电子签章系统的工作流程如图10-2所示,具体如下。

1)数字证书的获取:签署者需要首先从可信的数字证书认证(CA)机构申请数字证书,包括公钥和身份信息等内容。

2)签名文件的准备:签署者需要将要签名的文件进行电子格式转换,例如将文档转换成PDF格式,并进行加密操作,确保签名内容不被篡改。

3)数字签名生成:使用数字签名算法(例如RSA)对已加密的文档进行签名,

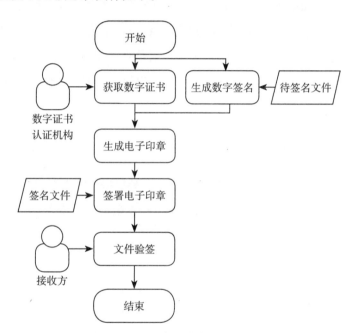

图10-2 电子签章系统实现过程示意图

生成一个唯一的数字签名。这个数字签名可以证明签署者的身份及签署文件的真实性。

4)电子印章生成:使用数字证书认证和数字签名算法生成电子印章,将签名者的身份信息和数字签名嵌入电子印章。

5)电子签署:将生成的电子印章嵌入签名文件,完成签署。签署者可以通过签名软件或者签名设备进行签署,完成之后进行文件备份和存储。

6)文件验签:在文件被接收方接收后,使用相同的电子签章系统进行签名验证,即验证签名信息的真实性和文件的完整性,并核实签署者的身份。这个过程可以确保文件在传输和存储过程中没有经过篡改和修改。

以上流程仅是电子签章系统的基本实现思路，具体实现可以根据不同的需求进行适当调整和优化。

电子签章生成流程如图 10-3 所示，具体过程如下。

1）选择拟进行电子签章的签章人证书，并验证签章人证书有效性。验证签章人证书有效性时，验证项至少包括证书信任链验证、证书有效期验证、证书是否被吊销、密钥用法是否正确。如果签章人证书验证失败，返回失败原因并退出生成流程。

2）获取电子印章，验证印章的合规性和有效性。获取电子印章中的签章人证书列表，使用步骤 1）中的签章人证书逐一进行证书数据二进制比对，确认签章人证书是否在签章人证书列表中。如果比对失败或签章人证书不在列表当中，返回失败原因并退出生成流程。如果是签章人证书更新、重签发等操作导致证书比对失败，此时我们需要重新进行电子签章生成流程。

3）按照属性信息中的签名保护范围获取待签名原文。

4）将待签名原文数据进行杂凑运算，形成原文杂凑值。

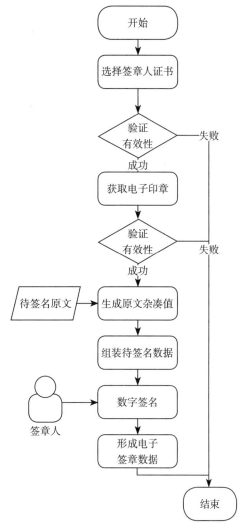

图 10-3　电子签章生成过程示意图

5）按照电子签章数据格式组装待签名数据。待签名数据包括版本号、电子印章、时间、原文杂凑值、原文属性、签章人证书、签名算法标识。

6）签章人对待签名数据进行数字签名，生成电子签章签名值。

7）按照电子签章数据格式，把以上数据打包形成电子签章数据。

电子签章验证流程如图 10-4 所示，具体过程如下。

1）验证电子签章数据格式是否合规。根据电子签章格式规范解析电子签章数据。如果电子签章数据格式不合规，则验证失败并退出验证流程。

2）验证电子签章签名值是否正确。从电子签章数据格式获取待验证数据，待验证数据包括版本号、电子印章、时间、原文杂凑值、原文属性、签章人证书、签名算法标识。如果签名值验证不正确则验证失败，将失败原因返回上层应用并退出验证流程。

3）验证签章人数字证书是否有效。从电子签章数据获得签章人数字证书，验证签章人证书有效性。验证项至少包括证书信任链、证书有效期、证书是否被吊销、密钥用法是否正确。如果是证书信任链验证或密钥用法不正确导致签章人证书有效性验证失败，则返回失败原因并退出验证流程。如果是证书有效期或证书状态吊销导致签章人证书有效性验证失败，则还需要进一步结合签章时间进行综合判定。

4）验证签章时间是否有效。对签章人数字证书有效期和电子签章中的时间信息进行比对，判断签章的时间有效性。如果签章时间在签章人数字证书有效期内，并且证书有效，则需进一步验证；如果签章时间不在签章人数字证书有效期内，则签章无效，验证失败，返回失败原因并退出验证流程；如果签章时间在签章人数字证书有效期内，但是证书在签章之前已被吊销，则签章视为无效，验证失败，返回失败原因并退出验证流程；如果签章时间在签章人数字证书有效期内，但是证书在签章之后被吊销，则需要进一步验证。

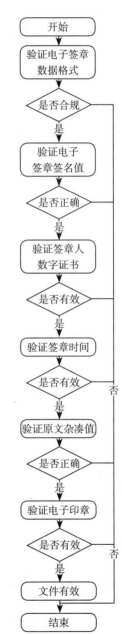

图 10-4 电子签章验证过程示意图

5）验证原文杂凑值是否正确。按照属性信息中的签名保护范围获取待验证原文，将待验证原文数据进行杂凑运算，获得待验证原文杂凑值；获取电子签章数据中的原文杂凑值，与待验证原文杂凑值进行二进制比对，如果比对失败，则电子签章验证失败，返回失败原因并退出验证流程。

6）验证电子印章是否有效。首先，获取电子印章，验证电子印章的有效性；然后，根据电子签章中的时间信息验证电子签章的有效性。如果电子签章时间不在电子印章有效期内，则电子签章无效，验证失败，返回失败原因并退出验证流程。

7）如果上述各步骤验证均有效，那么电子签章验证结果为有效，可正常退出验证流程。

10.4　应用案例

电子签章系统广泛应用于各个领域，包括金融行业、医疗保健、教育等。随着数字化进程的加速，电子签章系统将被越来越广泛地应用于各个行业和领域。以下是电子签章系统的典型应用场景。

1）金融行业：银行、证券、保险等金融机构可以通过电子签章系统完成各种合同的签署以及审批、出单、赔付等业务，降低交易成本、缩短业务周期，提高客户满意度和忠诚度。

2）医疗保健：医院、诊所等医疗机构可以通过电子签章系统完成各类合同、报告及医疗文件的电子签署和审核等流程，提高工作效率，降低纸质文件的使用和管理成本，加强隐私保护和数据安全。

3）教育：学校、教育机构可以使用电子签章系统完成学生入学通知书、毕业证书、教师聘任合同等的快速签署，节省时间和人力成本，避免错发、漏发等问题发生。

工程实践

数字化时代，数据与信息悄无声息地编织成日常生活与全球业务的基础结构，信息产业蓬勃发展。从政府机构到金融实体，从工业控制系统到移动安全领域，数据安全和信息安全均是核心议题。商用密码不仅构建了数字安全的"护城河"，也在无数应用场景中成为保护数据安全和用户隐私的关键工具。

本部分将深入探讨商用密码工程的实践，探寻密码在不同行业、不同应用领域的深度融合与实现。本部分将逐一揭示密码在政务信息系统、金融领域、工业控制系统、移动安全领域以及浏览器中的实际应用，详细分析各个场景的工程实践与案例，以便读者深入理解商用密码如何在多个层面提升信息系统的安全性与可靠性，保障每一位用户的数字身份不被侵犯。

第 11 章

政务信息系统中的商用密码工程实践

在政府信息化领域使用国产密码技术，是解决网络与信息安全最有效、最可靠、最经济的方式，是维护网络与信息安全的基础支撑。

《国家政务信息化项目建设管理办法》第十五条规定"项目建设单位应当落实国家密码管理有关法律法规和标准规范的要求，同步规划、同步建设、同步运行密码保障系统并定期进行评估"，即政务信息化项目的密码保障系统应做到"三同步、一评估"。随着国家大力推进电子政务建设，政务信息系统存储着大量国家政务信息、企事业单位信息和公民信息。政务信息系统在行政服务效率获得提高的同时，也逐渐成为网络攻击的重点，一旦发生信息泄露，将对人民群众及国家的安全造成不可估量的损失。采用密码技术保障政务信息系统的安全是最经济且有效的手段。

本章将深入探讨政务信息系统领域的商用密码应用，带领读者深入了解政务领域密码应用的场景、案例以及实际应用情况，以期为政府和相关机构提供有关密码保护的重要见解和经验。

11.1 政务领域密码应用场景

政务领域是国家治理和服务的核心领域之一。各级政府机构和公共服务机构需要处理大量敏感信息，包括个人身份信息、财务数据、政策文件等。在政务信息系统中，密码应用场景非常广泛，其重要性不可低估。以下是一些常见的政务领域密码应用场景。

1）身份验证与访问控制：政府机构必须确保只有授权人员能够访问敏感数据和系统。密码用于身份验证，确保只有合法用户才可以登录系统。

2）文件和数据加密：政府文件和敏感数据必须受到有效的加密保护，以防未经授权的访问和信息泄露。密码用于加密存储的文件和传输的数据，确保其安全性。

3）电子政务服务：政府机构提供了许多在线服务，如纳税、申请政府补助等。在这些服务中，密码用于验证用户身份，以保护服务安全和隐私。

4）政府云计算：政府机构越来越倾向于采用云计算技术来存储和管理数据。密码在云环境中的应用非常重要，用于保护政府数据不受云服务提供商或第三方的威胁。

5）移动应用安全：政府移动应用程序也需要密码保护，以确保用户数据的安全。这包括手机应用、平板电脑应用和移动政务应用。

6）网络安全：政府网络必须受到严格的安全控制，密码用于防御网络攻击、入侵和数据泄露。

政务领域的密码应用场景多种多样，要求高度安全和可管理。在接下来的章节中，我们将深入研究几个实际案例，探讨政府和相关机构如何应用密码来应对各种挑战，并提供有关密码应用的最佳实践和经验分享。通过这些案例，我们将更好地理解密码在政务信息系统中的关键作用，以及政务信息系统如何保护政府数据和公民隐私。

11.2　密码应用案例：政务云业务系统中的密码应用

11.2.1　项目背景

随着电子政务的不断发展，其在提高公共服务质量、加强社会管理、强化综合监管以及完善宏观调控方面的作用日益凸显。电子政务已经成为提升政府治理能力和构建服务型政府的关键工具。特别是云计算技术的快速进步，为电子政务提供了新的发展机遇。

早在 2012 年，工业和信息化部发布的《国家电子政务 "十二五" 规划》（工信部规〔2011〕567 号）便提出，鼓励政务部门业务应用系统向云计算服务模式的电子政务公共平台迁移，开展以云计算为基础的电子政务公共平台顶层设计试点。2013 年，工业和信息化部印发了《基于云计算的电子政务公共平台顶层设计指南》（工信信函〔2013〕2 号），并研究确定了北京市等 18 个省级地方和北京市海淀区等 59 个市（县、区）作为首批基于云计算的电子政务公共平台建设和应用试点示范地区。2016 年，国务院进一步印发《关于加快推进"互联网＋政务服务"工作的指导意见》（国发〔2016〕55 号），提出创新应用云计算和大数据等技术，打造透明高效的服务型政府，推动政务云集约化建设，为网上政务服务提供支撑和保障。在国家积极推进电子政务向云端迁移的大背景下，各部门、各地方也相继制定了政务云建设的专项规划，"政务上云"呈现出"上云为原则，不上云为例外"的发展态势。

推动云计算技术在电子政务中应用，有利于提高基础设施资源利用率，减少重复浪费，避免各自为政和信息孤岛。在基于云计算技术的电子政务不断普及的过程中，特别是在政府采购云服务商电子政务云平台运维服务的模式下，如何选取数据安全、平台稳定、技术规范的云服务商，如何界定各参与方的安全责任，以及如何持续有效地对电子政务云平台实施监管，是"政务上云"不能回避的问题。

11.2.2　现状分析

政务云平台作为数字政府的核心，承载着大量的政府数据和敏感信息。这些数据的集中存储既提高了信息处理的效率，也形成了数据安全的风险点。目前，政务云平台在密码应用方面存在的问题主要包括应用不广泛、使用不规范和不正确等。这些问题可能导致数据泄露和被篡改等安全隐患。

作为国家关键信息基础设施的一部分，政务云平台的建设和运维必须遵循《国家政务信息化项目建设管理办法》（国办发〔2019〕57 号文）和《信息安全技术　信息系统密码应用基本要求》（GB/T 39786—2021）等相关法规和标准，采取有效的密码应用防护措施，以确保数据安全和系统稳定。

针对现状，政务云平台的密码应用策略需要进行全面优化，包括加强密码技术的普及和培训、规范密码应用流程、提高密码技术的应用水平，以及加强对密码应用的监管和评估，确保政务云平台的安全、稳定运行。

11.2.3　密码应用

政务云商用密码应用体系的建设，为政务云安全提供全方位密码保障能力，实现政务云平台之上各业务系统中数据全生命周期的机密性、真实性、完整性，达到业务处理过程的安全性、数据信息的可管可控，并可对政务云上运行的各种内部信息、行政事务信息、经济信息等进行加密保护，为各政务单位在处理政务云业务方面提供统一认证、访问控制、数据加解密、电子印章、电子文件安全验证及可信时间戳等密码服务。

　　密码服务平台（见图 11-1）为政务云上业务系统提供统一的密码接口调用服务，减少接口不兼容所引起的重复开发工作和安全性问题。本项目提供满足用户需求、统一、标准化的接口，让业务系统利用密码服务平台开展密码应用和密评业务，提高云上业务系统密码服务的通用性和可移植性，降低云上业务系统的数据安全风险。

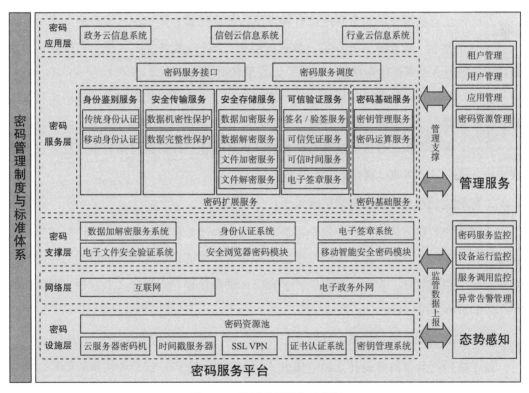

图 11-1　密码服务平台示意图

1. 统建密码服务平台以支撑上层应用

　　密码服务平台对密码设备和密码系统进行平台化聚合，提供身份鉴别、安全传输、安全存储、可信验证、密码基础等一系列服务，通过接口方式为政务数据管理、政务信息共享、政务移动办公、基础信息库等典型应用场景提供密码应用支撑能力。同时，初步构建政务领域统一的密码监管能力，逐步实现对政务领域密码设备、密码资源、密码服务、密码应用等的统一监管，使政务外网密码管理部门实时掌握全局的密码设施和密码应用情况，提升密码系统的安全防御能力和及时响应能力，提升密码应用系统的可用性和健壮性，为上层应用提供统一、全面的密码服务支撑。

2. 统建密码服务平台以简化运维管理

密码服务平台需提供统一的符合国家密码管理部门标准的密码服务，以统一标准、统一管理、统一运维等原则服务于政务信息化部门。

其一，已有和新建的信息系统可直接以统一的密码服务接口接入密码服务平台，大大减少身份鉴别、数据真实性保障、数据加解密、签名／验签等方面接口的构建，对于后续待建的业务系统提供标准接口规范，以规范建设应用。

其二，对于密码硬件设备的统一接入管理，通过一套平台实现密码设备的监管及密码服务的监管。

其三，平台提供全维度的统计分析模块，以可视化展现形式将运行中、已完成、待完成的数据一目了然地呈现在运维人员眼前。

3. 统建密码服务平台以平滑扩展

为了兼顾短期、长期的业务安全需求，相关密码产品和系统应充分考虑兼容性和可扩展性，并适用于不同环境、不同规模的应用场景，能够覆盖更多具体情况。考虑到后续政务云平台的规划、发展，密码服务平台应可平滑迁移到云平台之上，为云上应用提供相应的密码支撑服务。

4. 统建密码服务平台以适配应用

由于应用开发商对密码技术和应用方式缺乏了解，密码厂商也无法掌握每种应用系统的需求，形成了应用与密码之间无形的"鸿沟"。应用开发商无法高效地使用密码技术保障业务流程中的关键环节和关键数据，导致密码技术使用不当、密码产品部署零散、推广困难等问题发生，进一步加大了应用与密码之间的距离。

为了有效解决这一问题，我们需要提供场景化的密码应用设计，对密码技术与通用业务流程、典型业务场景、行业应用系统进行融合设计，将零散的密码技术场景化、标准化，针对流程、场景和应用中的安全需求和风险提供一站式的通用密码中间件，以SDK 的方式供应用系统调用，从而实现密码技术的快速适配与集成，保障业务环节、关键数据的安全。

11.3　密码应用案例：政务办公集约化平台中的密码应用

11.3.1　项目背景

密码技术是网络安全的基础，是解决网络与信息安全问题最有效、最可靠、最经济的手段之一。商用密码技术作为国家自主可控的核心技术，在维护国家安全、促进经济发展、保护人民群众利益、保障政务信息化建设中发挥着不可替代的作用。

《密码法》第二十七条明确提出："法律、行政法规和国家有关规定要求使用商用密码进行保护的关键信息基础设施，其运营者应当使用商用密码进行保护，自行或者委托商用密码检测机构开展商用密码应用安全性评估。"

《国家政务信息化项目建设管理办法》（以下简称《办法》）进一步促进了商用密码的全面应用。《办法》提出：项目建设单位应当落实国家密码管理有关法律法规和标准规范的要求，同步规划、同步建设、同步运行密码保障系统并定期进行评估；对于不符合密码应用和网络安全要求，或者存在重大安全隐患的政务信息系统，不安排运行维护经费，项目建设单位不得新建、改建、扩建政务信息系统。

积极贯彻落实密码相关的法律法规、政策文件，依据 GB/T 39786—2021《信息安全技术　信息系统密码应用基本要求》，对市政务办公集约化平台分别从物理和环境、网络和通信、设备和计算、应用和数据等方面，进行密码应用同步规划、同步建设，并进行密码应用分析和密码应用设计。

11.3.2　现状分析

政务办公集约化平台依托云平台为相关用户提供办公应用支撑服务，用户场景分为PC 端用户和移动端用户，PC 端通过电子政务外网访问，移动端通过互联网采用非国密VPN 方式访问。

政务办公集约化平台是办公人员日常办公的重要政务信息系统，为行政事业单位及地方国有企业办公人员提供了公文业务办理、业务协同等服务，实现了工作流程电子化，规范了内部管理行为，极大地提高了办公效率。同时，平台中存储了众多敏感数据，如用户数据、公文数据、邮件数据等。

11.3.3 密码应用

通过部署智能密码钥匙、云服务器密码机、SSL VPN 安全网关、安全浏览器密码模块、移动智能终端安全密码模块（二级）、身份认证系统、数据加解密服务系统、电子文件安全验证系统、门禁系统、视频监控系统等密码产品，并正确部署和配置，可以满足政务办公集约化平台的密码应用需求。政务办公集约化平台中的密码应用框架如图 11-2 所示。

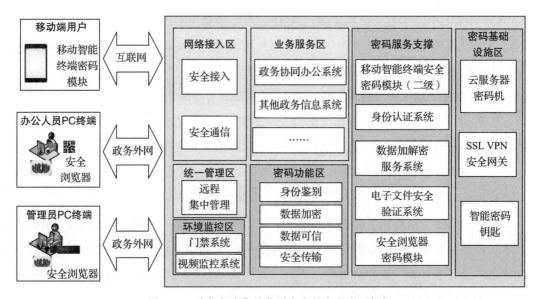

图 11-2 政务办公集约化平台中的密码应用框架

为政务办公集约化平台提供密码服务支撑的密码服务基础设施主要部署在政务办公集约化平台所在的云平台业务区，包括密码软件、密码硬件。这些基础设施为政务办公集约化平台中的关键数据提供合规、有效的密码服务（见表 11-1）。

表 11-1　针对关键数据的密码解决方案

序号	关键数据	信息描述	存储位置	敏感度	密码应用需求	密码解决措施
1	用户数据	用户的姓名、电话、单位、科室、职位等基本信息	存储于云平台政务外网	个人隐私	• 身份鉴别需求 • 数据机密性需求	1. 采用移动智能终端安全密码模块（二级）、USB Key、身份认证系统等手段满足移动端、PC 端身份鉴别需求 2. 采用数据加解密服务平台满足数据机密性需求
2	公文信息	主要包括公文正文信息、公文附件信息	存储于云平台政务外网	工作秘密	• 身份鉴别需求 • 数据机密性需求	1. 采用移动智能终端安全密码模块、USB Key、身份认证系统等手段满足移动端、PC 端身份鉴别需求 2. 采用数据加解密服务平台满足数据机密性需求
3	邮件信息	主要包括邮件正文信息、邮件附件信息	存储于云平台政务外网	工作秘密	• 身份鉴别需求 • 数据机密性需求	1. 采用移动智能终端安全密码模块、USB Key、身份认证系统等手段满足移动端、PC 端身份鉴别需求 2. 采用数据加解密服务平台满足数据机密性需求
4	访问控制信息	主要包含系统访问权限、用户操作权限	存储于云平台政务外网	工作秘密	• 身份鉴别需求 • 数据完整性需求	1. 采用移动智能终端安全密码模块（二级）、USB Key、身份认证系统等手段满足移动端、PC 端身份鉴别需求 2. 采用电子文件安全验证系统满足数据完整性需求
5	日志信息	主要包含系统操作日志、服务日志等日志记录	存储于云平台政务外网	工作秘密	• 身份鉴别需求 • 数据完整性需求	1. 采用移动智能终端安全密码模块、USB Key、身份认证系统等手段满足移动端、PC 端身份鉴别需求 2. 采用电子文件安全验证系统满足数据完整性需求

第 12 章

金融领域中的商用密码工程实践

　　金融领域作为现代社会经济的心脏，对信息安全和数据保密的需求尤为迫切。商用密码技术已经成为确保金融交易安全和客户数据保密的关键工具，确保金融交易的安全性与真实性。本章将专注于商用密码在金融领域的实际应用和工程实践，首先探索商用密码在金融环境中的应用背景和场景，然后通过具体的应用案例（如网上银行系统的密码应用方案），让读者深入了解如何从项目的背景、需求出发，遵循一定的设计原则，制定出合适的密码应用策略。本章将为读者展示如何将理论知识与实际需求结合，设计出既安全又实用的金融密码方案。希望通过本章的学习，读者能够更好地理解商用密码在金融领域的关键作用，以及如何在实际项目中高效应用商用密码。

12.1　商用密码在金融领域的关键作用

　　金融是国家重要的核心竞争力，金融安全是国家安全的重要组成部分。信息化浪潮推动了金融领域深层次的变革与创新，信息技术的广泛应用极大地促进了金融业务的发展。与此同时，各类金融信息系统不同程度地涉及用户个人属性、资金交易、合同等敏感信息，给金融信息安全带来了极大挑战。商用密码技术是维护金融行业网络安全与数据安全的关键技术。我国商用密码广泛应用于金融领域身份认证、数据加密等场景。我国各类密码产品质量不断提升，基本满足了现有信息系统的安全需求，对金融科技应用创新、金融业数字化转型发展形成了有力支撑。随着金融业网络结构和应用日趋复杂，金融机构用好商用密码技术来保障金融安全，既是行业当前面临的严峻考验，也是商用密码技术产业未来发展方向。

密码作为保障信息安全的核心技术，在身份认证、信息完整性和机密性、电子合同抗抵赖性等方面发挥着关键作用，有效防止了敏感信息泄露、财产损失和业务中断，对维护金融信息安全具有重要意义。密码与金融深度融合是必然要求。金融的本质是价值交换。密码的功能是信息保护和安全认证。在漫漫历史长河中，金融一直承载着价值，密码一直保护着信息。从价值交换使用信息技术的那天起，就注定了金融和密码的交织与融合。

密码技术可以有效解决网络信任问题，成为金融流通的助推器和顺滑剂。例如，在线上信贷中，通过密码可以实现身份认证，保障电子合同的真实性；在供应链融资中，通过密码和以密码为基础的区块链技术，利用多方签名、不可篡改等特点，实现信息和资金流向的可追溯、可审计，大大降低交易成本。

在以信息形式承载的各类金融业务中，密码将成为金融监管的利器，可以提前堵塞业务风险漏洞，例如电子票据系统利用密码保证票据真实性、交易真实性，堵塞造假漏洞；可以为监管部门提供法律证据，如利用密码实现可靠的电子签名，作为符合《电子签名法》要求的法律证据；可以支撑建设统一的信用体系，如利用密码实现交易记录保护、行为安全审计等；可以实现金融数据的真实可信和安全共享，如利用密码解决数据的真实性、完整性问题，实现金融基础设施的安全互联互通。

通过密码提供的安全和信任机制，可以有力支撑金融新技术、新业态的安全健康发展。例如，在数字货币体系中，数字货币的发行和防伪、资产确权、安全支付、敏感数据保护、身份权限管理等都需要密码支撑。又例如，在云金融服务中，利用密码构建云证书体系，建立具有良好信任基础和安全环境的移动金融生态。保护金融交易安全、构建金融信用体系、发展数字货币技术、推动价值网络传递等都离不开密码的基础支撑。

12.2　商用密码在金融领域的应用场景

密码可以为金融领域提供系统性安全防护。在银行卡交易安全方面，密码用于 IC 卡——终端机具——后台的安全认证、报文的机密性和完整性保护、安全传输通道建立等。在网上银行和非银行支付安全方面，密码用于身份认证、敏感信息和交易数据保护、交易签名、云平台安全、通道安全、终端安全等。在金融关键基础设施安全方面，密码为银行业各中心节点、核心系统、电子票据系统、征信系统、银行业清算机构和非银行支付机构支付清算平台等提供安全支撑。以下是商用密码在金融领域的一些典型应用场景。

（1）金融 IC 卡中的商用密码应用

金融 IC 卡是国际通用的基础支付方式，是整个支付产业的重要基础。用户通过 ATM 机、POS 机等终端完成交易。为保障线下交易的安全性，银联协同商业银行完成了商用密码算法在金融 IC 卡领域的应用，采用芯片技术和多种密码安全认证技术保障持卡人用卡安全，有效地推进了金融行业商用密码技术的应用进程。

在线下交易过程中，商用密码的主要作用包括：1）通过数据加密、消息验证、认证技术等，保证卡片密钥装载安全；2）通过对用户进行身份标识和身份鉴别，保证用户身份的真实性；3）通过加密技术和认证技术，保证金融 IC 卡数据、持卡人数据、交易数据和日志数据等在传输和存储过程中的机密性和完整性；4）基于商用密码算法进行加密，保证 PIN 在网络传输和验证时始终不以明文形式出现，保证工作密钥在应用系统交易中始终不以明文形式出现。

（2）网上证券交易系统中的商用密码应用

网上证券交易系统是指证券公司推出的面向企业用户、个人用户提供证券交易等服务的信息系统。网上证券交易系统一般提供交易下单、查询成交回报、资金划转、金融资讯、实时行情等一体化服务。与传统的交易渠道相比，网上证券交易系统能为更广泛的客户群体实时提供多样信息，使用户可以足不出户就能安全便捷地享用金融服务。

在网上证券交易过程中，商用密码的主要作用包括：1）通过数字证书客户端工具实现用户和券商的身份认证，保证身份真实性、合法性；2）客户端与交易系统之间建立基于商用密码算法的 SSL 加密传输通道，保证数据在互联网传输过程的机密性；3）通过数字签名技术和杂凑函数保证交易信息不被篡改，保证交易信息的完整性；4）通过数字证书和数字签名技术保证用户和券商之间交易行为的抗抵赖性。

（3）电子保单中的商用密码应用

保单是指保险公司与投保人订立保险合同的正式书面证明，保单内容是合同双方履行权利和义务的依据。随着互联网和信息技术的发展，互联网线上交易逐渐在保险行业普及，电子保单已成为客户办理保险业务的重要途径。电子保单是保险公司基于电子签名技术和数字证书为客户签发的具有法律效力的电子化保单，可实现网上投保、在线支付、合同签署等全流程的电子化。

在电子保单办理过程中，商用密码的主要作用包括：1）通过身份认证技术，保证投保人与保险公司双方身份的真实性；2）基于数字签名和电子签章技术来保证电子保单完整性和抗抵赖性，并为投保人提供电子保单真实性验证方式；3）对电子保单办理过程中的相关信息（如身份证件、图像、签名）与电子保单进行数字签名、加密处理和归档，保障电子保单具备法律效应，以便日后调阅或举证。

电子保单的应用提高了投保人的办理速度和保险公司的销售效率，而商用密码算法在电子保单中的应用保障了电子保单业务的安全，是线上保险安全运行的重要基石。

12.3　密码应用案例：网上银行系统中的密码应用

12.3.1　项目背景

银行在国民经济和社会生活中扮演着重要角色。目前，国内大部分银行已经推出网上银行业务，主要通过互联网向客户提供金融服务。然而，由于互联网的开放性和固有缺陷，与传统服务渠道相比，网上银行存在更大的安全隐患和安全威胁。银行业务数据多是和储户有关的敏感数据，如储户的账号、密码、存款金额等私密信息。在互联网这样开放的环境中拓展网上银行业务，安全性是要考虑的首要因素。

目前，国内各类银行的网上银行业务较为成熟，网上银行系统的安全保护体系正在逐步完善，但网上银行系统的密码技术仍以国际通用的密码算法为主，如 1024 位 RSA、3DES、SHA-1 等，这对我国金融领域的信息安全构成了严重威胁。

金融信息系统属于国家重要的关键信息基础设施之一，密码技术作为信息安全防护核心手段，亟需应用于金融信息系统安全建设中。

12.3.2　项目需求

（1）身份鉴别

网上银行主要包括个人网银、企业网银、手机银行。用户基于互联网、移动通信网，通过 PC 端、移动应用客户端登录网上银行，开展业务活动。

1）移动应用客户端用户登录网上银行系统时需要进行身份鉴别。

2）个人网银用户通过 PC 端登录网上银行系统时需要进行身份鉴别。

3）企业网银用户通过 PC 端登录网上银行系统时需要进行身份鉴别。

4）运维专员管理网上银行系统时需要进行身份鉴别。

（2）数据传输机密性

用户通过互联网、移动通信等技术，访问网上银行系统提供的金融服务，容易受到开放网络环境带来的数据窃取、数据泄密等安全威胁。

1）移动应用客户端与网上银行系统通信需要建立安全传输通道，并进行数据字段加密或整个数据报文加密保护。

2）个人网银用户 PC 端浏览器与网上银行系统通信需要建立安全传输通道，并进行数据字段加密或整个数据报文加密保护。

3）企业网银用户 PC 端浏览器与网上银行系统通信需要建立安全传输通道，并进行数据字段加密或整个数据报文加密保护。

4）运维专员需要通过安全传输通道进行远程访问系统鉴别信息加密保护。

5）网上银行系统与其他系统通信需要建立安全传输通道，并进行数据字段加密或整个数据报文的机密性保护。

（3）数据传输完整性

用户通过互联网、移动通信等技术访问网上银行系统提供的金融服务，容易受到开放网络环境带来的数据篡改或破坏的安全威胁。

1）移动应用客户端与网上银行系统通信需要建立安全传输通道，并进行传输数据完整性保护。

2）个人网银用户 PC 端浏览器与网上银行系统通信需要建立安全传输通道，并进行传输数据完整性保护。

3）企业网银用户 PC 端浏览器与网上银行系统通信需要建立安全传输通道，并进行传输数据完整性保护。

4）运维专员需要通过安全传输通道进行远程访问系统鉴别信息完整性保护。

5）网上银行系统与其他系统通信需要建立安全传输通道，并进行传输数据完整性保护。

（4）数据行为抗抵赖性

用户通过互联网、移动通信等技术访问网上银行系统提供的金融服务，涉及关键业务交易行为的法律责任鉴定，容易引起纠纷等安全威胁。

1）移动应用客户端需要采用密码技术进行签名和验签等交易抗抵赖性保护。

2）企业网银用户、个人网银用户 PC 端需要采用密码技术进行签名和验签等交易抗抵赖性保护。

3）运维专员需要采用密码技术进行操作行为的抗抵赖性保护。

4）网上银行系统间需要采用密码技术保障交易行为的抗抵赖性。

（5）数据存储机密性

网上银行系统服务端存储着大量敏感的客户信息、银行账户信息、金融数据等，面临被不法分子进行数据窃取的安全威胁。

1）采用密码技术进行手机银行系统内敏感数据的加密存储保护。

2）采用密码技术进行个人网上银行系统内敏感数据的加密存储保护。

3）采用密码技术进行企业网上银行系统内敏感数据的加密存储保护。

（6）数据存储完整性

网上银行系统服务端存储着重要数据，如银行支付信息、访问控制信息、日志信息等，面临被非法篡改的安全威胁。

1）采用密码技术进行手机银行系统内重要数据的存储完整性保护。

2）采用密码技术进行个人网上银行系统内重要数据的存储完整性保护。

3）采用密码技术进行企业网上银行系统内重要数据的存储完整性保护。

12.3.3　设计原则

（1）合规性原则

国家对于金融等重要领域核心信息系统的安全与可靠性给予高度重视，将密码安全提升到战略层面。密码技术是保障网络和信息安全核心技术和重要手段，因此在本次系统建设中优先采用国家密码管理部门批准或认可的密码算法、协议、技术、产品和服务。

（2）先进性原则

在本次系统建设中，采用成熟、先进并符合发展趋势的技术和产品，充分借鉴国内部委、省市密码应用经验。在设计过程中，充分依照国家的密码相关规范、标准，借鉴目前成熟的主流软件体系结构，以保证密码应用更贴合服务，具有较长的生命力和较高的扩展能力。

（3）实用性原则

在系统软件设计上，结合建设方实际情况，务实不务虚，注重解决实际问题，尽量做精、做细核心功能，兼顾常用的辅助功能，确保密码服务贴近用户应用、安全防护要求，满足建设方管理需求。

（4）开放性原则

在本次系统建设中，充分考虑后续与应用系统的对接与融合，提供开放、标准的功能数据接口，在不影响系统正常使用的情况下实现与云平台密码服务资源池灵活对接。

（5）经济性原则

在本次系统建设中，要想实现项目建设的总体目标，必须兼顾近期与长远利益，立足现在又面向未来。因此，我们既要考虑技术实用性，用成熟技术实现用户信息系统密码应用建设，又要考虑技术的先进性和可扩展性，确保已有的系统能持续发挥作用。

12.3.4 设计依据

本项目设计遵循以下密码应用相关政策法规要求和标准规范。

1)《密码法》

2)《中华人民共和国网络安全法》

3)《中华人民共和国电子签名法》

4)《关键信息基础设施安全保护条例》

5）GB/T 39786—2021《信息安全技术 信息系统密码应用基本要求》

6）GB/T 22239—2019《信息安全技术 网络安全等级保护基本要求》

7）GB/T 25070—2019《信息安全技术 网络安全等级保护安全设计技术要求》

8）GB/T 22240—2020《信息安全技术 网络安全等级保护定级指南》

9）GB/T 25058—2019《信息安全技术 网络安全等级保护实施指南》

10）GB/T 28448—2019《信息安全技术 网络安全等级保护测评要求》

12.3.5 解决方案

本项目通过部署金融数据密码机、服务器密码机、SSL VPN 安全网关、安全浏览器密码模块、SSL 密码模块、身份认证系统、移动安全模块管理端、数据加解密服务平台、电子文件安全验证系统等密码产品，并正确部署配置，以满足网上银行系统的密码应用需求。本项目的密码应用技术体系框架如图 12-1 所示。

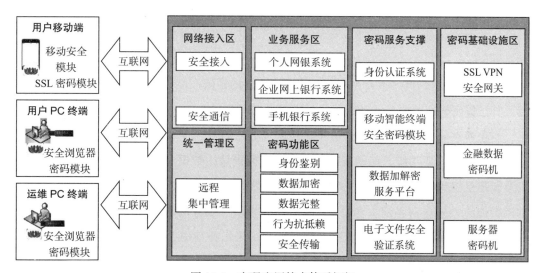

图 12-1 密码应用技术体系框架

1）智能密码钥匙（USB Key）：主要提供签名 / 验签、杂凑函数等密码运算服务，实现信息的完整性、真实性和抗抵赖性保护，同时提供一定的存储空间，用于存放数字证书。在本项目中，它的用途为存放标识用户身份的数字证书，用于对用户身份的真实性鉴别。

2）移动智能终端安全密码模块：主要提供协同签名、数据加密等密码运算服务，实现移动应用客户端用户身份鉴别、数据加密。

3）身份认证系统：主要为 PC 端用户颁发数字证书，并为登录网上银行系统的用户提供身份真实性、验证、签名 / 验签等信任服务。

4）数据加解密服务平台：主要为网上银行系统提供敏感数据加解密、文件加解密等存储机密性服务。

5）电子文件安全验证系统：主要为网上银行系统提供访问控制、日志记录等配置数据的完整性保护。

6）安全浏览器密码模块：主要应用于 PC 端场景，提供签名 / 验签、加解密、杂凑函数等密码运算服务，以及国产密码算法 SSL 安全链接功能，实现传输数据机密性和完整性保护。

7）SSL VPN 安全网关：主要用于在网络上建立安全的信息传输通道，通过对数据包的加密和数据包目标地址的转换来实现远程访问、加密通信。

8）金融数据密码机：主要为网上银行系统对接的密码产品提供数据机密性、数据完整性、数据源认证、抗抵赖性等安全密码服务，同时对业务系统中的密钥实施全生命周期管理。

9）服务器密码机：主要为网上银行系统对接的密码产品提供对称密码算法、非对称密码算法等密码运算服务、密钥服务，同时提供安全、完善的密钥管理功能。

本项目在服务端部署的密码服务包括服务器密码机、金融数据密码机、SSL VPN 安全网关、身份认证系统、移动智能终端安全密码模块、数据加解密服务平台、电子文件安全验证系统等密码产品。客户端部署智能密码钥匙（USB Key）、安全浏览器密码模块、移动智能终端安全密码模块客户端、SSL 密码模块。服务端和客户端密码产品均通过了具备资质的商用密码认证机构认证。密码应用部署拓扑结构如图 12-2 所示，相关密码产品配置如表 12-1 所示。

12.3.6 方案优势

本项目设计方案具有以下优势。

（1）满足行业密码改造要求

本项目设计方案满足国家密码要求、金融行业密码改造基线要求，满足国家标准 GB/T 39786—2021《信息安全技术 信息系统密码应用基本要求》、行业标准 GM/T0074—2019《网上银行密码应用技术要求》等的规范。

（2）密码应用安全合规性

1）密码产品使用的密码算法符合法律法规的规定和密码相关国家标准、行业标准。

2）密码产品使用的密码技术遵循密码相关国家标准和行业标准，或经过国家密码管理部门核准。

3）密码产品均为自主研发，且通过商用密码认证机构认证。

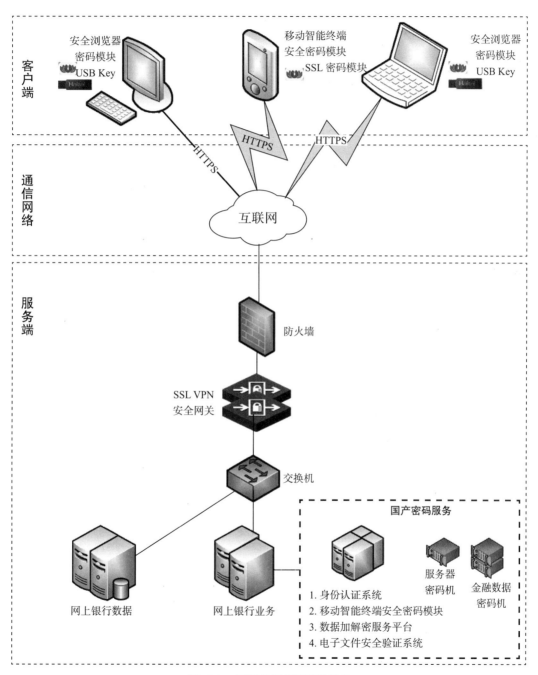

图 12-2 密码应用部署拓扑结构

表 12-1　密码产品配置

序号	产品名称	部署位置	数量	用途说明
1	智能密码钥匙（USB Key）	PC 终端	N 个	用于 PC 端用户身份鉴别，用户数字证书存储安全
2	移动智能终端安全密码模块	移动端	N 个	用于移动端用户身份鉴别，用户数字证书存储安全
3	安全浏览器密码模块	PC 终端	N 套	PC 端部署，用于构建 SSL 安全通道，实现通信数据的机密性、完整性保护
4	SSL 密码模块	移动端	N 套	客户端部署，用于构建 SSL 安全通道，实现通信数据机密性、完整性保护
5	身份认证系统	服务端	1 套	用于提供 PC 端登录业务系统用户身份鉴别服务
6	数据加解密服务平台	服务端	1 套	用于实现网上银行系统中身份鉴别数据、用户数据、金融数据、管理数据等敏感数据的机密性保护
7	电子文件安全验证系统	服务端	1 套	用于实现网上银行系统中身份鉴别数据、访问控制数据、日志记录、重要配置数据等重要数据的完整性保护
8	SSL VPN 安全网关	服务端	2 台	服务端部署，用于 SSL 安全通道建立，实现通信数据的机密性、完整性保护
9	金融数据密码机	服务端	1 台	提供金融业务系统中数据机密性保护、数据完整性保护、数据源认证、抗抵赖等安全密码服务
10	服务器密码机	服务端	1 台	用于密钥生成、密码运算、密钥管理

（3）满足国密应用需求

基于安全合规密码产品，针对网上银行系统提供有针对性的身份鉴别服务、数据传输安全服务、数据存储安全服务。

（4）简化业务系统对接

本方案提供标准的密码服务接口，降低业务系统对接复杂度，缩短对接时间周期，快速实现在业务系统中应用密码系统。

（5）支持国产化兼容性

本方案设计的密码系统能兼容主流国产化环境，包括国产芯片、国产操作系统、国产数据库、国产中间件等。

第 13 章　*Chapter 13*

工业控制系统中的商用密码工程实践

工业控制系统作为现代工业制造和生产的核心，其安全性与稳定性对于整个社会的正常运转至关重要。随着工业 4.0 时代的到来，越来越多的设备联网，这些设备可能面临各种威胁，如何通过商用密码技术保障这些设备的安全，已经成为行业焦点。本章将深入探讨商用密码在工业控制系统中的应用及工程实践，具体为从工业控制系统的基本概念和特点，到其密码应用需求，再到具体如 SCADA 系统和工业无线网中的实践，让读者从中了解到如何有效地将密码学理论与工业实践相结合，使用商用密码技术为工业控制系统提供数据完整性、机密性和可靠性保护。

13.1　工业控制系统概述

工业控制系统（ICS, Industrial Control System）是由各种自动化控制组件、对实时数据进行采集和监测的过程控制组件共同构成的确保工业基础设施自动化运行、过程控制与监控的业务流程管控系统。它的主要功能是将操作站发出的控制指令和数据推送到控制现场执行机构，同时采集控制现场的状态信息反馈给操作人员，并通过数字、图形等形式展现给操作人员。它是数据采集与监测控制系统、分布式控制系统、过程控制系统、可编程逻辑控制器和其他控制系统的总称。工业控制系统是工业生产基础设施的关键组成部分，广泛应用于电力、水利、化工、交通、能源、冶金、航空航天等国家重要基础设施领域。超过 80% 的涉及国计民生的关键基础设施依靠工业控制系统实现自动化作业。

13.2 工业控制系统的特点

工业控制系统一般具有以下特点。

（1）大量密集接入节点

机床加工、机器人制造是工厂自动化的典型模式，典型制造单元是工厂自动化的基本分工单位，每个单元通常有 50 ～ 300 个节点，典型是 100 个节点，节点的密度通常为 0.2 ～ 1 个 /m³。大量高密度节点并发接入使得接入技术面临巨大挑战。

（2）低时延

高并发接入的另一特征就是并发接入的节点都要求超低时延。由于工业控制中所用 PLC 的循环周期通常为 2 ～ 50ms，典型是 20ms，为此，根据采样定理，制造单元接入网络的时延要求通常为 10ms，工厂级接入网络的时延要求通常为 20ms，企业级接入网络的时延要求通常为 1s。

（3）高可靠性

即使面对大量信息的低速传输，在低时延接入的同时还需满足极高的可靠性要求。工厂应用系统可靠性要求是年停机时间小于 300s，推算出接入网络的端到端传输可靠性至少要达到 99.99% 以上，才能满足工厂自动化基本应用需求。对于工业控制系统的可靠性，终极要求是达到和有线一样的可靠性，即 10^{-9} 的丢包率。

（4）系统封闭且升级困难

工业控制领域相关行业多，差异巨大，系统封闭，大量协议不开放，缺少相关标准。与传统信息系统相比，工业控制系统具有较长的更新迭代周期，而且工业控制系统的现场设备比较分散，给升级带来极大困难，存在巨大的安全隐患。

（5）安全性设计不足凸显

工业生产环境中，存在大量设备运行数据、工艺配置数据、生产操作数据、生产管理数据以及研发数据、设计数据、客户数据等，这些数据存在潜在的利用价值。这些数据在传输过程中存在被黑客组织、工业间谍、敌对势力窃取和篡改的风险。

13.3　典型的工业控制系统业务架构

典型的工业控制系统业务架构分为 5 层，自下而上分别是现场执行层、现场控制层、生产控制层、经营管理层、战略决策层，如图 13-1 所示。

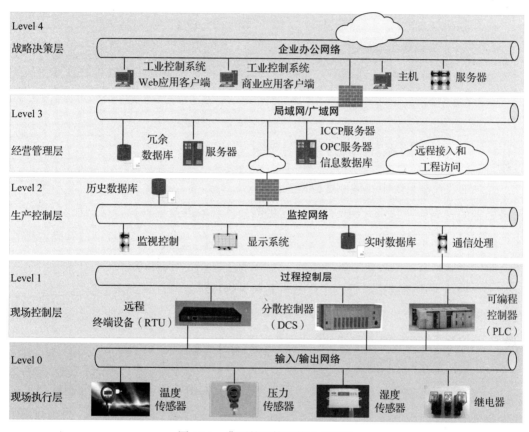

图 13-1　典型的工控系统业务架构

- Level 0 为现场执行层，主要包含各类仪器仪表，如温度传感器、压力传感器、继电器、电机、马达、指示灯等。
- Level 1 为现场控制层，主要包含保护和现场控制设备，涉及各类工业控制器，如远程终端设备（RTU）、分散控制器（DCS）、可编程控制器（PLC）、过程控制系统（PCS）等，实现的是对现场执行层的逻辑运算、算术运算、定位控制、计时/计数等。

- Level 2 为生产控制层，实现对现场执行层的监控、现场监测、现场显示等，是工控计算监控系统的核心部分。
- Level 3 为经营管理层，主要包含与生产有关的各类数据库、服务器，如 ICCP 服务器、OPC 服务器、信息数据库等，完成对本系统的管理与监测控制等一系列工作。
- Level 4 为战略决策层，主要包含以企业 IT 系统为主的工业控制系统 Web 应用客户端、商业应用客户端系统、Web 服务器等，完成商业计划和物流管理等一系列工作。

13.4 工业控制系统中的密码应用需求

针对工业控制系统中典型业务应用实际需求，我们需要深入分析工业控制系统中各业务场景的密码应用特点，切实梳理通用密码应用场景以及现场执行层、现场控制层、生产控制层、经营管理层、战略决策层的密码应用场景，明确不同场景下的密码应用需求，研究各层级安全防护在数据机密性、完整性、真实性和抗抵赖性保护方面的关键密码技术，提出工业控制系统密码应用基本框架，构建工业控制系统密码应用技术体系，使密码系统的建设更加具有针对性和可操作性，促进国产密码在工业控制领域的全面推广。工业控制系统密码应用需求主要体现在以下几个方面。

（1）密码管理和密码服务需求

工业控制系统密码管理需求涉及密码设备管理、密钥管理、密码使用管理等。工业控制系统中的密码服务需求涉及保证密码使用的合规性、有效性和正确性。

（2）物理和环境安全需求

工业控制系统所在区域需建立完善的物理环境安全机制，优化物理环境中的操作管理，以保证数据的可用性、保密性和完整性，同时保证设备所处物理环境的安全，防止对组织场所和信息的未授权物理访问、损坏和干扰。我们需要对工业控制系统所在区域采取区域划分、物理隔离、访问控制、视频监控、专人值守等安全防护措施。

（3）网络和通信安全需求

工业控制系统网络和通信安全需求主要是实现对信息系统与经由外部网络连接的实

体的网络通信安全防护。对应的密码应用需求主要涉及：在通信前采用密码技术进行网
络实体身份鉴别，保证网络实体身份的真实性；在通信过程中采用密码技术保障通信报
文的完整性、机密性；采用密码技术确保网络边界访问控制信息的完整性及接入设备身
份的真实性。

（4）设备和计算安全需求

工业控制系统设备和计算安全需求主要是实现对工业控制系统中各类设备和计算环
境的安全防护。对应的密码应用需求涉及设备准入控制、设备访问控制、对设备的实体
身份鉴别、登录设备用户的身份鉴别、远程管理通道的建立、可信计算环境的建立、重
要可执行程序来源的真实性等。

（5）应用和数据安全需求

工业控制系统应用和数据安全需求主要是实现对系统中敏感信息资源及运行中产生
的应用数据的安全防护。对于工业应用程序而言，最大的风险来自安全漏洞。应用安全
需求涉及应用程序的用户身份鉴别、访问控制、合格性检验、应用管控、应用来源保证、
安全审计等。数据安全需求覆盖数据采集、传输、存储、处理等在内的全生命周期的各
个环节。

13.5　SCADA 系统中的密码应用

监视控制与数据采集（SCADA，Supervisory Control And Data Acquisition) 系统是以
计算机为基础的生产过程控制与调度自动化系统，用于对现场设备进行实时数据采集、
本地或远程自动控制，以及生产过程的全面实时监控。SCADA 系统尤其适用于监测和控
制地理上非常分散的设备，利用长距离通信网络实现对现场设备的集中监测和控制。

SCADA 作为一种重要的工业控制系统，大量应用在关键信息基础设施的自动控制
中。从架构上来看，SCADA 系统的功能主要集中在工业控制系统业务架构中的 Level 2、
Level 1 和 Level 0。Level 2 主要由操作员站、工程师站、数据库服务器组成，完成对现
场设备状态和数据的监控，还可以接收操作人员的指示，将控制指令直接发送到 Level
1 的 RTU、PLC 中，以达到远程控制的目的。Level 1 主要包括 RTU、PLC 等控制设备，
用于采集现场设备的数据和对现场设备进行自动控制，也可以接收 Level 2 的控制指令，

对现场设备进行直接控制。通信网络实现 Level 2 和 Level 1 的数据交换。通信网络既可以是有线网络，也可以是无线网络。无线网络可以是电信运营商提供的 4G、5G 等公共网络，也可以是卫星通信、数传电台等多种无线方式。

SCADA 系统在设计之初由于资源受限、并非面向互联网等原因，为保证实时性和可用性，各层普遍缺乏安全性设计。目前已有生产厂商针对已有系统进行加固升级，但在缺乏安全架构顶层设计的情况下，技术研究无法形成有效的体系，产品形态目前集中在网络安全防护层面，SCADA 系统自身的安全性提升缺乏长远规划。

13.5.1 SCADA 系统的安全性问题

SCADA 系统的安全性问题突出，具体表现为：通用协议如 TPC/IP 和 OPC 协议大多采用明文传输方式，缺少通信完整性检查，缺乏对数据、设备、用户、实体等的规范认证机制，导致数据容易被捕获和解析。并且，SCADA 系统以各种方式与互联网等公共网络连接，使得网络安全威胁日益增加。工程师站、操作员站、HMI 等设备大部分基于 Windows 平台，缺乏身份鉴别与访问控制等机制。SCADA 系统与企业网中运行的信息管理系统之间实现了互联、互通，甚至可以通过移动互联网等直接或间接访问，这就导致了从管理端、生产端都有可能对系统进行黑客攻击或病毒传播，带来更大的安全性问题。SCADA 系统软件层面采集的数据、控制指令等很多明文传输未使用加密机制，存在较大安全隐患。一旦系统数据或控制权被不良意图者掌握，后果不堪设想。

13.5.2 密码算法应用于 SCADA 系统

目前，SCADA 系统在数据采集和指令下发过程中均采用明文形式。为了防止敏感信息被非法获取或篡改，将国产密码算法引入 SCADA 系统，在 SCADA 系统中部署身份认证系统、密钥管理系统，在操作员站、工程师站部署嵌入密码卡，在 RTU、PLC 中嵌入密码模块，利用身份认证系统给操作员站、工程师站、RTU、PLC、密钥管理系统颁发数字证书，密钥管理系统给操作员站、工程师站、RTU、PLC 分发密钥，工程师站从操作员站下载配置，操作员站采集 RTU 或 PLC 的数据时均以密文方式进行。基于密码算法的 SCADA 系统框架如图 13-2 所示。

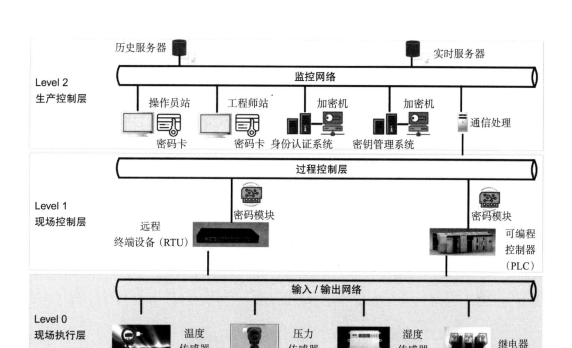

图 13-2　基于密码算法的 SCADA 系统框架示意图

13.6　工业无线网中的密码应用

工业无线网（Industrial Wireless Network）是一种应用于工业领域的无线通信网络。它旨在实现在工业环境中进行可靠、高效的数据传输和通信，以支持工业自动化、监测和控制系统的运行。

工业无线网通常由无线传感器、无线通信设备、网络基础设施和相关的管理与监控系统组成。这些组件相互协作，使得工业设备能够无线连接和交换信息。

工业无线网具备以下特点。

1）可靠性：工业环境对通信的可靠性要求很高，工业无线网通过采用可靠的通信协议、频谱管理和数据冗余技术来确保数据的可靠传输。

2）实时性：工业过程通常需要实时监测和控制，工业无线网提供了低延迟和高速数据传输，以满足实时性要求。

3）安全性：工业系统往往涉及敏感数据，工业无线网采用安全加密和身份验证机制，保护数据的机密性和完整性。

4）扩展性：工业无线网可以灵活扩展，支持多个设备和节点的连接，并适应不同规模和复杂度的工业应用。

5）鲁棒性：工业环境中存在干扰源和信号衰减等挑战，工业无线网采用抗干扰和自动重连等技术，保证网络的鲁棒性。

工业无线网的应用包括工厂自动化、物联网、设备监测与诊断、能源管理、安全监控等领域。AGV小车的自动控制是工业无线网的典型应用之一。通过使用工业无线网，企业可以实现更灵活、高效的生产和管理，提高生产效率和质量，降低成本和风险。

在工业无线网中，敏感数据存在被非法获取或篡改的风险。这在对信息安全要求很高的场合（例如军工企业制造车间）是不可接受的，需利用密码算法对交互数据进行加密传输，并且对设备进行身份确认，防止非法设备接入工业无线网，如图13-3所示。

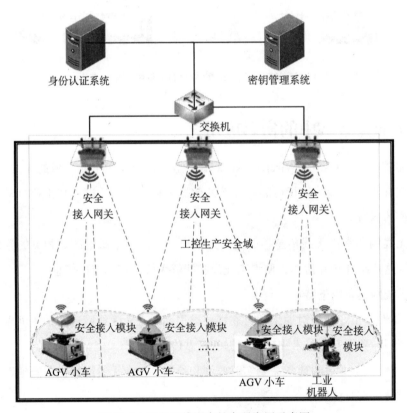

图 13-3　工业无线网中的密码应用示意图

该系统主要由 AGV 小车、AGV 调度系统、无线 AP、无线接入设备、身份认证系统、密钥管理系统组成。无线 AP、无线接入设备内部嵌入密码模块，无线接入设备安装在 AGV 小车上。身份认证系统事先给无线 AP、无线接入设备、密钥管理系统颁发数字证书。工作时，密钥管理系统先对无线 AP、无线接入设备进行身份认证，防止未授权的设备接入工业无线网，然后随机生成数据加密密钥，利用无线 AP、无线接入设备的公钥加密后分发到上述设备的密码模块，后续网关与现场设备通信时就采用此数据加密密钥进行加解密和 MAC 计算及校验。

第 14 章
移动安全领域中的商用密码工程实践

随着移动互联网的普及，移动设备已经成为人们日常生活和工作中不可或缺的工具。移动设备给我们带来便利性的同时，也带来了众多安全威胁。无论移动办公、电子政务，还是日常通信，如何确保移动数据的安全和隐私，成为一个亟待解决的问题。本章将集中探讨商用密码在移动安全领域的实践应用。从当前的移动互联网安全形势到具体的安全需求分析，本章将为读者深入剖析移动互联网的安全威胁，明确移动安全的需求，然后介绍通过系统架构设计来满足这些需求。特别地，本章将为读者展示如何构建一个"端边网云"一体化的密码应用体系，确保移动数据在整个生命周期中的安全。本章还为读者展示一些典型的移动安全应用（如安全即时通信），并提供详细的技术解析和应用指导。此外，本章还从安全合规角度，对密码应用进行了深入分析。通过本章的学习，希望读者不仅可以全面了解移动安全的现状和挑战，还能掌握如何通过商用密码技术来应对这些挑战，为实际的应用和开发提供指导。

14.1 移动互联网安全威胁

移动办公系统内存有单位的大量工作信息，部分信息可能比较敏感，涉及单位的工作秘密。工作秘密是指国家秘密以外的，在国家机关公务活动中不宜公开扩散的事项，一旦泄露会给本机关正常行使管理职能带来被动和损害的信息或事项。移动办公系统面临的威胁如图 14-1 所示，具体内容如下。

1）终端信息被窃取。由于移动办公所用的手机很大部分为个人用机，存在被植入恶意应用的风险。笔者曾参与对多家党政单位的手机木马检测工作，公务人员手机被植入木马的概率约为 2%，与安全厂商统计的普通民众手机木马感染率基本相同。其中，部分木马会窃取手机上通信录、短信、SD 卡文件等信息。移动办公应用的本地存储如果未加以保护，也存在被窃取的风险。

2）终端信息被篡改或非法接入。对移动办公应用进行逆向分析，可能获取其核心代码逻辑和加密方法，如果应用的开发不遵循安全编程规范，可能被篡改或仿冒。攻击者可能获得其他人的身份信息，从而仿冒他人进行操作，以及从后台获取非授权访问的数据。

3）网络传输的信息被截取和分析。手机终端移动办公软件和平台端通过互联网采用无线方式进行通信，通信网络的开放性和通信内容的公开性导致信息在通信过程中易被泄露、篡改和伪造，信息通信存在着较大的安全风险。

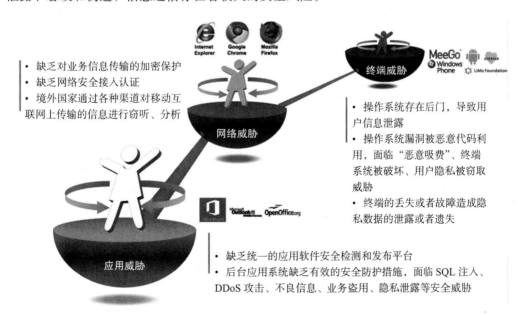

图 14-1　移动办公系统面临的威胁

4）平台自身被攻击。目前，移动办公平台大部分部署在公网环境中，能被黑客或境外情报机构通过互联网进行访问，如果安全防护措施不当，可能随时面临被渗透攻击或暴力破解的风险，泄露存储在本地的用户资料和工作数据，甚至通过平台端逆向攻击手机终端，造成严重后果。

5）有意或过失导致泄露国家秘密。使用者保密意识不强，用手机拍照或下载涉密文件，通过移动办公系统或其他渠道传输，可能造成严重的失泄密事件。

14.2　移动办公现状

随着移动互联网的发展，移动办公已成为政府和各行业用户必备办公手段。移动办公能有效提高办公效率，降低内部沟通成本，是政企信息化建设的重要工作。以党政机关、政法单位、军企为代表的用户内部办公，也越来越多实现了移动化，从传统面向 PC 端提供办公和业务应用服务，扩展到了面向智能移动终端（手机/平板）提供服务。办公和业务应用移动化能够帮助用户摆脱时间和空间的限制，随时随地按需处理工作，从而实现工作效率提升和协作增强。

当前，移动办公市场正式迈过移动办公应用探索期，单个移动办公应用趋向移动办公平台，为政企用户提供移动办公 SaaS 应用，并可通过 PaaS 平台集成第三方开发者，扩大移动办公软件功能覆盖。移动办公平台由功能独立的 SaaS 应用发展而来，聚合即时通信、协同办公、移动作业、移动执法等办公沟通产品，及安全接入、安全管理、安全认证等具有安全防护能力的产品。

移动办公平台承载的业务应用客户端不会发布到公开应用市场，而是通过自建的私有应用市场进行发布和下载/更新。这样既能实现对应用发布更灵活、管理控制更快速，又能规避应用发布到公开应用市场后所面临的逆向工程分析、篡改仿冒等恶意威胁。

14.3　移动办公发展趋势

常见的移动办公场景可以概括为两类：一类是面向电子公文，以流程审批为主的场景，此类场景是政企移动办公的通用需求，通常需要覆盖最大范围的工作人员；另一类是面向移动作业，以移动执法为主的场景，此类场景主要使用专用的应用软件，对数据安全性要求也更高，通常需要为专职人员配备专用的安全移动终端。

移动办公作为"互联网+"时代下政企办公的新形式，已进入高速成长期。政企用户通过移动互联网访问政企办公网的应用系统，处理办文、办事、办会等业务的办公模式已成为政企信息化建设的重要补充。特别是在面对不确定事件时，移动办公更是体现了其可以在"任何时间、任何地点"处理业务的优越性，有力地支撑政企信息化工作。未来的移动办公将向融合即时通信、公文办理、事务审批、信息共享、交流协作、通知通告、任务分派、落实执行等应用功能的一站式解决方案迈进。

《关于加强重要领域密码应用的指导意见》的通知（厅字 [2015] 4 号）提出，建立健全网络和信息系统密码保障体系，完善密码保障基础设施，提升密码使用管理和服务水平，增强网络安全防护和风险防控能力，确保密码使用优质高效、密码管理安全可靠。密码应用领域基础信息网络、重要信息系统、工业控制系统、政务信息系统、云计算、物联网、大数据、移动互联网、智慧城市等。

14.4　移动安全需求

14.4.1　移动办公需求

传统 PC 端办公受到终端形态和办公方式的限制，难以满足人们对时效性、移动性的需求。随着互联网技术的发展和移动化应用生态的健全，以政企为代表的用户内部办公和业务应用系统也越来越多实现了移动化，从传统面向 PC 终端提供办公和业务应用服务，扩展到了面向智能移动终端（手机 / 平板）提供服务。办公和业务应用移动化能够帮助用户摆脱时间和空间的限制，随时随地按需要处理工作，从而实现工作效率提升和协作增强。

14.4.2　安全保障需求

在构建移动办公系统时，确保信息安全是至关重要的，尤其是系统包含敏感工作数据时。信息泄露不仅会危及单位的正常运营，还可能导致重大的安全事件发生。因此，从安全保障需求角度看，对移动办公系统的保护措施需要全面覆盖以下几个关键方面。

1）终端设备安全管理：许多移动办公终端设备为个人所有，存在安全漏洞风险，需要实施严格的安全策略，以防恶意软件感染。这包括定期的安全审查和恶意软件检测，以及对员工使用个人设备工作的指导和培训。

2）应用程序和数据的安全性：移动办公应用程序可能遭受逆向工程分析，导致关键逻辑和加密技术泄露。为此，开发人员在开发过程中必须遵循最佳安全编程实践，包括使用强加密算法并定期更新，以防数据被篡改或非法访问。

3）网络通信安全：由于移动设备与服务平台之间的通信经常通过公共互联网进行，信息在传输过程中可能遭到截取和分析，因此必须采用端到端加密技术来保护数据传输，防止数据被泄露或篡改。

4）平台安全性：移动办公平台常常部署在易受攻击的公网环境中，因此必须实施综合安全措施，如部署防火墙、入侵检测系统和定期安全审计，以防黑客攻击或数据泄露。

5）用户行为管理和教育：加强使用者的保密意识和安全操作习惯是降低安全风险的重要一环。可以定期进行安全意识培训，禁止未授权的文件共享和传输，特别是针对敏感数据或机密信息。

为了应对这些安全挑战，我们必须采用一种系统化的方法来设计和实施移动办公系统的安全措施。这包括采取从物理安全到网络安全，从应用程序安全到用户教育等多层次、多方面的安全策略，形成一个全面的安全防御体系。此外，安全防御体系应遵守相关安全标准和密码应用要求，确保移动办公系统符合等保三级的相关安全要求和信息系统中密码应用要求。

14.4.3　密码应用需求

密码算法是保障网络与信息安全的核心技术，是解决网络与信息安全问题最有效、最可靠和最经济的手段之一。移动办公系统在日常运行和管理过程中，利用密码算法在安全认证、加密保护和抗抵赖性等方面的重要能力，解决产品在身份鉴别、数据机密性保护、数据完整性保护和密钥管理等方面的合规性问题。

在设计安全移动办公系统时，我们应从物理和环境安全、网络和通信安全、设备和计算安全、应用和数据安全 4 个方面考虑密码应用需求，并根据实际需要进行组合。安全移动办公系统涉及的密码应用需求如图 14-2 所示。

图 14-2　安全移动办公系统涉及的密码应用需求

14.4.4　合规管理需求

政企用户开展移动办公需符合国家、行业以及监管机构制定的各类法规、标准和政策的要求，应实现业务系统与安全系统的同步设计、建设和运维。安全移动办公系统建设需要满足表 14-1 所示标准合规性需求。

表 14-1　合规性需求

序号	类别	具体需求
1	信息安全	需依据 GB/T 22239—2019《信息安全技术 网络安全等级保护基本要求》，信息安全产品经过公安部门检测并获得相应资质
2	密码应用	商用密码使用需依据国务院《商用密码管理条例》，符合 GM/T 0054—2018《信息系统密码应用基本要求》，商用密码产品及安全移动办公系统经过国家密码管理局鉴定
3	移动终端	基于商用密码技术构建应用安全运行环境

14.5 总体设计

移动办公扩展了传统办公的安全边界，带来了诸多新的安全挑战。为解决移动办公所面临的各类安全问题，我们可以等级保护相关标准为指导，基于国产商用密码产品和技术，整合必要的安全防护措施，推出安全移动办公整体解决方案，使安全与应用紧密集成，提高移动办公系统的整体安全防护能力，促进移动办公系统的广泛部署和使用。

本方案遵循 GB/T 22239—2019 标准基本要求及移动互联安全扩展要求进行设计，综合公司移动软卡、密码基础服务平台、信任服务产品、终端管理产品、VPN 等自有产品，基于通用手机进行移动办公系统总体安全设计，解决政企移动办公所面临的安全问题。

海泰新一代增强型高安全移动平台（HSMP，High Security Mobile Platform）（以下简称 "HSMP"）遵循 GB/T 22239—2019《信息安全技术网络安全等级保护基本要求》、GM/T 0054—2018《信息系统密码应用基本要求》和 GB/T 23927—2016《信息安全技术移动智能终端安全架构》的规范，解决政企用户在移动办公过程中遇到的安全问题。

14.5.1 设计原则

本系统采用云部署设计原则，客户端支持多种网络通信方式并与服务器实现交互控制，既支持私有云模式（或独立服务器），也支持 SaaS 模式提供内部设备的接入和访问。在基于私有云模式的登录管理机制上，每个企业可以独立管理平台里的权限、LOGO、用户信息等。

（1）标准合规原则

以 GB/T22239—2019《信息安全技术　网络安全等级保护基本要求》、GM/T 0054—2018《信息系统密码应用基本要求》为纲，以移动办公实际需求为本，在移动办公系统建设过程中采用必要的、合规的安全防御措施和商用密码应用，确保安全，讲求实效。

（2）纵深防御原则

移动办公安全涉及移动终端、通信网络、网络边界、移动接入、隔离交换、信任服务、移动应用等多个层面。我们应依据"保护时间＞检测时间＋相应时间"的原理构建纵深防御体系，采用多重保护机制，让各保护机制相互补充，提升系统整体安全性。

（3）分域控制、分类防护、立体协防原则

我们应从系统整体出发，综合考虑各域的安全需求，并进行安全域划分；明确区域边界安全策略，实施分域边界防护和域间访问控制，保证信息的安全隔离和安全交换；综合运用身份鉴别、访问控制、安全审计等安全功能实现立体协防。

（4）适度安全、保障性能原则

安全是为了可用。我们必须在保证业务畅通、易使用、易管理、易维护，网络互联性能高效的前提下开展系统建设。

（5）可扩展、可伸缩、高兼容性、开放性原则

设计的系统必须具有良好的可扩展性、可伸缩性，遵循主流的技术架构，具备标准的接口规范，符合权威的协议标准，易于集成和扩展，以满足将来业务规模需要。

14.5.2　设计依据

本方案依据以下标准设计。

1）GB/T 22239—2019《信息安全技术 网络安全等级保护基本要求》

2）GB/T 25070—2019《信息安全技术 网络安全等级保护安全设计技术要求》

3）GB/T 28448—2019《信息安全技术 网络安全等级保护测评要求》

4）GB/T 25058—2010《信息安全技术 信息系统安全等级保护实施指南》

5）GB/T 28449—2018《信息安全技术 网络安全等级保护测评过程指南》

6）GM/T 0054—2018《信息系统密码应用基本要求》

7）GB/T 35282—2017《信息安全技术 电子政务移动办公系统安全技术规范》

8）GW 0202—2014《国家电子政务外网安全接入平台技术规范》

9）GB/T 23927—2016《信息安全技术 移动智能终端安全架构》

14.5.3　设计目标

我们可利用无线移动通信网、互联网、WiFi、VPDN 等基础网络，为各级政务部门用户、企事业单位用户和公众用户提供安全接入政务外网或业务服务平台，实现移动终端通过公共移动通信网络接入电子政务外网，以及电子政务外网的无线延伸，为用户提供安全的移动信息服务，提高工作效率。该系统可全新建设，也可对单位已建成的政务外网平台以较小成本进行对接。

我们可以《等级保护》标准的基本技术要求为指导，遵循信息系统密码应用要求，结合移动办公业务系统，从移动终端、移动通信网络、移动办公应用等多个方面进行整体

保护，通过一系列软硬件设备或系统的有机组合，通过身份认证、数据加密、访问控制、安全管理等技管并行，构建移动办公整体安全保障体系。该系统可为办公应用系统移动化提供全方位的安全服务，为移动数据提供全生命周期的安全防护，满足用户实现办文、办事、办会等日常业务移动化的安全防护需求，使非授权人员进不来（访问控制）、看不到（运行环境隔离）、拿不走（防数据泄露）、打不开（数据加密）、可销毁（移动终端管理），保障移动办公应用和数据的整体安全，实现政务移动化、安全平台化、运营服务化。

14.5.4 系统框架

我们本着安全可靠、高效运行的方针，将《等级保护》的基本要求、技术设计要求与安全防护需求充分融合并提炼，结合移动办公系统需要保护的资产、面临的外部威胁以及移动互联网本身的安全脆弱性，整合技术、需求、市场等方面的信息，根据"一个基础安全"（即安全物理环境）和"一个中心"（即安全管理中心）保障下的"三重纵深防御体系"框架，构建移动安全机制和策略，确保移动办公系统安全、可持续运行。该系统框架如图 14-3 所示，密码应用体系如图 14-4 所示，等级保护安全框架如图 14-5 所示。

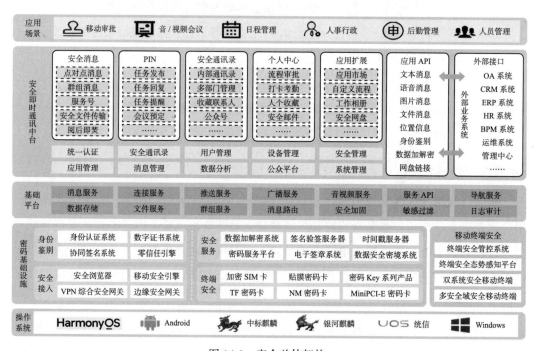

图 14-3　安全总体架构

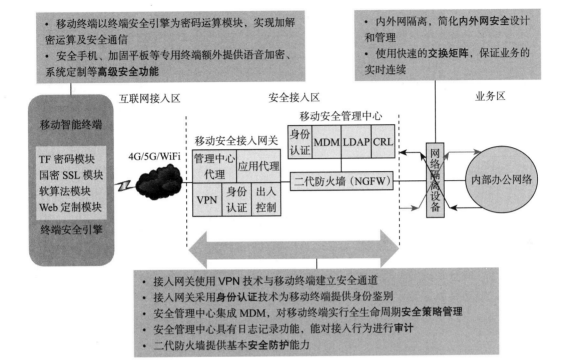

图 14-4　密码应用体系

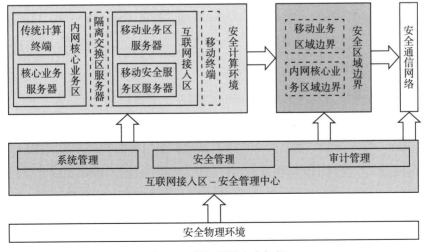

图 14-5　等级保护安全框架

14.6 系统架构设计

通过引入开放平台技术，用户办公业务系统可安全地接入 HSMP，形成多信息聚合统一办公门户系统。通过该统一门户有效地整合各类办公应用系统，从而实现统一入口登录。即时通信、办文办事办会系统、视频会议系统、公文审批流转系统、安全邮件系统、舆情收集系统等的核心流程可通过领导驾驶舱进行集中展示。该系统架构如图 14-6 所示。

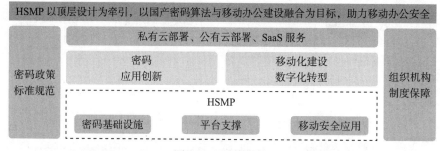

图 14-6　系统架构

14.6.1 安全技术架构

该系统以国家《等级保护》、信息系统密码应用要求及重要领域商用密码应用于创新发展工作规划为依据，采取"统一规划、集中管理、整体部署、分级接入"的建设原则，选用先进可靠的"集约共享、灵活多元"技术架构，实现可信、可控、可管的安全移动办公。该系统总体技术架构如图 14-7 所示。

安全移动办公系统依托一个基础设施进行建设，涵盖两个体系（安全管理与政策标准体系、整体保障与运营服务体系）、两个服务（统一安全通信服务、统一安全接入服务）、四个安全（终端安全、信道安全、接入安全、应用服务安全），为应用系统移动化构建统一的安全工作空间，同时为政企用户提供全面的安全应用 SaaS 服务（支持私有化部署）。

（1）一组基础设施

1）网络计算存储资源：依托政企现有的网络基础设施资源。安全应用服务主要依托安全云的网络基础设施资源。

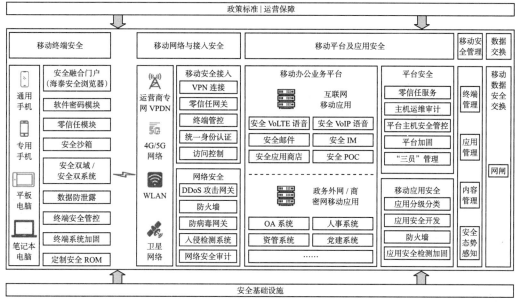

图 14-7　安全技术框架

2）公钥基础设施（CA）：依托用户现有的公钥基础设施，政务用户可以利用国家电子政务外网数字证书认证系统，为各类用户、设备签发证书，并对证书进行全生命周期的管理。

3）密钥管理基础设施：对于数字证书的公私密钥对，由密钥管理基础设施统一进行全生命周期管理。

4）信息安全设施：依托政企用户现有的信息安全设施资源，防火墙、入侵检测系统、漏洞扫描系统、网络审计系统等在内的信息安全设备、设施，以构建全方位的移动办公安全体系。

（2）两个体系

1）安全管理与政策标准体系：安全移动办公系统的建设将遵循安全管理和建设的相关标准规范，以标准规范为准绳，以安全检查项为基线。

2）整体保障与运营服务体系：针对安全移动办公系统的实际情况，组建得力的运维运营团队，对系统进行日常运维运营，确保系统能够为移动办公应用提供完善的安全服务，确保系统数据的安全。

（3）两个服务

1）统一安全通信服务：提供给用户统一的安全通信协作服务，涵盖 VoIP 通话加密、即时通信加密、安全通讯录、安全云盘、安全音／视频会议等服务。

2）统一安全接入服务：提供政企应用系统移动化安全接入和访问控制、身份认证、密码管理、终端管理、应用管理、内容管理、数据防泄露等服务。

（4）四个安全

1）终端安全：通过在终端上基于商用密码技术和沙箱技术，构建移动应用统一的安全运行环境（简称"安全桌面"），实现数据加密、访问控制、身份鉴别、数据防泄露等终端安全防护。

2）信道安全：通过密码运算、访问控制、协议代理等安全技术，结合安全管理设计和安全硬件设备等多种安全因素，实现对用户的身份识别及用户访问应用系统的权限管控，并对保护应用系统数据机密性、完整性，对网络边界进行安全防护。

3）接入安全：通过身份认证、访问控制、密码管理、终端管理、协同运算等技术，提供用户、应用、设备统一的安全支撑保障。

4）应用服务安全：通过移动应用管理、移动内容管理、身份认证和访问控制、操作系统加固、数据加密和审计等技术，实现移动办公应用服务端的安全。

14.6.2 密码应用架构

为了保证移动办公系统整体安全防护能力，我们可建立"云、管、端"的统一密码应用支撑保障，基于密码技术为移动办公系统提供接入安全、认证安全、访问控制、数据安全等支撑服务，实现高强度身份鉴别、访问控制、数据完整性、数据保密等安全功能。密码应用架构如图 14-8 所示。

针对高安全等级领域的移动办公需求，基于国产商用密码技术和纵深防御、端网协同的安全理念，综合公司自主研发的密码软模块、安全融合门户（安全浏览器）、安全双系统／双域移动终端、密码服务平台、终端管理平台、IPSec/SSL VPN 网关等产品进行"端边网云"一体化安全总体设计，从构建由外到内的纵深安全防御体系，使安全与应用紧密集成，实现全程全网全业务安全。

1）云：云平台。它将云计算技术和密码技术结合，将密码服务云化，能够为各用户快速搭建安全、独立、可配置的密码服务，能够提供统一接口，实现密码即服务。

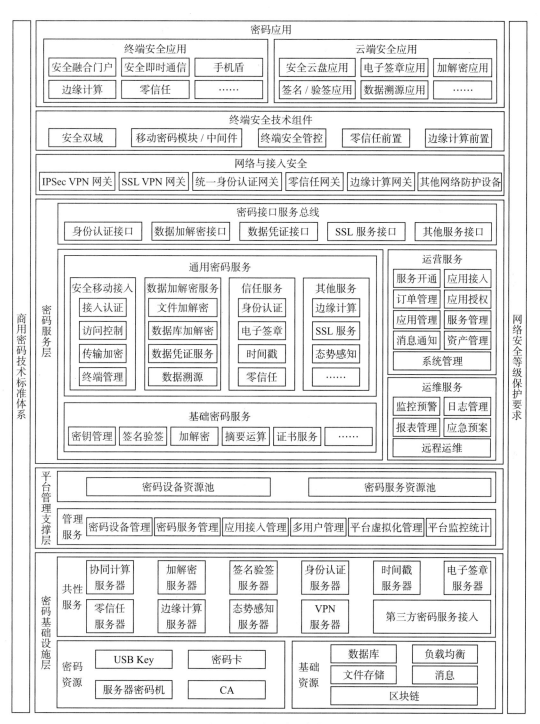

图 14-8 密码应用架构

2）网：网络接入侧。它通过使用国产密码算法、IPSec/SSL VPN 网关、零信任接入网关等安全防护设备，安全接入办公业务应用系统，保障公网数据传输的机密性、完整性和抗抵赖性。同时，IPSec/SSL VPN 网关可搭配运营商的 VPDN 专线使用。

3）边：边缘计算。它在靠近用户侧部署，支持接入更加通用、灵活、多生态业务的分布式密码资源。接入边缘计算资源的方式也是多种多样的，包括 4G/5G、WiFi 等。

4）端：支持运行环境隔离（安全双域 - 应用级隔离、安全双系统 - 系统级隔离），通过搭载安全融合门户（海泰安全浏览器）、密码软模块、零信任模块和 IPSec/SSL VPN 网关客户端等安全应用，实现身份认证、安全传输、存储加密功能。

14.6.3 系统部署架构

安全移动办公系统通过移动构筑"加密传输、身份认证、访问控制、隔离交换"纵深防御体系，基于商用密码技术为移动数据提供统一支撑服务，保障用户远程安全、稳定、高效地访问业务数据和信息资源。安全移动办公系统网络拓扑结构如图 14-9 所示。

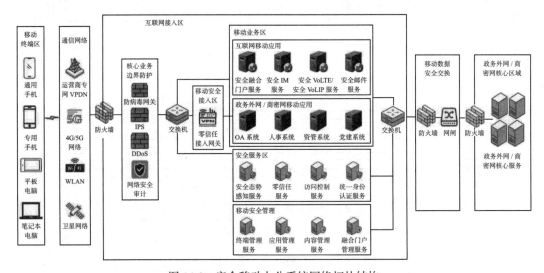

图 14-9　安全移动办公系统网络拓扑结构

1）移动终端环境安全：通过本地安全环境检查、密码运算、本地加密存储和数据远程销毁等措施，确保移动终端自身的安全性。

2）通信安全：采用 SSL VPN 和 IPSec VPN 技术对数据传输过程进行加密，确保数据在传输过程中的安全。

3）边界安全：通过身份认证机制、数据准入机制、数据流出控制、资源访问控制和单点登录机制等措施，加强网络边界的安全防护。

4）网络隔离：实现互联网与电子政务外网之间的严格隔离，防止潜在的安全威胁穿越网络边界。

14.7 "端边网云"一体化密码应用体系

14.7.1 移动终端安全引擎

（1）移动密码模块

移动密码模块主要包括 TF 密码卡、贴芯卡、密码软模块 3 种，均通过国家密码管理局认证，实现 SM2、SM3、SM4 等密码算法运算，随机数产生，密钥产生，密钥存储，证书存储等功能，是用户进行安全通信和安全接入的必备组件。

（2）移动安全组件

移动安全组件包括移动密码服务 SDK（密码软模块 SDK）、VPN SDK、统一认证 SDK、移动在线发证 SDK 等，主要实现终端侧的 VPN 连接、用户身份统一认证及访问控制、证书在线申请等功能。在本方案中，上述安全办公助手集成 VPN SDK、密码中间件及统一身份认证 SDK，统一身份认证 SDK 集成密码软模块 SDK、在线发证 SDK，终端侧不再单独呈现相关安全组件的独立客户端，在保障安全性的同时提升了用户使用体验。SDK 集成关系如图 14-10 所示。

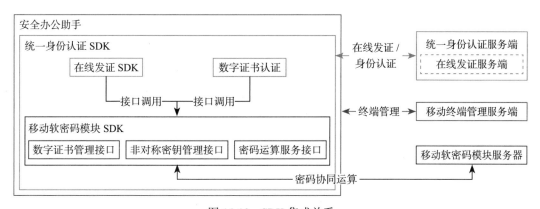

图 14-10　SDK 集成关系

14.7.2 移动终端安全接入

（1）PC 端身份认证技术

身份认证技术也称"身份鉴别技术"，可保证访问主体身份真实性，是进行访问控制，确保数据安全性的关键技术。从实现机制上划分，身份认证技术可分为所知、所有、所是 3 类，例如用户名 / 口令认证机制属于所知类型，硬件动态令牌属于所有类型，指纹识别属于所是类型。以上任意两种类型机制的结合被称为"双因素认证机制"。

传统 PC 互联网的用户身份认证主要经历了用户名 / 口令、用户名口令 + 动态口令（含短信验证码）、用户名 / 密码 +USB Key 等几代技术发展。双因素 / 多因素认证可提升身份认证水平。

（2）移动端身份认证技术

移动端身份认证一方面与 PC 端互联网用户身份认证类似，仍然使用简单的用户名 / 口令认证机制，或者"用户名 / 口令 + 短信验证码"双因素认证机制；另一方面依托移动终端设备的技术发展，使用一些新身份认证机制。这些新身份认证机制如下。

1）手势密码：利用了移动终端的触摸屏，设置一笔连成的九宫格图案作为登录密码，只有输入的手势密码和设置密码完全相同，才能通过认证并登录。该机制本质上仍然属于所知类型的认证，只是相对于密码输入来说，在移动端上操作更加简便快捷。

2）指纹识别 / 面部识别：利用了移动终端本身的指纹识别 / 面部识别技术，以实现基于生物特征的身份认证。无论安卓还是 iOS，都将移动设备自身的指纹识别 / 面部识别认证能力通过提供 API 开放给移动端应用。应用可以调用相应的 API 向操作系统申请本地认证服务，并获取认证结果，然后根据认证结果决定是否允许用户登录。

3）数字证书认证：传统 PC 端使用的"数字证书 +USB Key"机制安全性最高，但是要在满足移动端易用性要求前提下使用，需要在形式上有所变化。第一种改变是将 PC 端使用的 USB 接口的 USB Key 进化为支持蓝牙协议的 USB Key，移动终端可以通过蓝牙无线协议与 USB Key 进行通信，实现数字证书获取和数字签名功能。第二种改变是将移动设备作为数字证书和私钥的载体，与 PC 端应用集成，为关键业务操作提供数字签名机制。第三种改变是将 TF 卡、贴芯卡及移动运营商 SIM 卡（SIM 盾）作为数字证书和私钥的载体，与客户端应用集成，为关键业务操作提供数字签名机制。以上 3 种形式的移动数字证书认证在政府、银行业已经有了应用。

移动终端用户与服务器基于数字证书的双向身份认证流程如图 14-11 所示。

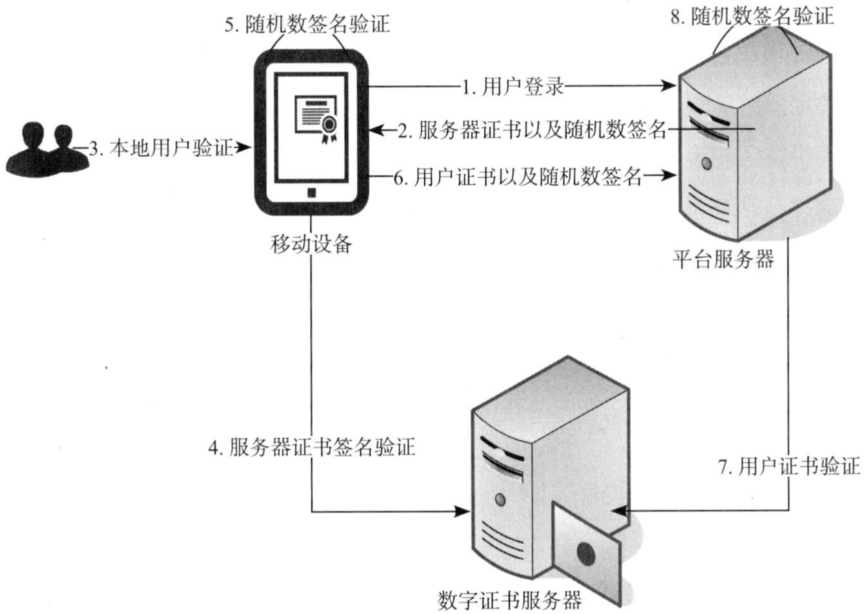

图 14-11　双向身份认证流程

（3）统一身份认证和单点登录

在移动办公和移动业务场景中，尤其当存在多个移动办公应用时，我们通常需要综合考虑安全性和易用性，实现跨应用的统一身份和认证管理（IAM），以及单点登录（SSO）。

很多政企用户已经建立了内部的统一身份认证管理系统，以实现集中身份管理和身份认证。最常见的实现方式就是对 Linux 的 LDAP 和 Windows 的 AD、移动 App、移动 VPN、移动密码软模块、移动 EMM 以及移动工作空间等设计合理的认证时序，并通过 SDK 集成的方式实现与已有 IAM 平台的集成，使用 IAM 平台完成集中身份管理和认证服务，并且在多应用之间通过 Token 传递实现单点登录。

为了简化移动端用户身份管理和认证流程，市场上逐渐涌现了一系列具有重要影响力的互操作身份认证协议。随着实际应用的不断发展，这些协议也在持续更新迭代，发布了更成熟的版本。目前，在众多场景中被广泛应用的协议主要包括 OIDC（OpenID Connect）、OAuth2（开放授权 2.0）和 FIDO2（快速身份在线第二版）。其中，OIDC 和

OAuth2 支持通过单一应用的用户身份信息实现跨多个应用的用户登录，极大地提升了用户体验。FIDO2 则利用本地的可信执行环境（TEE）、非对称加密技术和生物识别技术，提供了一种无密码的强身份验证方案，有效避免了服务器端存储大量用户名和密码数据而导致的数据泄露风险。

（4）用户认证与设备认证结合

在移动办公和移动业务应用场景中，仅仅在应用上认证用户身份是不够的，更安全的方式是将用户认证和设备认证结合起来进行身份认证。移动端安全软件会收集移动端设备信息，通过计算生成设备指纹。在移动端请求访问时，服务端确定设备指纹是否与注册指纹匹配一致，只有当用户认证和设备认证均通过，移动应用才能够与服务端进行业务交互。

14.7.3 移动终端网络传输保护

（1）安全传输协议

移动终端网络提供基于 SSL 的加密通道，支持 VPN 隧道和服务映射等多种代理方式，确保通道内数据安全传输；支持国家密码管理局批准的 SM2、SM3、SM4 算法。

在移动办公和移动业务应用场景中，移动端到服务端之间所使用的数据安全传输协议，与 PC 端相同，仍然是 SSL/TLS 等协议，完成双向的强身份认证，在认证基础上完成会话密钥协商，使用会话密钥对通信内容进行加解密和完整性保护，具体的实现方式分为两种。

1）使用传统的 SSL VPN 网关设备和移动端的 VPN 客户端。这种方式往往是出于对已有 SSL VPN 网关设备的利旧使用考虑。对于移动端来说，传统的 SSL VPN 网关是设备级 VPN 通道，而非应用级 VPN 通道。所有的移动应用都会使用相同的 VPN 通道完成数据传输，而且移动端用户操作往往要分为 VPN 登录和应用登录两个步骤，可能带来不好的用户体验。

2）使用移动安全接入网关，移动端的 VPN 客户端模块集成到为移动应用提供安全保护的应用级容器中，每个受保护的移动应用单独与移动安全接入网关完成身份认证、密钥协商和安全通道建立。移动安全接入网关是一种更高级形态的应用级 VPN 通道，而且可以实现 VPN 通道建立过程对移动端用户透明，从而带来更好的用户体验。

（2）国产商用密码算法

有些对数据安全性要求较高的移动业务场景，可能对数据安全传输和存储要求使用国产商用密码算法，即国家密码管理局认可的国产密码算法。负责完成 VPN 通道建立的客户端和服务端组件的协议除了支持 RSA、AES、SHA 等国际标准密码算法之外，还支持下列国密算法。

1）SM2 非对称加密。该算法已公开，密钥长度为 256 位，安全强度比 RSA 2048 位高，且运算速度快于 RSA。该算法用于安全通道握手过程中的双向身份认证和数字签名。

2）SM3 消息摘要算法。该算法已公开，校验结果为 256 位。该算法用于对通信内容进行完整性校验。

3）SM4 对称加密算法。该算法密钥长度和分组长度均为 128 位。该算法用于对通信内容进行加密保护。

14.7.4　移动终端中的密码应用

（1）移动密码服务系统

移动密码服务系统由位于移动办公终端的密码软模块（SDK 库）和位于后台的在线生产平台、密码服务管理平台组成，提供移动终端密码软模块在线生产有关的授权服务。移动密码服务框架如图 14-12 所示。

1）移动终端密码软模块：以 SDK 库的形态集成安全桌面中，并为其提供加解密、签名 / 验签、密钥管理、证书管理、身份认证、敏感信息安全访问、传输和存储等服务。

2）密码服务管理平台：为安全通信应用、移动办公安全接入提供密码管理服务。密码服务管理平台是由服务器密码机（或 VSM）、密钥管理服务、管理终端、证书管理服务、远程服务等组成。它是密码资源管理平台，负责密码中间件管理、密钥管理、通过对接 CA 实现数字证书管理、用户有关的敏感数据安全管理等。

3）在线生产平台：密码软模块需在第一次使用时进行在线生产，具备完整的密码服务功能。在线生产平台由服务器密码机（或 VSM）、服务端和管理终端组成。服务包括初装数据下载服务和密码协同运算服务。前者为密码软模块提供的在线初装数据下载服务，后者为密码软模块提供的高安全的 SM2 签名协同运算服务。服务器密码机为在线生产服务提供本地密码运算和密钥管理支持，管理终端用于在线生产服务的管理。

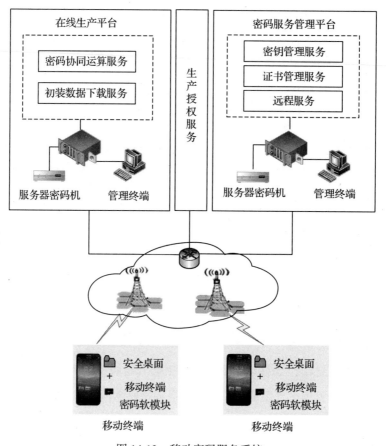

图 14-12 移动密码服务系统

（2）数字证书认证系统

数字证书认证系统用于实现对数字证书的全生命周期管理，由根证书签发系统、证书签发系统、注册审核系统及非对称密钥管理系统几大核心系统构成。在本方案中，数字证书认证系统用于响应移动在线发证服务的证书申请请求，并实现审核、制作、发放等核心业务。数字证书认证系统能够提供的具体功能如下。

1）用户注册、审核，密钥生成、分发，证书签发、制作等。

2）在线证书申请下载、在线证书状态查询。

数字证书认证系统可以为各终端、机构、用户、设备等提供证书签发功能，满足证书认证需求，通过在线制证、在线证书状态查询等功能使应用系统能够更方便地实现安全应用。

（3）统一身份认证系统

统一身份认证系统主要面向用户提供统一的身份管理、身份认证、单点登录、统一授权、行为审计等服务，解决应用系统用户身份分散管理、独立认证、多次登录等问题，实现身份可靠、业务可控、数据可信和行为可溯。

统一身份认证系统由身份管理子系统、身份服务子系统、身份认证子系统、认证门户子系统、移动应用以及开发 SDK 组成。其中，身份管理子系统提供人员管理、组织架构管理、应用信息管理、统一授权管理等功能；身份服务子系统对外提供人员、组织架构、应用信息的数据发布同步服务；身份认证子系统提供人员身份信息认证功能，包括用户名 / 口令认证、证书认证、短信认证、扫码认证等；认证门户子系统主要为用户提供认证门户和个人信息维护功能；移动应用主要为用户提供扫码认证、动态口令生成等功能；开发 SDK 为应用系统提供身份认证接入服务。

14.8　典型移动安全应用：安全即时通信

14.8.1　安全架构

安全即时通信应用面向政企组织或个人，通过安全的加密通话、即时通信、组织通讯录、云盘、音 / 视频会议等提供易用、安全、合规的安全通信平台，保障信息安全的同时，实现政务用户高效、安全的沟通协作。

该应用遵循以安全为核心的设计原则，从身份认证、数据流向控制、传输加密、存储加密、访问控制、内容追踪、日志审计等多方面出发，采用了基于 SSL/TLS 的双向认证、传输加密技术、PKI 数据加密技术，提供高效、简洁、易用的沟通协作服务，保证应用安全可控。

安全即时通信在商用密码应用上，采用 SM2 密码算法、SM3 密码算法、SM4 密码算法、ZUC 算法，加密业务涉及的密钥协商均在移动终端密码软模块内实现，确保了业务的安全性。安全即时通信平台架构如图 14-13 所示。

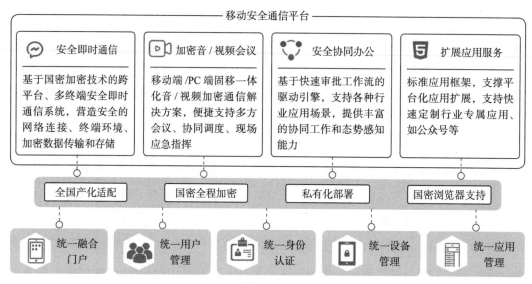

图 14-13 安全即时通信应用架构

14.8.2 产品功能

该产品面向政企客户提供加密即时通信、加密语音通话、加密视频通话、阅后即焚、文件加密传输、加密保险箱、安全阅读器等功能，在保障信息安全的同时，实现政企用户安全、高效的沟通协作。该产品功能如图 14-14 所示。

1. VoIP 语音加密

该应用通过端对端密钥协商、"一话一密"方式，确保了数据的机密性；通过对数据进行 Hash 校验，确保了数据的完整性；通过对部分数据签名、验签，确保了数据的抗抵赖性。

2. 安全即时通信

该应用支持加密即时消息、即时安全群组、公开消息（可转发）/私人消息（只能查阅）、回执消息，还支持阅后即焚、安全水印、防截屏、文件传输（内置文件浏览器支持打开可读格式文档，包括 doc、docx、xls、xlsx、ppt、pptx、txt、pdf，以及常见类型图片和视频）、消息收藏。

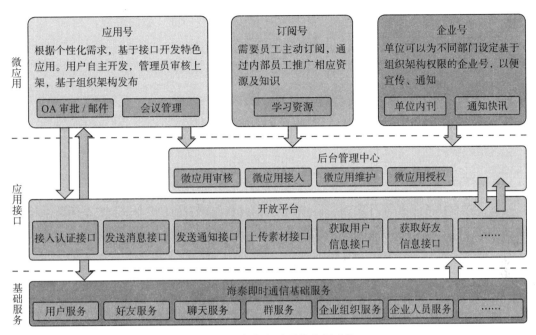

图 14-14　安全即时通信应用功能

3. 安全组织通讯录

该应用具有完善的通讯录构建能力,支持组织成员、组织架构等详细展示。组织架构以多层次树状形式呈现,可实现人员快速查找。该应用支持无需加好友也可以发起聊天,实现轻松沟通。

1)分权管理:从组织架构角度看,其可以分为横向和纵向。省级政务机构及下属分支可按照管理及业务需求,灵活自主地设置管理权限。

2)多级授权:自上而下逐级授权,例如上一级管理员可以授权给下一级管理员,由下一级管理员负责该层次平台及数据的管理,方便不同分支机构完成用户构建和维护工作。

3)可见性控制:提供通讯录权限配置,以实现灵活地针对部门、成员进行可见性设置管理。对于不同的组织成员,所展示的通讯录内容不同,以保护组织部分重要成员信息不被泄露。

4. 安全音 / 视频会议

该应用可实现基于移动网络或 WiFi 环境的一对一加密通话,并支持多方通话的音 /

视频会议,支持参会人员通过手机、电脑设备接入,不受时间、空间限制。

1)电话会议:支持从通讯录中选人创建会议,可以随时进行踢出、静音、添加成员等管理操作;支持会议过程中进行文字、图片、文档共享等互动交流;支持与传统的电话会议终端对接;支持电话会议中接入普通电话。

2)视频会议:高清画质,稳定流畅,支持根据网络带宽情况自动传输不同质量的视频;支持开会时共享屏幕和文件。

5. 安全云盘

该应用提供专业的文件加密、可靠的文件存储、高效的共享协作和安全的跨网传输等数字资产管控服务;采用国家密码管理局认证的商用密码算法实现加密存储和传输,有效防止电子化数据在应用过程中泄密,保障文件在传输、存储、流转等全生命周期中的安全。

1)加密存储:通过资深安全专家团队精心设计,基于国家商用密码整体解决方案对数据加密存储,有效保障云盘存储的安全性、可靠性和性能。

2)数据去重:在用户上传、复制、发送时,通过加密文件快速查重引擎优化文件存储方式,避免相同数据重复存储而产生空间浪费问题。

3)文件管理:支持文件上传、下载、导出、搜索、分享等,支持多级审批、版本管理、文件访问控制、文件回收站等。

6. 安全防护

(1)身份认证安全

该应用支持通过口令和短信验证码进行用户身份认证;客户端支持应用锁,只允许合法用户使用;管理员只有通过证书认证方式登录 VPN 网关,才能对通信系统进行配置管理。

(2)网络传输安全

客户端与即时通信服务器端之间建立基于 SSL 的安全传输通道,实现通信双方的身份认证、数据传输加密,以及数据在传输过程中的机密性和完整性保护。

(3)应用数据安全

1)信源加密机制:采用商用密码算法对应用数据做信源加密处理,可不依赖传输层和网络层安全机制实现即时消息和 VoIP 语音内容的加密保护。

2）密码配用：采用国产商用密码算法 SM2、SM3、SM4 对应用数据进行加解密处理。

3）密钥保护：采用多层次密钥保护机制来保证密钥参数和业务数据安全，采用"一群组一密钥""一消息一密钥""一电话一密钥"等机制实现即时消息、VoIP 电话数据的机密性和完整性保护，有效防御非法用户进行窃听、仿冒、篡改、重放等操作。

在初始化密码参数时，使用根密钥保护密钥保护密钥；在密钥分配过程中，使用密钥保护密钥保护存储保护密钥；在即时消息群组通信过程中，使用密钥保护密钥保护群组密钥。

在即时通信加密业务中，使用群组密钥保护会话密钥，而会话密钥用于保护消息、文件或流媒体等业务数据。

在本地加密存储业务中，存储保护密钥保护用户本地存储数据，例如客户端收到的文件、图片、语音消息和短视频等。

7. 数据存储安全

（1）客户端

客户端采用商用密码算法对即时通信消息、图片、文件和音 / 视频进行存储加密。

（2）服务端

服务端建立基于角色的访问控制机制，严格控制对数据库的访问权限，并进行严格审计。

数据库配置了专用的文件加密控件，确保磁盘上的敏感数据不被恶意破解，造成信息泄露。

业务数据文件存放在分布式文件系统中，文件存储在不同的服务器组上，这些文件加密存储。

8. 管理安全

该应用通过"三员"分立方式——将管理人员分为系统管理员、安全保密管理员和安全审计管理员，使管理人员权力分离、相互制约，在管理上形成立体防护；记录管理员日志、用户日志，供必要时进行审计查阅和溯源。

14.9 安全合规性分析

在移动办公系统的安全合规性分析中，首要关注的是系统的全面安全规划和方案设计。这包括方案设计、无线安全接入、移动终端管理系统、移动密码服务平台、移动应用数据防泄露、统一身份认证、移动办公终端和安全管理等关键控制点。方案设计强调了密码技术的重要性，而无线安全接入通过 SSL VPN 网关实现了办公内网的安全接入。移动终端管理系统集中管理办公资源，结合 MDM、MAM、MCM 和安全沙箱技术，提供安全的移动办公平台。移动密码服务平台关注密钥的全生命周期管理，包括密钥生成、分发、存储等环节。移动应用数据防泄露通过安全沙箱实现数据隔离和保护。统一身份认证则通过数字证书和单点登录确保身份安全。移动办公终端从硬件到软件提供全面的安全保护。安全管理则通过用户管理和安全日志审计来维护系统安全。具体的等保要求对标见表 14-2。

表 14-2　等保要求对标

序号	控制点	产品	功能简述	等保要求
1	方案设计	移动办公系统安全整体规划和安全方案设计	设计内容应包含密码技术相关内容	安全通用要求 – 安全建设管理
2	无线安全接入	SSL VPN	基于传输加密、身份认证与访问控制，实现办公内网的统一安全接入	• 安全通用要求 – 安全通信网络 – 通信传输 • 安全通用要求 – 安全计算环境 – 身份鉴别、访问控制、数据完整性、数据保密性等 • 移动互联网安全拓展要求 – 安全区域边界
3	移动终端管理系统	针对办公终端、人员、应用、文档、配置等资源的统一集中管理平台	综合 MDM、MAM、MCM、安全沙箱等技术，打造商用级密码算法保护的安全移动办公平台，建立身份安全认证机制、终端安全管控机制和数据安全保护机制	移动互联网安全拓展要求 – 移动终端管控、移动应用管控
4	移动密码服务平台	密码应用支撑	对密钥进行全生命周期管理，包括密钥的生成、分发、存储、备份、更新、恢复、销毁等，实现移动智能终端密码模块的生成、灌装，并和密码中间件共同完成基于 SM2 算法的密码协同计算	• 安全通用要求 – 安全计算环境 • 安全运维管理 – 密码管理

（续）

序号	控制点	产品	功能简述	等保要求
5	移动应用数据防泄露	安全沙箱（本地加密存储）	标准沙箱库文件 SDK，对办公数据进行有效隔离和保护，建立安全隔离沙箱环境的软件	• 安全通用要求 – 安全计算环境 – 数据完整性、数据保密性等 • 安全通用要求 – 安全建设管理 – 移动应用软件开发和采购
6	统一身份认证	数字证书、单点登录	身份鉴别、应用单点登录服务、访问控制	安全通用要求 – 安全计算环境 – 身份鉴别、访问控制
7	移动办公终端	• 通用手机（沙箱隔离） • 安全手机（系统隔离）	从硬件到软件、从底层架构到上层应用、从端到云的闭环安全体系，提供办公应用在移动端可信运行环境，全面达到防窃听、防刷机、防泄密、防破解的安全目标	• 安全通用要求 – 安全区域边界 – 边界防护、可信验证 • 安全通用要求 – 安全计算环境 – 数据完整性、数据保密性、剩余信息保护、个人信息保护等 • 移动互联网安全拓展要求 – 移动终端管控、移动应用管控
8	安全管理	用户管理	具有 LDAP 和 CRL 代理功能，能够从内网的账号数据库及 CA 中，同步需要的账户及证书到安全接入区；具有安全日志记录和审计功能	安全通用要求 – 安全管理中心 – 系统管理、审计管理、安全管理、集中管控

　　密码应用需满足终端安全、信道安全、接入安全和服务端安全的具体密码应用要求。终端安全需支持数字证书的安装和运行，并采用 VPN 技术在公共网络上构建安全通道。信道安全需通过系统级或应用级 VPN 保护数据传输。接入安全需采用国家密码主管部门认可的密码算法，确保数据的完整性。服务端安全需通过安全沙箱为移动端应用提供可信环境，实现数据存储加密和防泄露。密码应用对标详情见表 14-3。

表 14-3　密码应用对标

序号	安全类别	密码要求	对应设计
1	终端安全	• 支持数字证书安装和运行，支持国家密码主管部门认可的密码算法。增强型要求：支持硬介质形式的数字证书 • 采用 VPN 技术，在公共网络上构建业务数据传输的安全通道。客户端启动时，VPN 应作为网络通信的唯一通道 • 在访问本地办公应用和本地业务数据之前，采用数字证书进行身份认证 • 业务数据与个人数据要隔离存储，且业务数据应加密存储	• 通用手机（逻辑隔离） • 专用安全（系统隔离）
2	信道安全	采用 VPN 技术，支持系统级或者应用级 VPN，办公应用启动时自动启动 VPN	基于 SSL VPN 传输加密、身份认证与访问控制，实现办公内网的统一安全接入

（续）

序号	安全类别	密码要求	对应设计
3	接入安全	• 支持国家密码主管部门认可的密码算法 • 密钥协商数据的加密保护采用 SM2 算法，报文数据的加密保护采用 SM4 算法，数据的完整性保护采用 SM3 算法 • 支持 SSL/TLS 或 IPSec 等网络安全协议	基于密码技术的统一支撑，对密钥进行全生命周期的管理，包括密钥的生成、分发、存储、备份、更新、恢复、销毁等，实现移动终端密码软模块的生成、灌装，并和密码中间件共同完成基于算法 SM2 的密码协同计算
4	服务端安全	• 支持国家密码主管部门认可的密码算法 • 通过安全沙箱为应用服务在移动端提供可信应用环境，实现数据存储加密、防泄露等	标准沙箱库文件 SDK，对办公数据进行有效隔离和保护，建立安全隔离沙箱环境的软件

第 15 章　Chapter 15

浏览器中的商用密码工程实践

浏览器作为现代互联网活动的核心入口，已经成为我们获取、交换和消费信息的主要途径。随着在线活动的增加，从简单的信息浏览到复杂的金融交易，浏览器所面临的安全威胁也随之增多。本章将深入探讨商用密码在浏览器中的工程实践，将向读者展示如何在浏览器中应用商用密码技术，内容从通用解决方案到具体的应用案例，包括技术架构和部署策略，揭示如何保护用户数据在浏览器中的安全与隐私。本章将为密码学研究者和工程师提供宝贵的技术参考，为广大的用户揭示浏览器背后的安全机制，助力用户在浏览器环境中实施高效、可靠的密码策略。

15.1　商用密码在浏览器中的应用场景

商用密码技术在浏览器应用中的重要性日益显著。随着全球信息安全挑战的增多，依赖外国加密算法已不再安全或可靠。我国已成功开发了一系列国产密码算法，如 SM2、SM3 和 SM4。它们不仅提供了数字签名、密钥交换、数据加密等功能，而且为构建信任的数字证书体系奠定了坚实基础。这些算法的发展和标准化促进了从国际化向国产化的平稳过渡，加强了我国信息系统的安全性和自主可控性。

在此背景下，研发支持 SM2、SM3 和 SM4 算法的浏览器显得尤为重要。这不仅能满足现有浏览器应用的安全需求，还能促进国产加密技术的广泛应用，提高产品的市场竞争力。此外，基于国产密码算法的安全浏览器能够加强我国网络信息安全，增强数据保护能力，减少信息泄露风险，对推动我国信息技术产业的自主创新和发展具有重要意义。

研发基于国产密码算法的安全浏览器迫在眉睫，关系到建设我国自主信任体系、提供虚拟技术能力、加固浏览器计算环境、增加浏览器安全特性、改善浏览器用户体验等。基于国产算法的浏览器将能够满足金融等关键领域的特定需求，提供安全可靠的客户端信息交互平台。同时，它将支持国产操作系统，与我国的网络信任体系和密码规范相兼容，提供更安全、高效的浏览体验。

目前，许多关键应用依然基于外国的密码技术和标准，导致安全隐患和信息保密风险提升。通过发展和推广基于国产密码技术的安全浏览器，我们可以在信息系统平台建设中实现更高程度的自主可控，为国家信息安全提供坚固的保障。推动商用密码在浏览器中的应用不仅是技术上的需求，也是国家安全的需求。国产密码技术能够有效提升我国网络信息安全保障水平，为国家信息化建设和数字经济的发展提供强有力的支撑。

15.2 浏览器中的商用密码通用解决方案

15.2.1 密码应用背景

2019 年 10 月 26 日，第十三届全国人民代表大会常务委员会第十四次会议表决通过《密码法》，于 2020 年 1 月 1 日起施行。该法规第二十七条规定，法律、行政法规和国家有关规定要求使用商用密码进行保护的关键信息基础设施，其运营者应当使用商用密码进行保护，自行或者委托商用密码检测机构开展商用密码应用安全性评估。

2019 年 12 月，国务院办公厅印发了《国家政务信息化项目建设管理办法》的通知，明确提出项目建设单位应当落实国家密码管理有关法律法规和标准规范的要求，同步规划、同步建设、同步运行密码保障系统并定期进行评估。

为了保障关键信息基础设施安全，维护网络安全，2021 年 4 月 27 日国务院第 133 次常务会议通过《关键信息基础设施安全保护条例》，自 2021 年 9 月 1 日起施行。

为了贯彻落实上述精神和安排部署，提升用户信息系统的自主可控和安全防护能力，我们可结合国家相关政策标准以及自身安全需求，尽快完成信息系统国密改造工作。

15.2.2　需求分析

为了保护应用系统中敏感数据传输的安全性，数据传输链路需要采用基于国密算法的 SSL 进行加密保护，防止数据在传输过程中被窃取、改变，确保数据的完整性。

信息系统具体需要具有以下特性。

- 支持国产密码算法 SM2、SM3、SM4。
- 可以实现基于国产密码算法的 SSL 链接功能。
- 支持我国网络自主信任体系。
- 支持我国密码相关的标准规范。
- 支持国产数字证书，并原生支持国内各大 CA 颁发的根证书及相应证书链。
- 支持基于国产密码算法（简称"国密算法"）的 USB Key 和 SSL VPN 网关等硬件设备。

15.2.3　建设目标及内容

国密算法的改造以及应用涉及信息系统中的多个技术环节，浏览器的商用密码解决方案主要是针对 SSL 安全链接进行国密算法的应用和改造，实现基于国密算法的安全链路传输加密。通过建设基于国密算法的浏览器，为政企用户的重要信息系统提供基于国密的 SSL 支持和改造服务。

15.2.4　技术路线及整体架构

为了解决业务系统在传输过程的安全问题，浏览器以 GB/T 39786—2021《信息安全技术信息系统密码应用基本要求》为指导，基于国密算法、技术、产品和服务，实现一整套国密应用安全解决方案。以国密算法的浏览器可作为客户端软件，与 SSL VPN 网关构建安全通道，完成支持国密算法的客户端、智能密码钥匙、国密证书、信息系统控件、SSL VPN 网关等各个国密改造产品的适配互通，提升重要信息系统的关键信息在全业务流程中的安全防护能力。同时，对于浏览器使用过程中频繁切换版本等问题，构建多应用管理服务支撑平台，以对所有应用系统安全、便捷地统一访问，实现对用户所有应用系统的统一管理、安全管控、策略下发等。多应用管理服务支撑平台采用标准的 B/S（Browser/Server）架构进行后台服务部署，提供方便的界面化操作，通过后台服务实现对浏览器的统一管理和策略下发。用户使用浏览器时，通过 SSL VPN 网关进行身份认证、加密传输，将安全数据传输到应用服务器中。

安全通道的建立遵循 GB/T 38636—2020《信息安全技术—传输层密码协议 (TLCP)》的要求，支持以基于 SM2 算法的 ECDHE 和基于 SM2 算法的数字信封方式进行密钥交换，通过使用 SM4 算法进行数据加密和解密，实现数据传输的机密性，并通过使用 SM3 算法进行数据校验，实现数据传输的完整性。

此架构提供整体的软件安全加固能力，一是浏览器自身的安全加固，提供防逆向、防篡改、防静态反编译、防 SQL 代码注入、浏览器漏洞修复、动态漏洞查扫、静态漏洞查扫等安全加固功能；二是浏览器内容的安全加固，提供页面的防打印、防下载、防复制，页面内容的加密保护、缓存安全、隐式水印，插件白名单数据库等加固功能。

浏览器主要由浏览器内核、安全防护体系和浏览器 UI 构成，后台建立多应用管理服务支撑平台。安全防护体系分为 3 层：系统层、浏览器层和网络数据传输层，对浏览器业务场景进行全生命周期的安全保护。多应用管理服务支撑平台提供用户安全管理、配置管理、证书升级管理、用户角色分配及访问管控服务，同时为用户提供自动升级服务，实现相关控件、驱动等的自动升级，提升工作便利性。

本架构设计涉及以下具体目标。

1）设计浏览器，集成适配业务系统的统一入口、无须配置复杂的使用环境，一键安装、一键使用，大幅提高业务系统的易用性。

2）支持国密 SSL 通道，保证数据传输安全，采用自主、安全、可控的国密算法来提高业务系统的安全性。

3）建设多应用管理服务支撑平台，为浏览器提供支持服务，实现对在专属安全客户端上使用的用户内部业务应用网络中所有应用系统的统一管理、安全管控、策略下发；通过管理端控制客户端消息推送、文本公告、信息统计、升级管理、权限管理等；实现对分散的多种业务系统进行整合，统一管理，并集成适配各业务系统，实现一次打包、一键安装，大幅提高应用系统易用性，大大减少运维人员的工作量和运维成本，为用户打造专用、省心、安全的办公环境。

4）设计用户应用系统开发标准规范，解决浏览器碎片化、操作系统碎片化、业务系统之间的兼容性问题。

5）设计系统后台自动升级服务，实现业务系统相关控件、驱动等的自动升级，提升工作便利性。

此方案总体设计如图 15-1 所示，技术路线如下。

（1）基于国密算法的 SSL 协议

全面支持国密 SSL 协议和国际 SSL（SSL3.0、TLS1.0、TLS1.1、TLS1.2）协议，可以根据服务器支持的协议类型进行自适应切换。

支持国密算法 ECC_SM2 单向、ECC_SM2 双向、ECDHE_SM2 双向 SSL 协议。

（2）基于国密算法的 PKI

在基于国密算法的 PKI 中，所有的密码算法均使用国密算法，主要包括对称算法 SM1/SM4、非对称算法 SM2 和 Hash 算法 SM3。

（3）基于浏览器密码应用接口

遵循 GM/T 0087—2020《浏览器密码应用接口规范》，通过浏览器原生支持 JavaScript 密码应用接口，解决浏览器应用和数据安全问题。

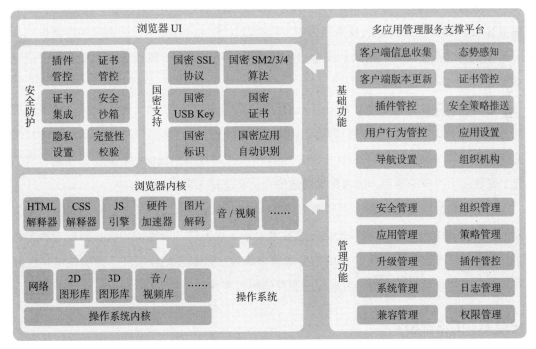

图 15-1　方案总体设计

（4）基于 Web Service 开发

Web Services 可以令用户控制要获取信息的内容、时间、方式，而不必像现在这样在无数个信息孤岛中浏览，去寻找自己所需要的信息。

（5）采用 B/S 结构

B/S 结构即浏览器和服务器结构，它随着互联网技术兴起，是对客户端和服务器（C/S）结构的改进。

15.2.5　标准符合性

浏览器符合 GB/T 39786—2021《信息安全技术 信息系统密码应用基本要求》中第三级别的网络和通信安全层面密码的应用要求。

在网络和通信安全层面，浏览器采用国密 SSL 协议实现远程访问系统的传输通道加密，对通信实体进行身份鉴别，保证通信实体身份的真实性、通信过程中数据的完整性、通信过程中重要数据的机密性、网络边界访问控制信息的完整性；同时，支持 SSL 单向及双向连接，为用户提供国密算法应用及改造服务，解决 SSL 握手过程中的算法问题；基于 SM2、SM3、SM4 算法及系列国家密码标准，支持国密网站、国密应用自动识别及国密标识展现；包含密码模块和安全协议模块两部分，实现对国密算法和安全协议的完整支持。

在设备和计算安全层面，浏览器采用符合 GM/T 0027—2014《智能密码钥匙技术规范》、GM/T 0028—2014《密码模块安全技术要求》、GM/T 0023—2023《 IPSec VPN 网关产品规范》、GM/T 0025—2014《 SSL VPN 网关产品规范》规范的智能密码钥匙、浏览器实现登录用户身份鉴别、远程管理通道安全、日志记录完整性的保护。

在应用和数据安全层面，浏览器采用符合 GM/T 0027—2014《智能密码钥匙技术规范》、GM/T 0028—2014《密码模块安全技术要求》规范的智能密码钥匙、网银专属客户端、多应用管理服务支撑平台提供数据加解密服务、数据完整性服务、数据抗抵赖性服务，实现用户登录身份鉴别、数据传输和存储的机密性与完整性保护。

15.2.6　网络部署

图 15-2 展示了商用密码在浏览器环境中的具体部署方式，描绘了各个组件之间的关

系和交互，而且标明了数据流和控制流，为理解整个系统的工作方式提供了全面视角。通过图 15-2，读者可以更清晰地理解商用密码在浏览器中的实际应用。

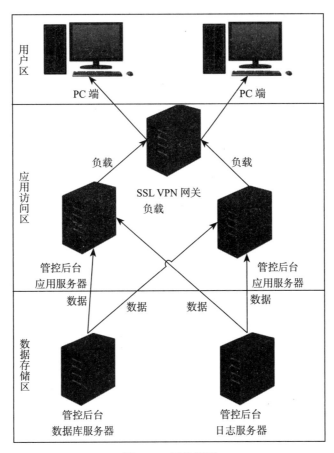

图 15-2　网络部署

15.3　案例 1：网银国密改造

15.3.1　项目背景

随着互联网的发展，计算机操作系统与各大浏览器不断升级更新，一些浏览器兼容问题也随之凸显，导致网银部分功能无法正常使用，影响用户体验。众多兼容问题极大地增加了开发人员的维护工作量，直接增加了维护成本。为实现网银国密改造，同时提高浏览器兼容性，简化用户烦琐的网银环境安装，该项目集成网银助手、预处理软件、网盾驱动、网页版网银服务等，实现用户一键安装网银客户端即可享受银行在线金融服务，提升用户体验，促进业务稳定、持续发展。

15.3.2 项目建设内容

项目建设包含以下内容。

1）建设网银专属客户端。集成网页版网银服务、预处理软件、网银助手、网盾驱动、密码控件、签名控件、网盾管理工具、环境设置等，统一入口，无须配置复杂的使用环境，即可实现用户一键安装、一键使用，解决浏览器兼容问题，大幅提高网银系统的易用性。

2）建立 SSL 安全通道。支持国际通用 SSL 和国密 SSL 双通道，自动识别，根据预定规则优先选择接入指定通道，保证数据传输安全，采用自主、安全、可控的国密算法提高网银系统的安全性。

3）建立预处理软件。通过对接网银系统，实现经过预处理软件编辑的文本能够上传至网银的目的。

4）建立网银助手。通过网银环境一键检测、一键修复、一键升级功能来确保客户端登录环境的安全性。

5）建立企业网银服务管理系统。通过网银客户端升级、网银助手升级、快捷入口管理、帮助中心管理、客户端信息收集、数据统计分析、公告消息管理等功能，实现与银行现有系统的整合。

6）构建网银系统专属安全客户端应用开发标准规范。解决浏览器碎片化、操作系统碎片化、业务系统之间的兼容问题。

15.3.3 项目特色

该项目支持多操作系统版本，包括 Windows XP、Windows VISTA（32 位、64 位、管理员权限）和 Windows 7（32 位、64 位、管理员权限）操作系统、Windows 8（32 位、64 位）、Windows 10（32 位、64 位）等。

该项目支持多种分辨率展示，包括支持 1920×1080、1440×900、1600×900、

1366×768、1280×1024 等主流分辨率。

15.3.4　用户收益

用户可以获得以下收益。

1）满足国密改造相关要求，实现对国家密码管理局指定算法的支持。

2）符合 JR/T0092《移动金融客户端应用软件安全管理规范》、JR/T0068《网上银行系统信息安全通用规范（2020 版)》等监管部门发布的安全规范和其他要求。

3）解决浏览器碎片化问题。

4）具备客户端信息实时统计、在线更新、网址管控等能力。

15.4　案例 2：国密浏览器改造项目

15.4.1　项目背景

为了实现安全可控的软件生态，降低桌面终端整体迁移成本，该项目采购了国产浏览器软件授权和相关管理服务软件，并启动了针对应用系统的浏览器改造集成服务。

许多用户办公和业务都需要通过浏览器来访问业务系统，其中 IE 浏览器使用数量占 8 成。这些业务系统在开发时也是以 IE 浏览器为目标进行的。微软公司已于 2022 年 6 月 15 日宣布 IE 浏览器停服，这带来了安全与技术迭代双重问题；同时，安全终端替代工作正在大力推进，按要求需替换为安全浏览器，因而需要采购新的安全浏览器产品。

另外，用户大多数业务系统是 B/S 架构，且以 IE 为目标浏览器进行开发，有的业务系统由于采用的目标浏览器版本较低还需要开启兼容模式。这些业务系统开发语法偏向于 IE 风格而不符合 W3C 规范，会导致存在页面布局与样式错乱、按钮无响应、控件失效等较多浏览器兼容问题；且由于使用了 IE 独有的 ActiveX 控件，在特定终端环境下的浏览器往往无法正常使用，需要进行插件替代或去插件化。因而，该项目需要开展针对业务系统的浏览器兼容适配工作。为了提高浏览器的兼容适配效率，该项目计划以试点的方式进行，采用标准化改造方案和批量适配辅助工具，继而大范围推广，完成一批系统的浏览器兼容适配。

再者，特定终端环境下的浏览器策略、插件等的管控目前需要单台机器逐个配置，也亟待后台统一管理。针对用户所有内网、外网终端设备，要逐步完成安全可信浏览器的全替代。

15.4.2 项目建设内容

项目建设内容如下。

1）针对 SSL 安全链接进行基于国密算法的改造，实现基于国密算法的安全链路传输加密；通过建设基于国密算法的浏览器，为用户的重要信息系统提供基于国密算法的 SSL 支持和改造服务。

2）针对国产信息化支撑平台中存在的网络应用安全、浏览器安全保障、交互服务实时可靠等挑战，结合浏览器前沿技术，建设基于国密算法的自主信任服务体系与自主可控平台的浏览器软件。

3）建立安全可控的浏览器集中管控平台，实现多应用的统一管理、统一服务、管理系统设置、网址兼容配置、客户端行为管控、客户端安全管理、企业组织管理、插件扩展管理、统一安全管控，实现浏览器客户端软件的统一升级、消息推送等功能应用。

4）完成或指导甲方相关人员完成应用系统前端适配工作，配合解决业务系统的浏览器替代或改造问题，以应用创新为牵引，实现安全可靠软硬件设备和系统关键技术创新的群体突破，彻底解决关键信息系统的安全可靠问题。

15.4.3 项目特色

项目具有以下特色。

1）采用当时最新浏览器内核。

2）提供五年驻场运维工作。

3）配合完成 150 套业务系统的适配、改造、集成及迁移工作。

4）提供兼容性检测工具。

5）配合完成相关课题任务、验收等工作。

15.4.4 用户收益

用户获得以下收益。

1）符合 GB/T 39786—2021《信息安全技术信息系统密码应用基本要求》。

2）符合 GM/T 0087—2020《浏览器密码应用接口规范》。

3）符合 GM/T 0115—2021《信息系统密码应用测评要求》。

4）符合 GM/T 0116—2021《信息系统密码应用测评过程指南》。

5）符合 GM/T 0028—2014《密码模块安全技术要求》。

6）采用安全浏览器产品完成替代任务。

7）解决部分 IE 导致的页面布局与样式错乱、按钮无响应、控件失效等较多浏览器兼容问题。

第 16 章

商用密码法律法规与标准规范

在密码技术的实践应用中，法律法规和标准规范起到了关键性的作用。它们为商用密码的研究、开发和应用提供了明确的指导和约束。本章将带领读者深入探讨各种与商用密码相关的法律法规和标准规范。从我国《密码法》的出台到具体的实施，再到国际上的 ISO/IEC 标准、NIST 标准等，本章将为读者提供了一个全面的学习视角，帮助读者了解在全球范围内商用密码的法律和标准背景。此外，本章将重点探讨我国的密码标准，理解其在国内外环境中的位置和作用。希望通过本章的学习，读者能够对商用密码的法律法规和标准规范有深入的理解，为实际的商用密码研究、开发和应用提供坚实的基础。

16.1 商用密码法律法规

2019 年 10 月 26 日，《密码法》颁布，于 2020 年 1 月 1 日实施。《密码法》确立了"党管密码"的根本原则，要求密码工作坚持总体国家安全观，遵循统一领导、分级负责，创新发展、服务大局，依法管理、保障安全的原则。本节首先介绍《密码法》实施前我国商用密码法律法规体系，让读者了解我国商用密码发展的历史；然后介绍《密码法》实施后商用密码法律法规体系的有关情况。

《密码法》是我国密码领域的第一部法律，这是构建国家安全法律制度体系的重要举措，是维护国家网络空间主权安全的重要举措，是推动密码事业高质量发展的重要举措。

我国商用密码法律法规体系包括《密码法》实施前的商用密码法律法规体系和基于
《密码法》的法律法规体系。

16.1.1 《密码法》实施前的商用密码法律法规体系

随着我国改革开放的不断深入和社会主义市场经济体制的逐步建立，社会经济活动
信息化进程不断加快，国家经济、文化及社会管理等方面的有价值信息面临的安全问题
日益突出。一方面，商用密码是保护信息安全的可靠技术手段，采用商用密码保护敏感
信息是时代需要。另一方面，商用密码本身属于"两用物项"，需要严格管理和控制，任
由无序开发、生产和经营，或者盲目引进，会造成使用和管理混乱，留下诸多隐患，不
利于保护国家利益及公民、法人和其他组织的合法权益。为此，党中央决定，大力推进
商用密码应用，加强商用密码管理，确定"统一领导，集中管理，定点研制，专控经营，
满足使用"的商用密码管理方针，并明确提出商用密码发展和管理方面的政策、原则和
措施，为商用密码的发展和管理指明方向。

国务院于 1999 年颁布《商用密码管理条例》，将党中央、国务院关于商用密码工作
的方针、政策和原则以国家行政法规的形式确定下来。《商用密码管理条例》是我国密码
领域的第一部行政法规，也是首次以国家行政法规形式明确了商用密码定义、管理机构
和管理体制，同时对商用密码科研、生产、销售、使用、安全保密等方面做出了规定。

商用密码管理的总体原则有两个。一是党管密码。密码管理工作直接关系到国家的
政治安全、经济安全、国防安全和信息安全。党和国家历来高度重视机要密码工作，将
商用密码作为机要密码的重要组成部分，强调必须遵从"党管密码"这个总体原则，贯
穿到商用密码管理各项工作。二是依法行政。国务院于 2004 年发布《全面推进依法行政
实施纲要》，提出依法行政的六项基本要求，即合法行政、合理行政、程序正当、高效便
民、诚实守信、权责统一。这六项基本要求是对我国依法行政实践经验的总结，集中体
现了依法行政重在治官、治权的内在精髓。全面推进依法行政就是要使政府的权力、政
府的运行、政府的行为和活动，都以《宪法》和其他法律为依据，都受《宪法》和其他
法律的规范和约束，确保行政法规、政府规章、规范性文件和政策性文件同《宪法》和
其他法律保持统一和协调，形成职责权限明确、执法主体合格、适用法律有据、救济渠
道畅通、问责监督有力的政府工作机制。密码管理是国家行政管理的组成部分，国家密

码管理部门承担着依据《商用密码管理条例》管理全国商用密码的职责。因此，在商用密码管理中，我们必须严格按照《全面推进依法行政实施纲要》提出的依法行政的六项基本要求，创新管理方式，提高行政管理效能，做到依法、公开行政，并在管理过程中体现服务理念。

在《密码法》实施前，商用密码管理依据的法律法规主要包括：一部涉及规范多项密码管理工作的法律、一部行政法规、9 个专项管理规定及若干规范性文件。法律法规体系如图 16-1 所示。

1）"一部涉及规范多项密码管理工作的法律"是指《电子签名法》。该法赋权国家密码管理局对电子认证服务使用密码的行为依法实施管理。

2）"一部行政法规"是指《商用密码管理条例》，由国务院于1999 年 10 月颁布实施。该法规赋予国家密码管理局对商用密码

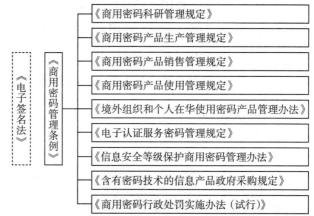

图 16-1 《密码法》实施前的商用密码法律法规体系

产品的研发、生产、销售和使用实行专控管理。《商用密码管理条例》总则规定：国家密码管理委员会及其办公室主管全国的商用密码管理工作。省、自治区、直辖市负责密码管理的机构根据国家密码管理机构的委托，承担商用密码的有关管理工作。2005 年，经中央机构编制委员会批准，国家密码管理委员会办公室正式更名为国家密码管理局。2008 年，国务院发布《国务院关于部委管理的国家局设置的通知》（国发〔2008〕12 号），国家密码管理局作为部委管理的国家局列入国务院机构序列，负责全国的商用密码管理工作。2018 年，《中共中央关于深化党和国家机构改革的决定》指出，国家密码管理局与中央密码工作领导小组办公室是一个机构两块牌子，列入中共中央直属机关的下属机构序列。

国家密码管理局对商用密码管理职责是：负责草拟商用密码管理政策法规，拟定商用密码发展规范和商用密码具体管理规定，指导各省（自治区、直辖市）、中央和国家机关有关部门的商用密码管理工作；负责商用密码技术、重大项目、科研成果与奖励、密

码基金、国家电子认证根 CA 的管理工作，组织商用密码重大项目实施、科研成果审查鉴定；负责密码行业标准管理工作，对口联系密码行业标准化技术委员会和全国信息安全标准化技术委员会密码工作组；负责商用密码产品、服务、检测（测评）、电子认证服务使用密码许可的审批，以及电子政务电子认证服务机构资质认定和管理等工作；负责商用密码应用推进、宣传培训、试点示范、安全性评估等工作；负责组织实施商用密码监督检查和执法工作，依法开展商用密码事中事后监管，受理投诉举报，组织查处和督办商用密码违法违规案件，承办商用密码监督执法协作机制联席会议办公室日常工作；负责商用密码政务公开，组织拟订涉外答复口径；负责商用密码算法、产品和密码系统检测及认证工作；负责指导全国学术性密码研究，管理有关密码理论研究项目。

3）"九个专项管理规定"是指《商用密码科研管理规定》《商用密码产品生产管理规定》《商用密码产品销售管理规定》《商用密码产品使用管理规定》《境外组织和个人在华使用密码产品管理办法》《电子认证服务密码管理办法》《信息安全等级保护商用密码管理办法》《含有密码技术的信息产品政府采购规定》《商用密码行政处罚实施办法（试行）》。这九个专项管理规定是国家密码管理局根据法律法规的授权，以及商用密码管理工作的现实需要制定的，分别对商用密码科研、生产、销售、使用、行政处罚等行为做出了详细规定。

4）"若干规范性文件"是指国家密码管理局以通知的形式发布的一些规范性文件，包括《关于加强通信类密码产品管理的通知》等，以及国务院其他部门与国家密码管理部门联合制定的、涉及密码管理的相关法规，如公安部 2007 年 43 号文《信息安全等级保护管理办法》。

5）密码相关标准规范也是国家密码管理部门对密码依法依规依标准管理的重要内容。这些标准规范都是在业内专家和相关企业广泛参与的基础上制定的，是商用密码技术管理的基本依据。此外，《商用密码应用安全性评估管理办法》正在试行，这是一部全面规范商用密码应用安全性评估工作，推动形成商用密码应用安全性评估体系的重要制度性文件。

党的十八大以来，国家密码管理局推进"放管服"改革，加快行政审批取消下放和中介服务、证明事项清理规范进度。经国务院批准，取消"商用密码科研单位审批"等 7 项审批事项，取消"商用密码产品生产单位财务审计"等 7 项中介服务事项，取消全部 23 项证明事项，废止了《商用密码产品销售管理规定》《商用密码使用管理规定》和《境外组织和个人在华使用密码产品管理办法》。同时，加强事中事后监管。截至《密码法》实施前，行政审批事项和监管事项形成了两个清单，包括 8 项行政审批事项和 18 项监管事项。

（1）8 项行政审批事项

1）商用密码科研成果审查鉴定。

2）商用密码产品品种和型号审批。

3）商用密码产品质量检测机构审批。

4）密码产品和含有密码技术的设备进口许可。

5）商用密码产品出口许可。

6）电子认证服务使用密码许可。

7）信息安全等级保护商用密码测评机构审批。

8）电子政务电子认证服务机构认定。

（2）18 项监管事项

1）对商用密码产品生产单位的监管。

2）对生产商用密码产品的监管。

3）对商用密码产品销售单位的监管。

4）对销售商用密码产品的监管。

5）对境外组织和个人在华使用进口的密码产品或者含有密码技术的设备的监管。

6）对外商投资企业使用进口的密码产品或者含有密码技术的设备的监管。

7）对进口密码产品和含有密码技术的设备的监管。

8）对出口商用密码产品的监管。

9）对商用密码产品质量检测机构的监管。

10）对信息安全等级保护商用密码测评机构的监管。

11）对使用商用密码产品的监管。

12）对商用密码产品科研、生产、销售、运输、保管的安全、保密措施的监管。

13）对非法攻击商用密码，利用商用密码危害国家的安全和利益、危害社会治安或者进行其他违法犯罪活动的监管。

14）对泄露商用密码技术秘密、非法攻击商用密码或者利用商用密码从事危害国家的安全和利益的活动的监管。

15）对信息安全等级保护中使用商用密码的监管。

16）对电子认证服务使用密码的监管。

17）对电子政务电子认证服务机构的监管。

18）对使用电子政务电子认证服务的监管。

16.1.2　基于《密码法》的商用密码法律法规体系

《密码法》是密码领域的综合性、基础性法律，也是一部技术性、专业性较强的专门法律。《密码法》以法律的形式明确了党管密码的根本原则，确立了密码工作领导和管理体制，明确了密码分类管理原则以及核心密码、普通密码、商用密码管理的各项制度措施，为保障网络与信息安全，维护国家安全、社会公共利益，以及公民、法人和其他组织的合法权益提供了坚实有力的法律保障，为构建系统完备、科学规范、运行高效的密码法律制度体系奠定了基础。

《密码法》重塑了全新的具有中国特色的商用密码管理体系。在商用密码管理上《密码法》实现了 3 个重要创新：一是创新商用密码使用环节监管，提出商用密码应用安全性评估；二是统筹考虑商用密码管理的市场导向与国家安全保障需要，实行商用密码检测认证机制；三是进一步推动商用密码市场高水平开放，保护外资合法权益，促进内外资企业公平竞争。

1.《密码法》

（1）《密码法》的立法精神

《密码法》立法既注意总结我国密码管理中形成的一系列好传统、好经验、好做法，又适应新情况、新问题、新挑战，改革重塑了现行相关管理制度，体现了继承发展、守正创新精神，具体如下。

第一，坚持党管密码和依法管理相统一。党管密码原则是密码工作长期实践和历史经验的深刻总结，密码工作大政方针必须由党中央决定，密码工作重大事项必须向党中央报告。《密码法》规定，坚持中国共产党对密码工作的领导，旗帜鲜明地把党管密码这一根本原则写入法律，同时明确中央密码工作领导机构统一领导全国密码工作。这是《密码法》最根本性的规定。随着全面依法治国基本方略的深入实施，依法管理已经成为党管密码的基本方式和内在要求。只有坚持党管密码，才能保证密码管理沿着正确的方向不偏离、不走样。只有依靠依法管理，才能将党管密码的具体制度纳入法治化轨道。

第二，坚持创新发展和确保安全相统一。安全是发展的前提，发展是安全的保障。《密码法》依法确立了促进密码事业发展的一系列制度措施，努力为密码科技创新、产业发展和应用推广营造良好环境。同时要看到，密码作为一种典型的"两用物项"，用得好会造福社会，用得不好或者被坏人利用，就可能给党和国家利益带来不可估量的损失。因此，《密码法》明令禁止任何组织或者个人窃取他人加密保护的信息、非法侵入他人的密码保障系统，或者利用密码从事危害国家安全、社会公共利益、他人合法权益等违法犯罪活动。

第三，坚持简政放权和加强监管相统一。党的十九大报告指出，转变政府职能，深化简政放权，创新监管方式。《密码法》明确了密码分类管理原则，规定核心密码、普通密码用于保护国家秘密信息，由密码管理部门实行严格统一管理。在商用密码管理方面，充分体现职能转变和"放管服"改革要求，充分体现非歧视原则，大幅削减行政许可事项，进一步放宽市场准入，对国内外产品、服务以及内外资企业一视同仁，规范和加强事中事后监管，切实为商用密码从业单位松绑减负。

（2）《密码法》的主要内容

《密码法》是在总体国家安全观框架下，国家安全法律体系的重要组成部分。《密码法》共五章四十四条，重点规范了以下内容。第一章总则部分规定了立法目的、密码工作的基本原则、领导和管理体制，以及密码发展促进和保障措施。第二章核心密码、普通密码部分规定了核心密码、普通密码使用要求，安全管理制度以及国家加强核心密码、普通密码工作的一系列特殊保障制度和措施。第三章商用密码部分规定了商用密码标准化制度、检测认证制度、市场准入管理制度、使用要求、进出口管理制度、电子政务电子认证服务管理制度以及商用密码事中事后监管制度。第四章法律责任部分规定了违反本法相关规定应当承担的相应的法律后果。第五章附则部分规定了国家密码管理部门的规章制定权，解放军和武警部队密码立法事宜以及本法的施行日期。

根据《中华人民共和国立法法》的规定，《密码法》比《商用密码管理条例》立法程序更严、效力位阶更高、适用范围更广。《密码法》的颁布实施必将使商用密码法律法规体系更加系统完善，为商用密码规范化管理提供强有力的法治保障。

2. 新修订《商用密码管理条例》

新修订《商用密码管理条例》(以下简称新修订《条例》)于 2023 年 4 月 14 日经国务院第 4 次常务会议通过,于 5 月 24 日公布,自 2023 年 7 月 1 日起施行。新修订《条例》重点规定了以下内容。

一是完善商用密码管理体制。新修订《条例》规定县级以上密码管理部门负责管理相应行政区域的商用密码工作;网信、商务、海关、市场监督管理等有关部门在各自职责范围内负责商用密码有关管理工作;明确密码管理部门和有关部门开展商用密码监管的职权、协作配合、保密义务以及信用监管、举报等制度机制。

二是促进商用密码科技创新与标准化建设。新修订《条例》规定建立健全商用密码科技创新促进机制,保护商用密码领域的知识产权,鼓励支持商用密码科技成果转化和产业化应用。优化现行商用密码科研成果审查鉴定审批的适用范围。明确商用密码标准的制定、实施及监督检查。

三是健全商用密码检测认证体系。新修订《条例》明确推进商用密码检测认证体系建设,鼓励在商用密码活动中自愿接受商用密码检测认证。明确商用密码检测、认证机构资质审批条件、程序及从业规范。明确涉及国家安全、国计民生、社会公共利益的商用密码产品与使用网络关键设备和网络安全专用产品的商用密码服务应当检测认证合格。

四是加强电子认证服务使用密码和电子政务电子认证服务活动管理。新修订《条例》明确电子认证服务使用密码要求和使用规范。明确电子政务电子认证服务机构资质审批条件、程序及从业规范。明确建立电子认证信任机制,推动电子认证服务互信互认。

五是规范商用密码进出口管理。新修订《条例》根据《密码法》关于商用密码进出口的规定和国家出口管制、两用物项进出口管理制度,明确商用密码进口许可和出口管制实行清单管理,并规定了审批程序。

六是促进商用密码应用。新修订《条例》鼓励公民、法人和其他组织依法使用商用密码保护网络与信息安全,支持网络产品和服务使用商用密码提升安全性。明确关键信息基础设施的商用密码使用要求和国家安全审查要求。

新旧《条例》主要变化有以下几个方面。

(1)确立法律位阶,落实"放管服"改革

《条例》1999 年版的颁布时间早于《密码法》,因此并未明确规定上位法依据。由于

《密码法》的颁布实施，商用密码管理作为我国密码管理中的组织部分，其管理规范以《密码法》为上位法也是应有之义。而且，新修订《条例》重点规定的检测认证、电子认证、进出口管理制度也与《密码法》相关内容相互呼应，进一步落实了《密码法》的管理要求。

根据《密码法》确立的密码领域职能转变和"放管服"改革，在立法宗旨上，新修订《条例》更加突出促进商用密码事业发展的目的。新修订《条例》以专章规定"科技创新与标准化""应用与促进"等内容，体现了促进商用密码事业发展的立法目的。同时，相较于《条例》1999年版，新修订《条例》将"维护国家安全和社会公共利益"放在"保护公民、法人和其他组织的合法权益"之前，强调对国家安全和社会公共利益的保护。

（2）确立多级管理和专项管理机制

《条例》1999年版对密码管理实行的是国家和省级两级管理体制，第4条规定：国家密码管理委员会及其办公室（以下简称国家密码管理机构）主管全国的商用密码管理工作。省、自治区、直辖市负责密码管理的机构根据国家密码管理机构的委托，承担商用密码的有关管理工作。

新修订《条例》遵循《密码法》，确定了"多级管理＋专项管理"的体制，即国家密码管理部门负责管理全国的商用密码工作。县级以上地方各级密码管理部门负责管理本行政区域的商用密码工作。网信、商务、海关、市场监督管理等有关部门在各自职责范围内负责商用密码有关管理工作。

（3）商用密码范围再界定

在我国现行密码管理体系下，密码分为核心密码、普通密码和商用密码。其中，核心密码、普通密码用于保护国家秘密信息，商用密码用于保护不属于国家秘密的信息。《条例》1999年版第2条规定："本条例所称商用密码，是指对不涉及国家秘密内容的信息进行加密保护或者安全认证所使用的密码技术和密码产品。"这里的商用密码主要是指商用密码技术和商用密码产品。

《密码法》进一步扩展了密码的范围与边界，将"服务"纳入密码的范围，因此新修订《条例》遵循《密码法》的立法思路，不仅规制"商用密码技术和商用密码产品"，也将"商用密码服务"纳入规制范围："本条例所称商用密码，是指采用特定变换的方法对不属于国家秘密的信息等进行加密保护、安全认证的技术、产品和服务。"

（4）细化商用密码检测认证制度

随着《密码法》的出台，我国商用密码产品的管理制度经历了"审批制"到"检测认证制"的过程。《密码法》对商用密码认证检测分为 3 部分：一是强制检测认证，对于涉及国家安全、国计民生、社会公共利益的商用密码产品，应被依法列入网络关键设备和网络安全专用产品目录，由具备资格的机构检测认证合格后，方可销售或者提供；二是自愿检测认证，对于不涉及国家安全、国计民生、社会公共利益的商用密码产品，鼓励商用密码从业单位自愿接受商用密码检测认证，提升市场竞争力；三是商用密码服务使用网络关键设备和网络安全专用产品的，应当经商用密码认证机构对该商用密码服务认证合格。新修订《条例》秉承《密码法》上述要求，更为重要的是对商用密码产品检测与认证机构的资质要求、申请流程等进行了规定。

（5）电子认证服务规范化

新修订《条例》规定了电子认证服务和电子政务电子认证服务的内容。新修订《条例》规定采用商用密码技术提供电子认证服务所应具备的条件。新修订《条例》第二十四条指出："采用商用密码技术从事电子政务电子认证服务的机构，应当经国家密码管理部门认定，依法取得电子政务电子认证服务机构资质。"同时，新修订《条例》也规定了取得电子政务电子认证服务机构资质应具备的条件以及资质申请流程等。

（6）进出口清单制度

随着《密码法》的出台，我国对于商用密码进出口从"批准制"转变为"进口许可清单和出口管制清单制度"。新修订《条例》进一步落实《密码法》的要求，规定了商用密码进口许可和商用密码出口管制要求。新修订《条例》第三十一条指出："涉及国家安全、社会公共利益且具有加密保护功能的商用密码，列入商用密码进口许可清单，实施进口许可。涉及国家安全、社会公共利益或者中国承担国际义务的商用密码，列入商用密码出口管制清单，实施出口管制。商用密码进口许可清单和商用密码出口管制清单由国务院商务主管部门会同国家密码管理部门和海关总署制定并公布。"

（7）应用促进明确与等保和关基的关系

在《等保 2.0》标准体系下，不同等级的网络在使用密码技术和密码产品上有不同的要求。新修订《条例》第四十一条指出："网络运营者应当按照国家网络安全等级保护制度要求，使用商用密码保护网络安全。"由于《等保 2.0》国家标准仅为推荐性标准，并不具备强制力，新修订《条例》将网络安全等级保护的推荐性要求上升为具有强制力的国家规范。

新修订《条例》第三十八、第三十九、第四十条均对关键信息基础设施密码应用进行了规定和说明。新修订《条例》指出，法律、行政法规和国家有关规定要求使用商用密码进行保护的关键信息基础设施，其运营者应当使用商用密码进行保护，制定商用密码应用方案，配备必要的资金和专业人员，同步规划、同步建设、同步运行商用密码保障系统，自行或者委托商用密码检测机构开展商用密码应用安全性评估。同时，使用的商用密码产品、服务应当经检测认证合格，使用的密码算法、密码协议、密钥管理机制等商用密码技术应当通过国家密码管理部门审查鉴定。

（8）监督管理创新

相较于《条例》1999年版注重事前审批的管理，新修订《条例》顺应"放管服"，转化监管思路。监管思路转变的突出标志之一就是加强监管检查的内容，新修订《条例》第四十五条对其进行了相关规定和说明。而且，新修订《条例》着力推进商用密码监督管理与社会信用体系相衔接，依法建立推行商用密码经营主体信用记录、信用分级分类监管、失信惩戒以及信用修复等机制。

总体上，新修订《条例》与《条例》1999年版相比，在结构、内容上均有大幅变化，以贯彻落实《密码法》中的有关商用密码管理具体制度。新修订《条例》是商用密码管理的基本制度，它的发布和实施对于推动我国商用密码事业高质量发展，具有重要意义。

16.2 商用密码标准规范

16.2.1 ISO/IEC 标准

国际标准化组织（ISO，International Organization for Standardization）成立于1947年，是标准化领域中十分重要的组织。ISO由167个成员国和超过340个技术委员会组成。中国国家标准化管理委员会（由国家市场监督管理总局管理）于1978年加入ISO，在2008年10月的第31届国际化标准组织大会上，中国正式成为ISO的常任理事国。

国际电工委员会（IEC，International Electrotechnical Commission）与ISO有密切的联系，它们不是联合国机构，但与联合国的许多专门机构保持技术联络关系。ISO和IEC

有约 1000 个专业技术委员会和分委员会，各成员国以国家为单位参加这些技术委员会和分委员会的活动。ISO 和 IEC 还有约 3000 个工作组，它们每年制订和修订大约 1000 个国际标准，标准的内容涉及广泛，技术领域涉及信息技术、交通运输、农业、保健和环境等，每个工作机构都有自己的工作计划，该计划列出了需要制订的标准项目（包括试验方法、术语、规格、性能要求等）。

ISO/IEC JTC1/SC27（以下简称 SC27）是 ISO 和 IEC 的信息技术联合技术委员会（JTC1）下专门从事信息安全标准化的分技术委员会。SC27 工作范围涵盖信息安全管理和技术领域，包括信息安全管理体系、密码学与安全机制、安全评价准则、安全控制与服务、身份管理与隐私保护技术。我国的全国信息安全标准化技术委员会（简称"信安标委"）承担 SC27 国内技术业务工作，负责统筹协调和组织参加网络安全领域国际标准化活动。ISO 是一个综合性的国际化标准组织，所涵盖的标准内容及类型非常全面，其中与密码相关的标准也分由不同的标准委员会制定。SC27 主要提供了密码理论基础及密码应用基础的标准，而且每个标准文本都是对同一类型密码算法、密码应用的描述，因此，当有新的算法被提出时，相关标准就可能根据提交的算法更新现有标准中所包含的密码算法及应用技术。密码技术在行业中的具体应用标准由其他相关的标准委员会进行制定，如银行业中的密码技术应用标准是由 ISO/TC 68/SC 2 制定的。目前，ISO 制定的与密码相关的部分标准可通过 https://www.iso.org/search.html?q=information+technology+security+techniques 网址查看。以下简要介绍其中部分标准。

1）ISO/IEC 18033 介绍了保护数据机密性的加密算法。此系列标准包括多个部分，如非对称密码算法、分组密码算法、流密码算法等。ISO/IEC 18033-1 详细描述了加密算法的总则；ISO/IEC 18033-2 描述了 RSA、HIME 以及基于 ElGamal 的函数族；ISO/IEC 18033-3 详细说明了分组加密算法，包括 TDEA、MISTY1、CAST-128、HIGHT、AES、Camellia、SEED 等；ISO/IEC 18033-4 详细说明了流加密算法，介绍的产生密钥流方式有基于分组加密的机制和分组密码的 OFB、CTR 和 CFB 模式，专门的密钥流产生器包括 MUGI、SNOW 2.0、Rabbit、Decimv2、KCipher-2(K2) 等。

2）ISO/IEC 29192 是关于轻量级密码算法的标准。此系列标准包括多个部分，第一部分是综述，第二部分介绍轻量级分组密码，第三部分介绍轻量级流密码，第四部分介绍使用非对称密码的方案，第五部分介绍轻量级杂凑算法，第六部分介绍轻量级加密消息验证码，第七部分介绍轻量级广播身份验证协议，第八部分介绍轻量级认证加密算法。

3）ISO/IEC 10118 是关于散列函数的系列标准。此系列标准第一部分是总体框架，第二部分介绍使用 n 比特分组密码的散列函数，第三部分介绍一些专用的散列函数，第四部分介绍使用模数计算的散列函数。

4）ISO/IEC 9797 是关于消息认证码的系列标准。此系列标准第一部分是总体框架，第二部分介绍使用专用散列函数的消息认证码机制，第三部分介绍使用通用散列函数的消息认证码机制。ISO/IEC 9797-1:2011 描述了 6 种 MAC 算法，ISO/ IEC 9797-2:2011 指定了 3 个专用的基于单向函数的 MAC 算法，ISO/IEC 9797-3:2011 指定了 4 种通用的散列函数作为 MAC 算法。

5）ISO/IEC 9796 是关于可恢复的数字签名的标准。ISO/IEC 9796-2:2010 是基于大数分解的可恢复的数字签名标准，ISO/IEC 9796-3:2006 是基于离散对数的可恢复的数字签名标准。ISO/IEC 9796 介绍的算法包括 Nyberg-Rueppel、Elliptic Curve Nyberg-Rueppel、Elliptic Curve Miyaji message recovery signature、Elliptic Curve Abe-Okamoto、Elliptic Curve Pintsov-Vanstone、Elliptic Curve KCDSA/Nyberg-Rueppel。

此外，ISO/TC 68/SC 2 还制定了一系列针对银行业务应用的密码标准。ISO 9564-2:2005 介绍了基于 ISO 9564-1 中的算法进行加密 PIN（Personal Identification Number）的算法。ISO 11568-2:2012 介绍了在小额银行业务环境中，如何用对称加密和相关对称密钥的生命周期管理来保护对称和非对称密钥。

16.2.2 NIST 标准

美国国家标准与技术研究院（NIST，National Institute of Standards and Technology）直属美国商务部，从事工程方面的基础和应用研究、测量技术和测试方法方面的研究，提供标准、标准参考数据及有关服务。NIST 下设 4 个研究所，分别是国家计量研究所、国家工程研究所、材料科学和工程研究所、计算机科学技术研究所。其中，计算机科学技术研究所负责发展联邦信息处理标准，参与发展商用 ADP 标准，开展关于自动数据处理、计算机及有关系统的研究工作，在计算机科学和技术方面向政府其他机构提供咨询和技术帮助。为了完成各项具体任务，保持计算机科学和技术的能力，该所设有程序科学与技术和计算机两个中心。

NIST 的计算机安全部（CSD，Computer Security Division）负责制定保护联邦信息系统安全（非国家安全）的标准、指南等，以保护敏感的联邦信息在传输和存储中的安全。NIST 发布的标准与指南包括 3 种形式，分别是联邦信息处理标准（FIPS，Federal Information Processing Standard）出版物、特别出版物（SP，Special Publication）和机构间报告（IR，Internal or Interagency Report）。FIPS 主要用于发布密码基础原理相关的标准，如分组密码、数字签名算法、哈希函数等。NIST SP 系列中的 SP800 是 NIST 发布的一系列关于信息安全的指南，只提供供参考的方法或经验，对联邦政府部门不具有强制性。NIST SP 系列并不作为正式法定标准，但在实际工作中，已经成为美国和国际安全界广泛认可的事实标准和权威指南。NIST SP800 系列已经成为指导美国信息安全管理建设的主要标准和参考资料。NIST SP800 系列主要关注计算机安全领域的一些热点研究，介绍信息技术实验室在计算机安全方面的指导方针、研究成果以及与业界、政府、科研机构的协作情况等。NIST SP800 中有关密码的指南是在 FIPS 标准基础上制定的，如 NIST SP800 文件中描述了随机数发生器、密钥派生函数等。这些算法应用了 FIPS 标准中定义的分组密码、哈希函数以及数学原语。此外，NIST 还在 SP800 中提供了对于密码算法的选择和使用的指南。NIST IR 对特定的读者群体介绍了相关的科学研究。NIST 并没有在 NIST IR 中定义密码算法，而是通过 NIST IR 出版物宣传 NIST 在密码标准工作中的努力与进展。NIST IR 主要用于发布会议内容、密码面临的新挑战的讨论以及密码算法比赛的状态等。NIST 发布的部分标准信息可搜索 https://csrc.nist.rip/publications/PubsSPs.html 网址查看。

FIPS 出版物旨在供美国政府机构保护非国家安全联邦信息系统，不适用于美国国家安全系统保护，可被非美国国家政府组织和私营部门组织采用。在 FIPS 出版物开发过程中，NIST 与美国政府、行业、学术界和其他组织中的利益相关者密切合作。FIPS 出版物经美国商务部部长批准并公布后成为美国联邦政府的官方标准。NIST 至少每 5 年审查一次 FIPS 出版物，核查是否保持不变、修订或撤回。NIST 可能会与标准制定组织合作，将 FIPS 出版物的技术规范作为国际标准采用。现有的部分 FIPS 出版物可搜索 https://csrc.nist.rip/publications/PubsFIPS.html 网址查看。以下简要介绍其中几种 FIPS 出版物。

1）FIPS 185 规定了数字签名算法，包括 DSA、RSA、ECDSA。

2）FIPS 180-4 定义的散列函数包括 SHA-1、SHA-2、SHA-512/224、SHA-512/256。

3）FIPS 140-3 介绍了在密码模块内使用安全系统来保护敏感信息的一些安全需求。该标准提供了 4 种递增的安全级别：安全级别 1、安全级别 2、安全级别 3 和安全级别 4。这些安全级别可以覆盖很大范围内可能使用加密模块的应用与环境。FIPS 140-3 中的认证包括密码算法验证体系（CAVP，Cryptographic Algorithm Validation Program）和密码模块验证体系（CMVP，Cryptographic Module Validation Program）两部分。CAVP 和 CMVP 认证的证书是密码产品走向国际市场的通行证。CAVP 是 CMVP 下的 FIPS140-2 验证的先决条件。CMVP 是美国 NIST 和加拿大通信安全局（CSE）共同努力的成果。经过验证的、遵照 FIPS PUB 140-3 要求制造的产品，在敏感信息或专用信息的安全保护方面，可获得两国联邦政府机构的接受。在 CMVP 中，密码模块厂商使用独立的、经由批准的实验室对它们的模块进行测试。

16.2.3　其他国际标准

美国国家标准学会（ANSI，American National Standard Institute）是非营利性质的民间标准化团体，旨在协调并指导美国标准化活动，给标准制订、研究和使用单位以帮助，提供美国国内外标准化情报。NIST 部分标准来自 ANSI。ANSI 标准体系在美国国家密码政策中不占主导地位，但是对金融行业有着促进作用。ANSI 下属 X9 委员会（金融服务）为方便开展金融产品和服务业务而开发并发布了金融服务工业标准。X9 下属的 X9F 委员会负责数据和信息安全有关标准的制订。该委员会包括如下工作组：X9F1（负责密码工具）、X9F3（负责协议）、X9F5（负责数字签名和证书策略），以及其他工作组。X9F 已经发布了很多标准。这些标准共同组成了 ANSI 的 X9 标准体系。ANSI 还积极向 ISO/TC 68 提交更成熟的草案，并将其作为新的工作项目。ANSI 中与密码有关的部分标准可搜索 https://x9.org/standards/x9-project-status/ 网址查看。

国际电信联盟（ITU，International Telecommunication Union）是联合国的一个重要的专门机构，也是联合国机构中历史最长的一个国际组织。国际电信联盟简称"国际电联""电联"。ITU 负责分配和管理全球无线电频谱与卫星轨道资源，制定全球电信标准，促进全球电信发展。ITU 的组织结构主要分为电信标准化部门（ITU-T）、无线电通信部门（ITU-R）和电信发展部门（ITU-D）。目前，ITU-T 主要有 10 个研究组，包括 SG2（负责业务提供和电信管理的运营）、SG3（负责相关电信经济和政策问题在内的资费及结算原则)、SG5(负责环境和气候变化)、SG9(负责电视和声音传输及综合宽带有线网络)、SG11(负责信令要求、协议和测试规范)、SG12(负责性能、服务质量和体验质量)、SG13(负责移动和下一代网络在内的未来网络)、SG15(负责光传输网络及接入网基础设施)、SG16(负责多媒体编码、系统和应用)、SG17(负责安全)。ITU-T SG17 研究组负责的通信安全研究与标准制定工作包括网际安全、信息安全管理、反垃圾邮件技术、身份管理、安全体系和框架、个人身份信息保护、物联网应用和服务安全、云计算、社交网络、智能终端等。

英国的密码标准主要由英国标准学会(BSI,British Standard Institution)制定并发布。BSI 是世界上第一个国家标准化机构,是英国政府承认并支持的非营利性民间团体,成立于 1901 年。BSI 根据需要和可能来制定和修订英国的密码标准,并促进其贯彻执行。BSI 是 ISO、IEC、CEN、CENELEC、ETSI 创始成员之一,并在其中发挥着重要作用。

日本现有的密码标准是由日本标准协会(JSA,Japan Standard Association)制定的,并作为信息安全技术标准进行发布。目前,日本发布的主要密码理论基础类标准、密码技术基础标准基本与 ISO 发布的标准一致。JSA 还针对电子签名特别制定了 JIS X 5092《CMS 高级电子签名(CAdES)的长期签名文件》和 JIS X 5093《XML 高级电子签名(CAdES)长期签名文件》两个标准。

16.2.4　国内密码标准

对密码算法及相关技术进行标准化和规范化,是我国密码技术走向大规模商用的必然要求。近年来,我国商用密码产业自主创新能力持续增强,产业支撑能力不断提升,已建成种类丰富、链条完整、安全适用的商用密码产品体系,部分产品性能指标已达到国际先进水平。科学的密码标准不仅是促进密码产业发展、提升密码产品质量、规范密码技术应用的重要保障,也是加强密码管理的重要手段。

为了满足密码领域标准化发展需求,充分发挥密码科研、生产、使用、教学和监督检验等方面专家的作用,更好地开展密码领域的标准化工作,2011 年 10 月,经国家标准化管理委员会和国家密码管理局批准,密码行业标准化技术委员会(CSTC,Cryptography Standardization Technical Committee)(以下简称"密标委")成立。密标委是在密码领域内从事密码标准化工作的非法人技术组织,归国家密码管理局领导和管理,主要从事密码技术、产品、系统和管理等方面的标准化工作。密标委委员由政府、企业、科研院所、高等院校、检测机构和行业协会等有关方面的专家组成。目前，密标委设有总体工作组、应用工作组、基础工作组和测评工作组，分别从密码标准体系规划、行业应用密码标准建立、通用基础密码标准建立和符合度检测标准建立等方面开展工作。密标委的建立标志着商用密码标准化工作正式纳入国家标准管理体系，主要负责对商用密码标准的体系规划、编制审核、实施推进等使用管理进行顶层设计和监督。密标委成立以来，深入贯彻落实党中央、国务院重大决策部署，以为保障我国网络和信息安全为目标，制定发布了一系列行业标准，并积极推动国际标准化活动。自 2012 年以来，密标委陆续发布了我国自主的密码技术标准，截至 2023 年 6 月，已发布密码行业标准 130 项，范围涵盖基础密码算法、密码应用协议、密码设备接口等方面，已经初步形成体系化的密码技术标准，基本满足了我国社会各行业在构建信息安全保障体系时的应用需求。密标委已发布的密码行业标准的全文可以在密标委官方网站（http://www.gmbz.org.cn）查看。

为了充分发挥企业、科研机构、检测机构、高等院校、政府部门、用户等方面专家的作用，引导产学研各方面共同推进网络安全标准化工作，经国家标准化管理委员会批准，全国网络安全标准化技术委员会（简称"网安标委"，SAC/TC260）成立。网安标委是网络安全专业领域从事标准化工作的技术组织，对网络安全国家标准进行统一技术归口，统一组织申报、送审和报批，具体范围包括网络安全技术、机制、服务、管理、评估等。

网安标委设置如下几个工作组（见图 16-2）。

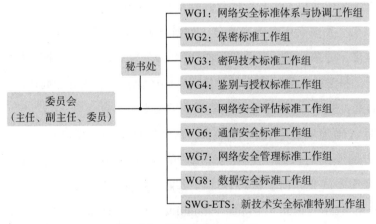

图 16-2　网安标委机构设置

1）WG1：网络安全标准体系与协调工作组。调研网络安全标准现状与发展趋势，研究提出网络安全标准体系，开展网络安全标准研究和制定。

2）WG2：保密标准工作组：调研保密标准现状与发展趋势，研究提出保密标准体系，开展保密标准研究和制定。

3）WG3：密码技术标准工作组。调研密码技术标准现状与发展趋势，研究提出密码技术标准体系，开展密码技术标准研究和制定。

4）WG4：鉴别与授权标准工作组。调研鉴别与授权标准现状与发展趋势，研究提出鉴别与授权标准体系，开展鉴别与授权标准研究和制定。

5）WG5：网络安全评估标准工作组。调研网络安全评估标准现状与发展趋势，研究提出网络安全评估标准体系，开展网络安全评估标准研究和制定。

6）WG6：通信安全标准工作组。调研通信安全标准现状与发展趋势，研究提出通信安全标准体系，开展通信安全标准研究和制定。

7）WG7：网络安全管理标准工作组。调研网络安全管理标准现状与发展趋势，研究提出网络安全管理标准体系，开展网络安全管理标准研究和制定。

8）WG8：数据安全标准工作组。调研数据安全和个人信息保护标准现状与发展趋势，研究提出数据安全和个人信息保护标准体系，开展数据安全和个人信息保护标准研究和制定。

9）SWG-ETS：新技术安全标准特别工作组。调研人工智能、量子计算、区块链、云计算等新技术新应用领域的网络安全标准现状与发展趋势，研究提出新技术新应用领域的网络安全标准体系，开展新技术新应用领域的网络安全标准研究和制定。

自 2015 年起，以网安标委 WG3 工作组为依托，具有通用性的密码行业标准已陆续转化为国家标准。已发布的信息安全国家标准可以在网安标委网站（https://www.tc260.org.cn）查看。

为了指导国内各行业对密码算法、协议及产品等的标准的正确使用，密标委编制了 GM/Y 5001《密码标准应用指南》，对已发布的密码行业标准和国家标准进行分类阐述。行业信息系统用户在信息安全产品研发或信息系统建设中对密码技术应用产生需求时，可根据该指南并结合自身应用特点，查询适用的密码标准，以指导研发和建设工作的开展。

目前，我国密码标准正快速走向国际化，密码算法走向国际获得重大突破。2011年，ZUC算法纳入3GPP国际标准组织4G LTE标准。2020年4月，ZUC序列密码算法纳入ISO/IEC 18033-4/AMD1《加密算法第4部分：序列算法 – 补篇1》，成为ISO/IEC国际标准。2018年10月，SM3杂凑密码算法纳入ISO/IEC 10118-3:2018《信息安全技术杂凑函数第3部分：专用杂凑函数》；2018年11月，SM2/SM9数字签名算法纳入ISO/IEC 14888-3:2018《信息安全技术带附录的数字签名第3部分：基于离散对数的机制》。截至2018年11月，SM4分组算法获批纳入ISO/IEC 18033-3正文，进入最终国际标准草案阶段。

GM/Y 5001—2021《密码标准应用指南》提出的密码标准体系框架从技术、管理和应用三个维度对密码标准进行布局，如图16-3所示。

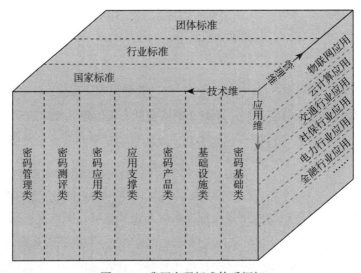

图16-3 我国密码标准体系框架

1. 我国密码标准体系框架的技术维

技术维主要从标准所处技术层次的角度进行刻画，共有七大类，包括密码基础类、基础设施类、密码产品类、应用支撑类、密码应用类、密码测评类和密码管理类。这七类标准的关系如图16-4所示。

1）密码基础类标准。密码基础类标准主要对通用密码技术进行规范，是体系框架内的基础性规范，主要包括密码术语与标识标准、密码算法标准、算法使用标准、密钥管理标准和密码协议标准等。该类标准包括 GM/T 0001—2012《祖冲之序列密码算法》、GM/T 0002—2012《SM4 分组密码算法》、GM/T 0003—2012《SM2 椭圆曲线公钥密码算法》、GM/T 0004—2012《SM3 密码杂凑算法》、GM/T 0006—2012《密码应用标识规范》、GM/Z 4001—2013《密码术语》等。

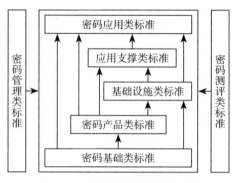

图 16-4　技术维各大类标准关系

2）基础设施类标准。基础设施类标准主要针对密码基础设施进行规范，包括证书认证系统密码协议、数字证书格式、证书认证系统密码及相关安全技术等。目前，已颁布的基础设施类标准涉及公钥基础设施及标识基础设施。该类标准包括 GM/T 0014—2012《数字证书认证系统密码协议规范》、GM/T 0015—2012《基于 SM2 密码算法的数字证书格式规范》、GM/T 0034—2014《基于 SM2 密码算法的证书认证系统密码及其相关安全技术规范》等。

3）密码产品类标准。密码产品类标准主要规范各类密码产品的接口、规格以及安全要求。对于各类密码产品，给出设备接口、技术规范和产品规范；对于密码产品的安全性，不区分产品功能的差异，而以统一的准则给出要求和设计指南；对于密码产品的配置管理、设备统一管理，以 GM/T 0050《密码设备管理 设备管理技术规范》为基础制定规范，针对具体设备也可能单独制定管理规范。该类标准包括 GM/T 0028—2014《密码模块安全技术要求》、GM/T 0016—2012《智能密码钥匙密码应用接口规范》、GM/T 0018—2012《密码设备应用接口规范》、GM/T 0022—2014《IPSec VPN 技术规范》、GM/T 0024—2014《SSLVPN 技术规范》、GM/T 0029—2014《签名验签服务器技术规范》、GM/T 0030—2014《服务器密码机技术规范》、GM/T 0050—2016《密码设备管理设备管理技术规范》等。

4）应用支撑类标准。应用支撑类标准是针对交互报文、交互流程、调用接口等方面进行规范，包括通用支撑和典型支撑两个层次。通用支撑规范（GM/T 0019）通过统一的接口向典型支撑标准和密码应用标准提供加解密、签名验签等通用密码功能。典型支撑类标准包括基于密码技术实现的与应用无关的安全机制、安全协议和服务接口，如可信计算可信密码支撑平台接口、证书应用综合服务接口等。该类标准包括 GM/T 0019—2012《通用密码服务接口规范》、GM/T 0020—2012《证书应用综合服务接口规范》、GM/T 0032—2014《基于角色的授权与访问控制技术规范》、GM/T 0033—2014《时间戳接口规范》等。

5）密码应用类标准。密码应用类标准是对使用密码技术实现某种安全功能的应用系统提出的要求以及规范，包括应用要求、应用指南、应用规范和密码服务等子类。应用要求类标准旨在规范社会各行业信息系统对密码技术的使用。应用指南类标准旨在指导社会各行业建设符合密码应用要求的信息系统。应用规范类标准定义了具体的密码应用规范，包括 GM/T 0021—2012《动态口令密码应用技术规范》、GM/T 0031—2014《安全电子签章密码技术规范》、GM/T 0035—2014《射频识别系统密码应用技术要求》、GM/T 0054—2018《信息系统密码应用基本要求》等。应用规范类标准也包括其他行业标准机构制定的与行业密切相关的标准，如 JR/T 0025《中国金融集成电路（IC）卡规范》对金融 IC 卡业务过程中的密码技术应用做了详细规范。

6）密码测评类标准。密码测评类标准是针对标准体系所确定的基础、产品和应用等类型的标准出台对应检测标准，如针对随机数、安全协议、密码产品功能和安全性等方面的检测规范。其中，对于密码产品的功能检测，分别针对不同的密码产品定义检测规范；对于密码产品的安全性检测，基于统一的准则执行。该类标准包括 GM/T 0005—2021《随机性检测规范》、GM/T 0008—2012《安全芯片密码检测准则》、GM/T 0039—2015《密码模块安全检测要求》、GM/T 0047—2016《安全电子签章密码检测规范》、GM/T 0048—2016《智能密码钥匙密码检测规范》；GM/T 0059—2018《服务器密码机检测规范》、GM/T 0061—2018《动态口令密码应用检测规范》等。

7）密码管理类标准。密码管理类标准主要包括国家密码管理部门在密码标准、密码算法、密码产业、密码服务、密码应用、密码监查、密码测评等方面的管理规程和实施指南。

2. 我国密码标准体系框架的管理维

自 2018 年 1 月 1 日起施行的新版《中华人民共和国标准化法》对国家标准、行业标准、团体标准等不同管理级别上的标准做了更为清晰的界定。新版密码标准体系框架中引入管理维，以表达密码标准在管理层级上的不同。

《中华人民共和国标准化法》第十一条规定"对满足基础通用、与强制性国家标准配套、对各有关行业起引领作用等需要的技术要求，可以制定推荐性国家标准。推荐性国家标准由国务院标准化行政主管部门制定。"第十二条规定"对没有推荐性国家标准、需要在全国某个行业范围内统一的技术要求，可以制定行业标准。行业标准由国务院有关行政主管部门制定，报国务院标准化行政主管部门备案。"据此，如果具体标准的使用者、遵循者广泛分布于全社会各行业、各领域，则适宜作为密码国家标准；如果具体标准的使用者、遵循者主要限于密码行业内，则适宜作为密码行业标准。例如，《信息系统密码应用基本要求》等密码应用标准用于指导全社会各行业信息系统规范化使用密码，对有关行业起引领作用，因而建议作为国家标准。密码检测标准基本只有密码检测机构会用到，因而建议作为密码行业标准。

3. 我国密码标准体系框架的应用维

应用维是从密码应用领域的视角来描述密码标准体系。应用领域既包括不同的社会行业，如金融、电力、交通等，也包括不同的应用场景，如物联网、云计算等。新版密码标准体系框架引入应用维作为单独的维度刻画密码标准，指明任何应用领域的密码标准体系，其技术维和管理维框架都是相同的，即在技术层次上皆遵循相同的层次结构，也都可能以国标、行标等不同适用范围存在。根据业务应用特点和管理要求，不同应用领域所涉及的具体密码标准可能存在差异，这种差异主要体现在某一技术层次上。不同应用领域的密码标准体系所包含的具体密码标准有所不同。

商用密码应用安全性评估

商用密码应用安全性评估（简称"密评"）是指针对采用商用密码技术、产品或服务集成建设的网络和信息系统应用的合规性、正确性、有效性进行评估。

- 合规性：使用的密码算法、密码协议、密钥管理符合国家法律法规和标准规定，使用的密码产品或服务经过国家密码管理局核准和认证机构认证合格。
- 正确性：密码算法、密码协议、密钥管理、密码产品或服务使用正确（即按照密码相关的国家标准和行业标准进行正确设计和实现），密码产品或服务的部署、使用正确。
- 有效性：密码保障系统在运行过程中能够发挥实际效用，保障信息系统的安全，解决信息系统面临的安全问题。

随着信息安全威胁的增加和技术的不断进步，仅仅设计和实施商用密码方案已经不足以满足需求。密评已经成为确保商用密码真正安全和有效的重要步骤。本章将为读者介绍这一评估过程的每一个细节。从密评的发展历程，到其在密码工程中的定位，再到详细的评估内容和流程，本章旨在为读者提供完整的密评指导。此外，本章还会探讨如何评估特定的密码方案以及如何参照现有的标准进行信息系统测评。希望通过这一章的深入探讨，读者可以全面理解密评的重要性，并掌握关键技术和方法，为日后的密码工程实践奠定坚实的基础。

17.1　密评的发展历程

密评经过多年发展，相关标准体系不断完善，主要经历了 4 个阶段。

第一阶段：制度奠基期（2007 年 11 月至 2016 年 8 月）。国家密码管理局印发《信息安全等级保护商用密码管理办法》，要求商用密码测评工作由国家密码管理局指定的测评机构承担，随后印发《〈信息安全等级保护商用密码管理办法〉实施意见》，进一步明确了与密码测评有关的要求。

第二阶段：再次集结期（2016 年 9 月至 2017 年 4 月）。国家密码管理局成立起草小组，起草《商用密码应用安全性评估管理办法（试行）》，随后印发《关于开展密码应用安全性评估试点工作的通知》并在七省五行业开展密评试点工作。

第三阶段：体系建设期（2017 年 5 月至 2017 年 9 月）。国家密码管理局成立密评领导小组，研究确定了密评体系总体架构，并组织有关单位起草 14 项制度文件，随后印发《商用密码应用安全性测评机构管理办法（试行）》、《商用密码应用安全性测评机构能力评审实施细则（试行）》、GM/T 0054《信息系统密码应用基本要求》和《信息系统密码测评要求（试行）》。密评制度体系初步建立。

第四阶段：密评试点开展期（2017 年 10 月至今）。试点开展过程同时也是机构培育过程，包括机构申报遴选、考察认定、发布目录、开展测评试点工作，并提升测评机构能力、总结试点工作经验、完善相关规定等。2019 年，对参与试点的 27 家机构进行能力再评审，择优选出 16 家扩大试点，对另外 11 家机构给予 6 个月能力提升整改期。2019 年 10 月，开始启动第二批密评试点工作。

17.2　密评的定位

根据《商用密码应用安全性评估管理办法（试行）》要求，在重要领域的网络和信息系统规划阶段，责任单位应当依据商用密码应用安全性有关标准，制定商用密码应用方案，组织专家或委托测评机构进行评估。在重要领域的网络和信息系统建设阶段，责任单位应按评估通过的商用密码应用方案进行建设，建设完成后应当进行商用密码应用安全性评估。在重要领域的网络和信息系统运行阶段，责任单位应当定期开展商用密码应用安全性评估。这样，商用密码应用管理形成了一个完整的循环，且商用密码应用安全性评估是其中重要的组成部分。商用密码应用安全性评估能够保证各个阶段商用密码应用的有效性，并能够持续改进商用密码在信息系统中应用的安全性，保障商用密码应用动态安全，为信息系统的安全提供坚实的基础支撑。

17.3　密评的内容

密评包括两部分重要内容：在信息系统规划阶段评估的对象是信息系统的密码应用方案（简称"密码方案评估"）、在信息系统建设和运行阶段评估的对象是实际的信息系统（简称"系统测评"）。

1）密码方案评估：遵循 GB/T 39786—2021《信息安全　信息系统密码应用基本要求》，结合实际业务情况，进行密码应用方案评估。评估结果作为项目立项的重要依据和申报使用财政性资金项目的必备材料。

2）系统测评：遵循 GB/T 39786—2021《信息安全　信息系统密码应用基本要求》、GMT 0115—2021《信息系统密码应用测评要求》等标准的要求和测评原则，开展现场测评、编制测评报告等工作。评估结果作为项目建设验收的必备材料。评估通过后，系统方可投入运行。

17.4　密评流程

密评流程包括 4 项基本活动：测评准备活动、方案编制活动、现场测评活动、分析与报告编制活动。测评方与被测评单位之间的沟通与洽谈应贯穿整个测评过程，如图 17-1 所示。

（1）测评准备活动

本活动是开展测评工作的前提和基础，主要任务是掌握被测信息系统的详细情况、准备测评工具，为编制密评方案做好准备。

（2）方案编制活动

本活动是开展测评工作的关键，主要任务是确定与被测信息系统相适应的测评对象、测评指标、测评检查点及测评内容等，形成密评方案，为实施现场测评提供依据。

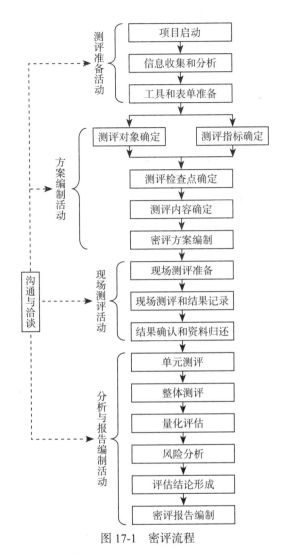

图 17-1　密评流程

（3）现场测评活动

本活动是开展测评工作的核心，主要任务是根据密评方案分步实施所有测评项目，以了解被测信息系统真实的密码应用现状，获取足够的证据，发现密码应用存在的安全性问题。

（4）分析与报告编制活动

本活动是给出测评工作的结果，主要任务是根据现场测评结果以及 GB/T 39786—2021 和 GM/T 0015—2021 等标准的有关要求，通过单元测评、整体测评、量化评估和风险分析等方法，找出被测信息系统密码应用的安全保护现状与相应等级的保护要求之间的差距，并分析这些差距可能导致被测信息系统所面临的风险，从而给出各个测评对象的测评结果和被测信息系统的评估结论，形成密评报告。

17.5　密码应用方案评估

密码应用方案评估主要是依据被测信息系统的具体业务情况，审查被测信息系统的密码应用方案是否覆盖了所有需要采用密码保护的核心资产及敏感信息，以及采取的密码保护措施是否均能够达到相应等级的密码使用要求或规定。密码应用方案评估可由信息系统责任单位委托测评机构进行评估或组织密码应用专家进行评审。其中，委托测评机构进行密码应用方案评估的情况适用于本节内容。

信息系统责任单位应通过密码应用方案实现《信息系统密码应用基本要求》在具体信息系统上的落地，避免重复建设和过度保护；在进行密码应用方案评估时，不能简单对照《信息系统密码应用基本要求》进行割裂式逐条评估，要避免照本宣科、简单机械地进行密码应用方案评估，应结合实际应用需求，站在总体设计方案的高度，立足多个层面、多个安全要求进行综合论证，从而判断系统在某方面是否存在安全风险、通过总体密码设计是否可以有效解决相应的安全问题。密码应用方案评估重点包括两部分。

1）对所有自查符合项进行评估，确保设计的方案可以达到《信息系统密码应用基本要求》的对应条款要求。

2）对所有自查不适用项和对应论证依据进行逐条核查、评估。

（1）密码应用方案评估要点

1）方案内容的完整性。检查文档结构是否完整，主体内容是否翔实。

2）密码应用方案的合规性。方案中信息系统需要使用国家密码法律法规和标准规范规定的密码算法，使用经过国家密码管理局审批或由具备资格的机构认证合格的产品或服务。评估密码应用方案的合规性主要包括以下内容。

a）根据网络安全等级保护、关键信息基础设施保护等相关要求，检查是否属于被保护对象。

b）核查是否按照《信息系统密码应用基本要求》进行相应的密码应用设计，重点核实自查表是否如实反映方案设计内容，以及自查结果是否符合标准要求。

c）核实是否遵循所属行业（领域）相关的密码使用要求。

3）密码应用的正确性。评估密码应用方案的正确性主要包括以下内容。

a）标准密码算法和协议是否按照相应的密码标准进行正确的设计和实现。

b）自定义密码协议和机制设计是否完善，实现是否正确，是否符合商用密码相关标准要求。

c）密码系统建设和改造过程中，密码产品应用和部署是否合理、正确。

4）密码应用的有效性。密码协议、密码安全防护机制、密钥管理系统、各密码应用子系统应设计合理，应在系统运行过程中发挥效用，发挥保密性、完整性、真实性和抗抵赖性保护功能。

密码应用方案经过评估后，应上报主管部门审核，并报所在地设区的市级密码管理部门备案。对于已通过密码应用方案评估的系统，密码应用安全性评估时应把该方案作为测评的重要依据；对于正在规划阶段的新建系统，应同时设计系统总方案和密码支撑体系总架构；对于已建但尚未规划密码方案的系统，信息系统责任单位应通过调研分析，梳理形成系统当前密码应用的总体架构图，提炼出密码应用情况，作为后续测评实施的基础。

（2）密码应用方案评估的主要任务

1）测评机构对密码应用解决方案的完整性、合规性、正确性，以及实施计划和应急处置方案的科学性、可行性、完备性等进行评估。

2）对于没有通过评估的密码应用方案，由测评机构或专家给出整改建议，被测信息系统责任单位对密码应用方案进行修改或重新设计，并向测评机构反馈整改结果，直至整改通过，测评机构出具评估报告。

3）信息系统的密码应用方案经过评估或整改通过后，方可进入系统建设阶段。

（3）密码应用方案评估的输出文档

密码应用方案评估的输出文档及其内容如表 17-1 所示。

表 17-1　密码应用方案评估的输出文档及内容

任务	输出文档	文档内容
密码应用方案评估	密码应用方案评估报告	对密码应用解决方案的完整性、合规性、正确性、有效性，以及实施计划和应急处置方案的科学性、可行性、完备性等进行评估论证

17.6 信息系统测评

测评机构在使用测评工具开展现场信息系统测评时，应依据测评方案中确定的测评对象、测评指标、测评工具接入点及测评内容实施。测评工具体系（见图17-2）主要包括通用测评工具、专用测评工具等。

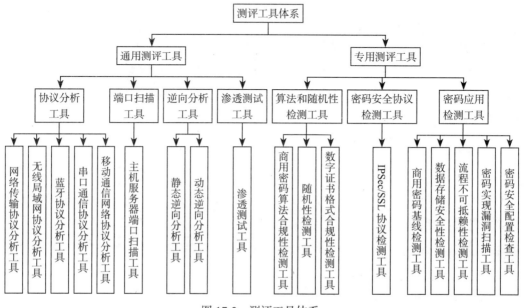

图17-2 测评工具体系

1. 通用测评工具

通用测评工具是指在商用密码应用系统安全评估过程中，不限定应用于某一特殊领域、行业，具有一定普适性的检测工具。

1）协议分析工具。协议分析工具主要用于对常见通信协议进行抓包、解析，支持对常见的网络传输协议、串口通信协议、蓝牙协议、移动通信网络协议（3G、4G）、无线局域网协议等进行抓包、解析。捕获解析的协议数据应能够作为测评人员分析评估通信协议情况的可信依据。

技术指标：能够对常见的网络传输协议、串口通信协议、蓝牙协议、移动通信网络协议（3G、4G）、无线局域网络协议等进行抓包、解析。

对应测评工具：网络传输协议分析工具、无线局域网协议分析工具、蓝牙协议分析工具、串口通信协议分析工具、移动通信网络协议分析工具等。

2）端口扫描工具。端口扫描工具主要用于探测和识别被测信息系统中的 VPN、服务器密码机、数据库服务器等设备开放的端口服务，以帮助测评人员分析和判断被测信息系统中密码产品和密码应用系统是否正常开启密码服务。

技术指标：能够对密码产品、操作系统、Web 应用、数据库、网络设备、网络安全设备及应用的端口服务进行自动化探测与识别。

对应测评工具：主机服务器端口扫描工具等。

3）逆向分析工具。逆向分析工具是指在没有源代码的情况下，通过分析应用程序可执行文件二进制代码，探究应用程序内部组成结构及工作原理的工具，一般可分为静态逆向分析工具和动态逆向分析工具。逆向分析工具主要用于对被测信息系统中的重要数据保护强度进行深入分析，支持对常见格式文件的静态分析，以及对应用程序的动态调试分析。

技术指标：能够对常见应用系统中的应用软件进行动态、静态逆向检测分析，可以分析密钥在存储和应用过程中的安全性、脆弱性。

对应测评工具：静态逆向分析工具、动态逆向分析工具等。

4）渗透测试工具。渗透测试工具主要用于对被测信息系统的密码应用安全风险进行检测识别，支持对被测信息系统开展已知漏洞探测、未知漏洞挖掘和综合测评活动，并尝试通过多种手段获取系统敏感信息。测评结果能够作为测评人员分析被测信息系统密码应用安全的可信依据。

技术指标：能够利用漏洞攻击方法，实现对系统、设备、应用漏洞的深度分析和危害验证。

对应测评工具：渗透测试工具等。

2. 专用测评工具

专用测评工具用于检测和分析被测信息系统的密码应用的合规性、正确性和有效性的一部分或全部环节，可以简化测评人员的工作，提高工作效率。专用测评工具的检测结果能够作为测评人员分析和判断被测信息系统的密码应用是否正确、合规、有效的可信依据。

技术指标：能够对密码应用的合规性、正确性、有效性进行分析和验证。

对应测评工具如下。

1）算法和随机性检测工具：商用密码算法合规性检测工具（支持SM2、SM3、SM4、ZUC、SM9等商用密码算法）、随机性检测工具、数字证书格式合规性检测工具。

2）密码安全协议检测工具：IPSec/SSL协议检测工具等。

3）密码应用检测工具：商用密码基线检测工具、数据存储安全性检测工具、流程抗抵赖性检测工具、密码实现漏洞扫描工具、密码安全配置检查工具等。